Heinrich Hebgen

Die Energiespar-Wohnung

Heinrich Hebgen

Die Energiespar-Wohnung

Erprobte Spar-Tips
für Eigentümer und Mieter

Friedr. Vieweg & Sohn · Braunschweig/Wiesbaden

CIP-Kurztitelaufnahme der Deutschen Bibliothek

Hebgen, Heinrich:
Die Energiespar-Wohnung: erprobte Spar-Tips
für Eigentümer u. Mieter/Heinrich Hebgen. —
Braunschweig; Wiesbaden: Vieweg, 1981.

Umschlagentwurf: Horst Dieter Bürkle, Darmstadt, nach einer Idee des Autors

Buchbinder: W. Langelüddecke, Braunschweig

ISBN-13: 978-3-528-08653-4   e-ISBN-13: 978-3-322-84289-3
DOI: 10.1007/978-3-322-84289-3

Inhalt

Einleitung

Was will dieses Büchlein?

In erster Linie sind hier alle diejenigen angesprochen, die in der großen Zahl von Gebäuden wohnen, die dem heutigen Standard des baulichen Wärme- und Schallschutzes nicht entsprechen bzw. wegen ihres Alters nicht entsprechen können.

Empfohlen und eingehend beschrieben werden solche Maßnahmen, die sich auf die Wohnung im engeren Sinne beziehen. Die Verbesserungsvorschläge sind so ausgewählt, daß sie innerhalb der eigenen Wohnung bzw. in benachbarten unbewohnten Räumen, wie z.B. Keller oder Dachgeschoß, ausgeführt werden können. Ob und inwieweit im Einzelfall die Zustimmung des Hauseigentümers erforderlich ist, bedarf selbstverständlich sorgfältiger Klärung.

Maßnahmen, die das gesamte Gebäude betreffen — wie z.B. die Wärmeerzeugung selbst, der Einsatz neuer Techniken (Wärmepumpe, Sonnenenergie) sowie die Verbesserung des äußeren Wärmeschutzes — behandelt das vorliegende Buch nicht; denn solche Maßnahmen liegen außerhalb der Reichweite des Wohnungsinhabers.

Die Auswahl praktikabler Lösungen ist dem Leser bzw. Anwender überlassen. Eine Handwerkerfibel, die die einzelnen Arbeiten genau beschreibt, kann dieses Büchlein natürlich nicht sein. Anleitungen dieser Art gibt es zur Genüge.

Baulicher Wärmeschutz — gesetzlich geregelt

Für die überwiegende Zahl der in der Bundesrepublik vorhandenen Wohnungen mußten bei ihrer Errichtung lediglich die Mindestbedingungen der alten Norm DIN 4108 — Wärmeschutz im Hochbau — eingehalten werden (Tabelle Abb. 7 — minimaler Wärmeschutz — Seite 15). Für Wohngebäude, deren Pläne vom 1. November 1977 an eingereicht worden sind, gelten dagegen die Bestimmungen der Wärmeschutzverordnung (Tabelle Abb. 7 — erhöhter Wärmeschutz).

Die in der alten DIN 4108 geforderten Mindestwerte waren lediglich darauf ausgerichtet, erträgliche hygienische Wohn- und Aufenthaltsbedingungen zu gewährleisten. Dabei wurde nicht nur die Energieeinsparung, sondern auch die Wohnbehaglichkeit in Gebäuden vernachlässigt. Bei diesen Wohnungen dürften sich die hier vorgeschlagenen Verbesserungen des Wärmeschutzes besonders auswirken, sei es durch kurze Amortisationszeiten für die aufgewendeten Kosten, sei es durch eine beachtliche Anhebung der Wohnbehaglichkeit.

Erst die Wärmeschutzverordnung als Ausführungsbestimmung zum Energieeinsparungsgesetz geht über diese Minimalforderung hinaus. Die Energiepreise sind aber seit Einführung der ersten Wärmeschutzverordnung um etwa 70% gestiegen. Die Anforderungen an den baulichen Wärmeschutz und weitere Maßnahmen zur Energieeinsparung in Gebäuden sollen deshalb in einer zweiten Fassung dieser wichtigen Verordnung entsprechend erhöht werden. Eine dritte Fassung mit noch höheren Ansprüchen ist vorgesehen.

Neben der Verbesserung der Wärmedämmung für die massiven Außenbauteile schreibt die Wärmeschutzverordnung grundsätzlich Fenster und Fenstertüren mit Isolier- oder Doppelverglasung vor.

Baulicher Wärmeschutz — sinnvoll?

In den Zeitungen ist immer wieder vom Energieexperimentierhaus in Aachen zu lesen, das mit Bundesmitteln gefördert wird. Das Ergebnis der bisherigen Untersuchungen ist eindeutig: Die mit großem Anteil erfolgreichste Möglichkeit, Wärmeenergie im Haus zu sparen, ist eine Verbesserung des baulichen Wärmeschutzes. Erst dann ist die Anwendung neuer Technologien (Wärmepumpen, Sonnenenergie) sinnvoll.

In Neubauwohnungen, die bereits nach den Richtlinien der Wärmeschutzverordnung errichtet worden sind, können weitere Dämm-Maßnahmen dazu beitragen, noch mehr Heizkosten zu sparen. Bei Anhebung auf einen optimalen Wärmeschutz sollten mindestens die Werte in Tabelle Abb. 7 (letzte Spalte) verwirklicht werden. Erst dann gibt es auch eine echte Behaglichkeit.

Wichtig: Wärmeschutz ist mehr als Wärmedämmung.

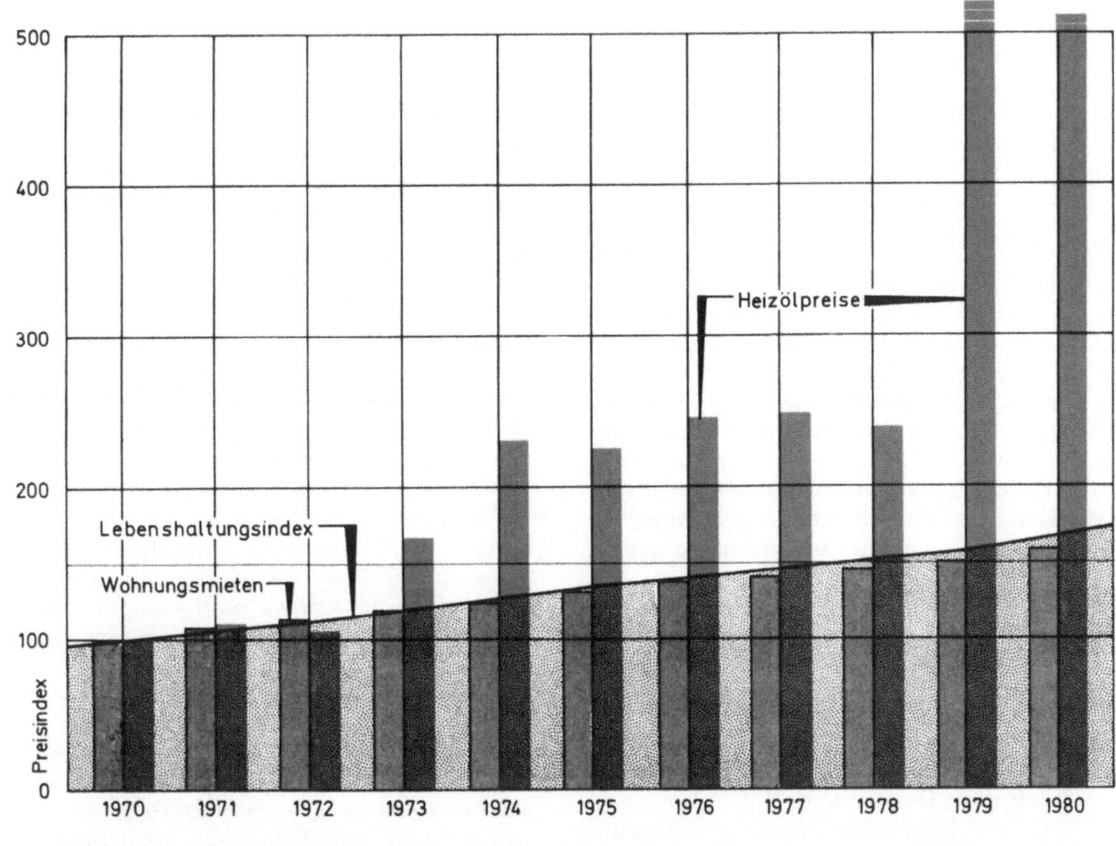

1 Preisentwicklungen in der Bundesrepublik Deutschland (1970 = 100)
Lebenshaltung (4-Personen-Arbeitnehmer-Haushalt)   Wohnungsmieten (insgesamt)   Leichtes Heizöl

Energiekosten

Die sprunghafte Entwicklung der Energiekosten seit 1970 ist aus der obenstehenden Tabelle zu ersehen. Dabei ist zu beachten:

▶ Die Lebenshaltungskosten sind in 10 Jahren um etwa 75% angewachsen.

▶ Die Mietpreise haben mit den Lebenshaltungskosten stets gleichgezogen.

▶ Die Preise für leichtes Heizöl sind dagegen explosionsartig um mehr als 400% gestiegen.

Aus einer anderen Statistik ist zu entnehmen:

▶ Die Ausgaben der privaten Haushalte für die Energieversorgung (Elektrizität, Gas, Brennstoff usw.) haben sich von Juni 1978 bis Juni 1979 bei den Haushalten um teilweise bis zu 55% erhöht.

Was ist zu tun?

▶ Lediglich aus Preisgründen von dem gegenwärtig noch größten Energieträger Heizöl auf andere Energien umzusteigen, bringt nichts. Der Anteil von Gas, Strom oder Kohle wird in Zukunft sicherlich zunehmen, aber die Preise werden hoch bleiben, weil ihre Erzeugung bzw. ihr Abbau dies einfach erfordert.

▶ Wenn wir die Verknappungserscheinungen beim Heizöl und Erdgas berücksichtigen, kann die Hereinnahme weiterer Energiearten sinnvoll sein als Vorsorge, um bei Engpässen auf eine andere Energieart ausweichen zu können.

Wer bei der Wärmedämmung spart, zahlt bei den Heizkosten drauf.

Energieverbrauch

Der Endverbrauch an Energie in der Bundesrepublik teilt sich wie folgt auf:

Haushalte und sonstige Kleinverbraucher ca.	45%
Industrie ca.	36%
Verkehr ca.	19%
Gesamt-Verbrauch	100%

Im Bereich der Haushalte beansprucht die Raumheizung ca. 84%. Sie ist somit am Gesamt-Energieverbrauch mit ca. 38% beteiligt. Im Verkehr nimmt mit ca. 16% der Straßenverkehr den Hauptanteil ein. Diese wenigen Zahlen zeigen, daß für die Beheizung der Gebäude sowie für die Treibstoffe für den Straßenverkehr 38 + 16 = 54% der Endenergie in der Bundesrepublik verbraucht werden. Es ist deshalb allzu verständlich, wenn der Staat gerade auf diesen Gebieten ansetzt, um Energie zu sparen.

Energieeinsparung

Darüber müssen wir uns im klären sein: Die Zeiten der billigen Energien dürften für eine überschaubare Zukunft vorbei sein. Es hilft nur noch, mit der Energie sehr sparsam umzugehen.

▶ Bei den Wohnungen sind gut wärmegedämmte Außenwände, Decken und Fußböden sowie Fenster mit Mehrfachverglasung und zusätzlichen Dämmeinrichtungen die Energiesparer, die mit Abstand am meisten erbringen.
▶ In zentral beheizten Wohngebäuden kann Heizenergie auch durch wirkungsvolle Heizungsanlagen eingespart werden.
▶ Ein weiteres Energiesparpotential liegt völlig in der Hand der Bewohner, wie z.B.
  – überlegte Heiz- und Lüftungsgewohnheiten,
  – sinnvoller Energieverbrauch im Haushalt,
  – Tragen wärmerer Kleidung.

Daran und an ihren Geldbeutel sollten Sie denken, wenn Sie die in diesem Büchlein gemachten Vorschläge beurteilen und ihre Kosten bzw. die Amortisationszeit hierfür einschätzen. Oder wollen Sie, statt Energie zu sparen, lieber auf den Urlaub oder das Autofahren verzichten?

Beurteilung der Wohnungen

Wohnung ist nicht gleich Wohnung. Der Abstand zwischen einfachem, mittlerem und gehobenem Standard wird immer größer. Beim Angebot von lage- und größenmäßig vergleichbaren Wohnungen sollten Sie deshalb auf folgende Kriterien achten:

▶ Die Gegenüberstellung der Kaltmieten zur Beurteilung der Preiswürdigkeit einer Wohnung ist heute bei weitem nicht mehr ausreichend. So kann eine relativ billige Wohnung mit überdurchschnittlich hohen Heizkosten im Endeffekt teurer werden als eine gleichgroße Wohnung in einem einigermaßen gut wärmegedämmten Gebäude mit wirtschaftlicher Heizung und hoher Kaltmiete.
▶ Es genügt heute auch nicht mehr, den Wohnwert einzig und allein nach der vorhandenen Ausstattung zu beurteilen. Kachelbäder mit Dekorfliesen und reiche sanitäre Einrichtungen werden zwar mit Wohlwollen zur Kenntnis genommen. Über die Wärme- und Schallschutzqualität – heute immer lebenswichtigere Fragen – der Wohnung sagen sie aber überhaupt nichts.
▶ Wegen der immer noch weiter ansteigenden Heizkosten sollten Sie vielmehr den Wärmebedarf und den davon abhängigen Heizkostenaufwand überprüfen. Gehen Sie dabei genau so kritisch vor wie beim Kauf eines neuen benzinsparenden Autos.
▶ Bei Gebäuden mit Mindestwärmeschutz – und hierzu zählen weit über 90% unserer Wohnbauten – sollten Sie feststellen, ob und wann der Eigentümer Modernisierungsmaßnahmen vorgesehen hat.
▶ Bei Wohnungen mit ungenügendem Wärmeschutz ist zu klären, wie weit ein Mieter auf eigene Kosten energiesparende Maßnahmen durchführen kann, besonders wenn feststeht, daß der Eigentümer von sich aus nicht modernisieren will.
▶ Auch daran sollten Sie stets denken: Bei einem richtig ausgeführten Wärme- und Schallschutz – auch wenn dies nachträglich geschieht – wird ganz von selbst auch die Wohnbehaglichkeit angehoben. Dies ist ein nicht zu unterschätzender Vorteil, auch wenn er sich nicht in Mark und Pfennig ausdrücken läßt, wie z.B. durch Einsparung von Heizkosten.

Pflichten des Hauseigentümers

Die seit dem 1. Oktober 1980 gesetzlich geregelte
Verpflichtung des Hauseigentümers zur Einführung
der Heizkosten-Abrechnung nach individuellem
Verbrauch ist als ein entscheidender Schritt zur
kontrollierten Energieeinsparung zu bewerten. Einzelheiten dazu im Abschnitt „Heizkostenerfassung
und -abrechnung" (Seite 120—130).

Modernisierung durch den Hauseigentümer

Man sollte meinen, es sei Aufgabe des Hauseigentümers, für einen besseren Wärme- und Schallschutz
zu sorgen. Hierzu ist er aber gesetzlich nicht ver-
pflichtet — wenigstens bis heute nicht. Die zur
Verfügung stehenden Förderungsmittel des Staates
bieten keinen Anreiz. Die Inanspruchnahme der
Steuervergünstigungen nützt nur gut verdienenden
Hauseigentümern.
Betreibt aber ein Hauseigentümer Modernisierungsmaßnahmen, kann er die Miete in einem bestimmten Umfang erhöhen. Hierüber zu berichten ist jedoch nicht Aufgabe dieses Büchleins. Einzelheiten
hierzu stehen laufend in der Zeitung oder sind bei
den zuständigen Dienststellen der Stadt- oder
Kreisverwaltungen zu erfragen. Auskünfte nach
dem neuesten Stand geben auch der Mieterbund
und der Hausbesitzerverband.

Welche Möglichkeiten hat der Mieter?

Eine Modernisierung im Sinne der Gesetze ist die
nachhaltige Wertverbesserung eines Gebäudes oder
einer Wohnung. Ihre Wirkung ist nicht nur auf das
laufende Mietverhältnis beschränkt. Es werden
vielmehr auch die Ertragsverhältnisse des Objektes
verändert (höhere Mieten).
Bei der Bundesregierung wird geprüft, ob nicht nur
die Hauseigentümer, sondern auch die Mieter in
Zukunft in den Genuß staatlicher Hilfen für die
Modernisierung kommen sollten. Wegen der
Schwierigkeit dieser Materie wird es jedoch noch
eine geraume Zeit dauern, bis es zu einer entsprechenden Regelung kommt.
Der energiebewußte Mieter kann aber auch heute
schon ohne eine gesetzliche Regelung Verbesserungsmaßnahmen für seine Wohnung treffen. Bei
umfassenden Maßnahmen empfiehlt sich eine Zu-
satzvereinbarung zum Mietvertrag. Wirtschaftlich

gesehen sind die Eigenmaßnahmen des Mieters ein
Finanzierungsbeitrag, ähnlich wie ein Baukosten-
zuschuß. Diese Leistungen können dann auf den
Mietzins angerechnet werden.
Aus einschlägigen Unterlagen ist zu entnehmen,
daß der Mieter während der Abwohnzeit einen
weitgehenden Kündigungsschutz genießt, daß nur
bestimmte Mieterhöhungen durchsetzbar sind und
daß er bei vorzeitiger Beendigung des Mietverhält-
nisses einen Rechtsanspruch auf Erstattung des
nicht abgewohnten Teils des Baukostenzuschusses
hat.
Inzwischen ist die Verordnung über eine verbrauchsabhängige Abrechnung der Heiz- und Warm-
wasserkosten in Kraft getreten. Die Absichten des
Mieters, den Wärmeschutz seiner Wohnung zu verbessern, werden dadurch unterstützt. Wer also weniger Heizwärme verbraucht, zahlt auch weniger.
Bei der Durchführung von Mietermaßnahmen zur
Verbesserung des Wärme- und Schallschutzes sollten die folgenden Hinweise beachtet werden:

▶ Die sich bei den einzelnen Maßnahmen ergeben-
de etwaige Amortisationszeit sollte man mit der
voraussichtlichen Mietzeit vergleichen. Je länger
das Mietverhältnis vereinbart ist, desto eher
können aufwendige Vorhaben verwirklicht werden.
▶ Bei kurzfristigen oder zeitlich unbestimmten
Mietverhältnissen empfehlen sich Maßnahmen,
bei denen die wertvollsten der eingebauten Teile beim Umzug mitgenommen werden können,
sofern der Nachmieter oder der Hausbesitzer
eine Übernahme ablehnt.
▶ Grundsätzlich sind diejenigen Maßnahmen am
wirkungsvollsten, die sich bereits nach wenigen
Jahren amortisieren. Für die Zeit danach erbringen sie einen echten Gewinn, der in voller Höhe
dem Mieter, nicht dem Hausbesitzer gehört.
Dieser Gewinn ist um so höher, je mehr die
Energiekosten ansteigen, womit nach den Er-
fahrungen der letzten Jahre zu rechnen ist.
▶ Ein verbesserter Wärmeschutz — auch wenn er
nur geringfügig ist oder in Teilabschnitten durchgeführt wird — wird sich in jedem Fall auf die
Heizkostenabrechnung günstig auswirken.
▶ Energie sparen heißt auch neben der Heizung alle anderen Energien im Haushalt wirtschaftlich
zu nutzen.

Wärme- und Schallschutz
– kurz gefaßt

Diese Schrift will weder ein Handwerkerbuch noch ein Lehrbuch über den baulichen Wärme- und Schallschutz sein. Einiges Grundwissen soll aber doch vermittelt werden, damit vor allem die vorkommenden Fachausdrücke — ohne die man eben in der Technik nicht auskommt — besser verstanden werden.

Unter *baulichem Wärmeschutz* sind alle Maßnahmen zu verstehen, die zur Verringerung der Wärmeübertragung zwischen Räumen und der Außenluft und zwischen Räumen mit verschiedenen Temperaturen erforderlich sind. Der Wärmebedarf und damit die Heizungskosten werden nämlich in ihrer Höhe entscheidend von der Wärmedämmung der raumumschließenden Bauteile beeinflußt. Ein ausreichender Wärmeschutz ist darüber hinaus auch eine besonders wichtige Voraussetzung für ein gesundes und behagliches Raumklima.

Der *bauliche Schallschutz* hat die Aufgabe, die Menschen in den Gebäuden vor störendem oder gar gesundheitsschädigendem Lärm zu schützen.

Wohin entschwindet die Wärme?

Wärme hat stets das Bestreben, von der wärmeren zur kälteren Seite zu fließen. Das ist ein *Naturgesetz.* Beziehen wir dies auf die Wohnung:

▶ Im *Winter* will die Wärme der Raumluft zur kalten Außenluft abwandern. Dieser Wärmeverlust läßt sich nicht verhindern. Man kann ihn nur durch entsprechende Dämm-Maßnahmen bremsen. Um die erforderlichen Innentemperaturen zu halten, muß die verlorengegangene Wärme durch entsprechenden Heizaufwand ständig ergänzt werden.

Daraus wird ersichtlich, daß es — genau genommen — keinen „Vollwärmeschutz" geben kann. Diese Wortschöpfung ist bei der Werbung für Bau- und Dämmstoffe leider immer wieder anzutreffen.

▶ Im *Sommer,* wenn es draußen wärmer ist als im Raum, dringt die Wärme von außen nach innen ein und erhöht so unerwünscht die Raumtemperatur.

Zur Verdeutlichung der Wärmewanderung dienen die nebenstehenden Wandquerschnitte in Abbildung 2.

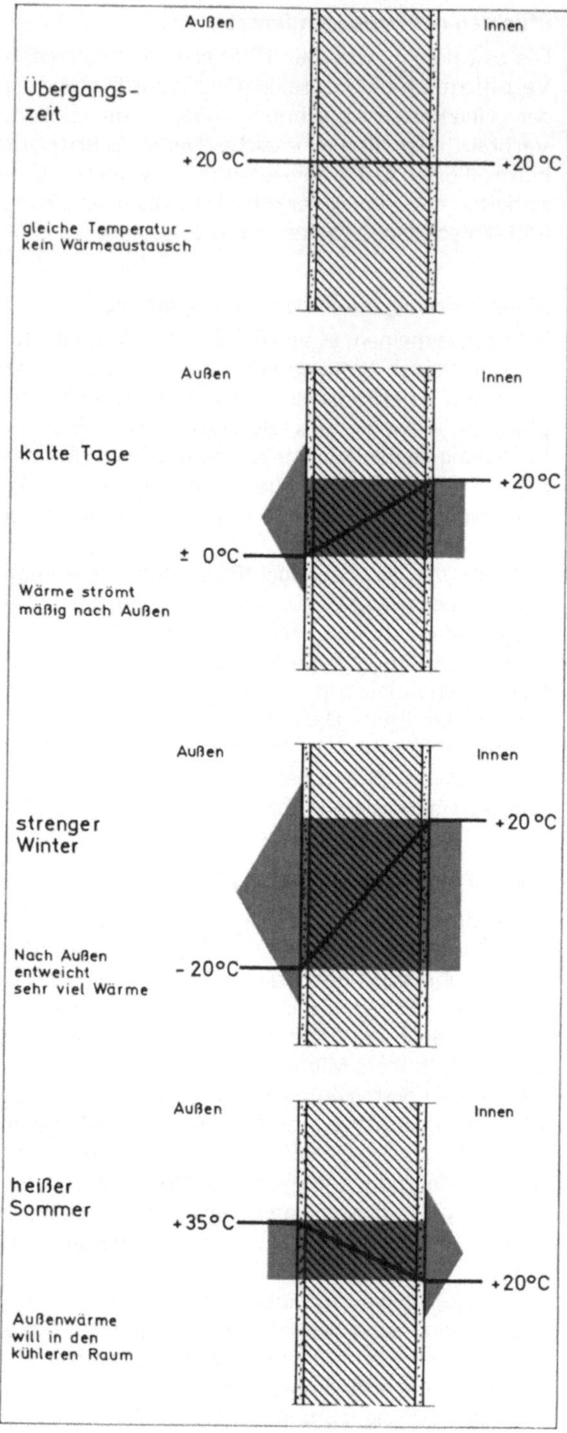

2 Wohin fließt die Wärme ?
Schematische Darstellung des Wärmestroms

Wie geht der Wärmedurchgang vor sich?

Die von der warmen zur kalten Seite abwandernde
Wärmemenge hat praktisch 3 Bereiche zu überwin-
den. Dieser Vorgang wird am Beispiel einer Außenwand im Winter erläutert (Abb. 3).

1. Der erste Widerstand ist die Luftgrenzschicht
   $(1/\alpha_i)$ auf der Innenseite der Außenwand. Sie
   wirkt als ein wärmedämmendes Polster — eine
   unsichtbare Innendämmung. Ihre wärmedämmende Wirkung ist um so größer, je geringer die
   Luftbewegung ist. (In Ecken und Winkeln des
   Raumes und noch mehr hinter Schränken ist es
   besonders ruhig.)
2. Den stärksten Widerstand leistet das Außenbauteil selbst. Es ist durch seinen Wärmedämmwert
   $(1/\Lambda)$ gekennzeichnet.
3. Der letzte und meist sehr schwache Übergangs-
   widerstand ist die äußere Luftgrenzschicht
   $(1/\alpha_a)$. Ihre Dämmwirkung ist um so geringer,
   je stärker der Wind weht und diese Luftgrenzschicht mehr oder minder wegbläst.

Was ist der k-Wert?

Rechnet man die Wärmedurchlaßwiderstände der
drei oben genannten Bereiche zusammen, dann ergibt sich der Wärmedurchgangswiderstand 1/k
(Abb. 3). Beim Wärmedurchgang wird von jeder
der 3 Schichten so viel Wärme aufgezehrt, wie es
ihrem Anteil am Wärmedurchgangswiderstand 1/k
entspricht. Seine Umkehrung — also 1 : 1/k — ergibt den Wärmedurchgangskoeffizient k, der allgemein als *k-Wert* bekannt ist. Der k-Wert gilt für
gleichbleibende (stationäre) Innen- und Außentemperaturen durch ebene Bauteile. Es ist dabei gleich-
gültig, ob es sich um senkrechte Wände, waagerech-
te Flachdächer oder geneigte Steildächer handelt.
Der k-Wert spielt bei der Beurteilung von Bauteilen
und Dämm-Maßnahmen eine sehr wichtige Rolle.
Er gibt Aufschluß über die Wärmeenergie, die z.B.
im Winter durch ein Bauteil aus dem beheizten
Raum nach außen oder in einen unbeheizten Ne-
benraum abfließt.
Die Berechnung des k-Wertes ist etwas kompliziert.
Merken Sie sich deshalb:

▶ Je kleiner der k-Wert, um so besser der Wärmeschutz und um so geringer die Heizkosten

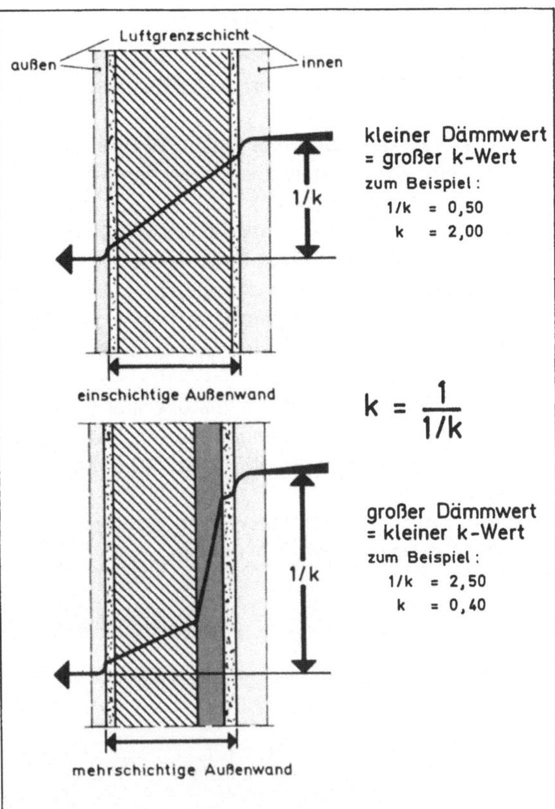

3 Wärmedurchgang durch ein Außenbauteil
erläutert am k-Wert von Außenwänden

Je kleiner der k-Wert, desto größer der Spar-Wert

Wieviel Wärme entweicht nach außen?

Maßgebend für den Wärmeverlust sind:

1. die Größe des jeweiligen Außenbauteils in m² (Quadratmeter);
2. der k-Wert des Außenbauteils in W (Watt)/m²K;
3. der Temperaturunterschied zwischen innen und außen in K (Kelvin, auch °C).

In der untenstehenden Tabelle werden 3 Außenwände und 3 Fenster mit unterschiedlichem k-Wert gegenübergestellt, die alle den gleichen Wärmeverlust erbringen. Die Temperaturdifferenz zwischen minus 15 °C außen und plus 20 °C innen beträgt 35 K.

Um die Wärmeverluste dieser 6 Außenbauteile auszugleichen, müßte eine Heizquelle eingesetzt werden, die in der Stunde 500 Watt (0,5 kW) verbraucht.

Weitere Hinweise über die Wärmeverluste sind in den Abbildungen 6 und 7 enthalten.

Auch der im Raum lebende Mensch gibt Wärme ab.

Die Normaltemperatur des menschlichen Körpers beträgt rd. 37 °C. Den physikalischen Gesetzen entsprechend, hat die Körperwärme ebenfalls das Bestreben, zur kälteren Seite hin abzuwandern, z.B. zur Raumluft mit durchschnittlich 20 °C oder zu den meist kälteren Außenbauteilen. Hierzu zwei anschauliche Beispiele:

▶ Der an einer ungenügend gedämmten Außenwand stehende Mensch hat das Gefühl, es zieht", weil die vom Körper ausgehende Wärme von der kalten Wandoberfläche begierig aufgesogen wird (Abb. 5/1).

▶ Eine Wärmeabgabe des Körpers durch Wärmeleitung (Kontaktwärme) findet statt, wenn die nackte Hand oder der nackte Fuß einen anderen Gegenstand berührt. Dabei wirken

— eine Stahltürzarge oder ein Steinboden kalt, da sie viel Wärme entziehen;
— eine Holztür oder ein Holzfußboden angenehm, da nur wenig Wärme entzogen wird;
— ein Schaumstoff oder ein Teppichboden warm, da dem Körper fast keine Wärme entzogen wird.

Außenbauteil	Fläche	k-Wert	Temperatur-differenz	Wärme-verlust
	m²	W/m²K	Kelvin	Watt
Außenwand mit minimalem Wärmeschutz	9,20 x	1,55 x	35 =	500
Außenwand mit erhöhtem Wärmeschutz	15,80 x	0,90 x	35 =	500
Außenwand mit optimalem Wärmeschutz	35,70 x	0,40 x	35 =	500
Fenster mit einfacher Verglasung	2,75 x	5,2 x	35 =	500
Fenster mit zweifacher Verglasung	4,80 x	3,0 x	35 =	500
Fenster mit dreifacher Verglasung	7,50 x	1,9 x	35 =	500

**4
Außenwände und Fenster verschiedener Größe mit dem gleichen Wärmeverlust**

— bei der gleichen Temperaturdifferenz zwischen + 20 °C innen und −15 °C außen
— mit unterschiedlichem k-Wert

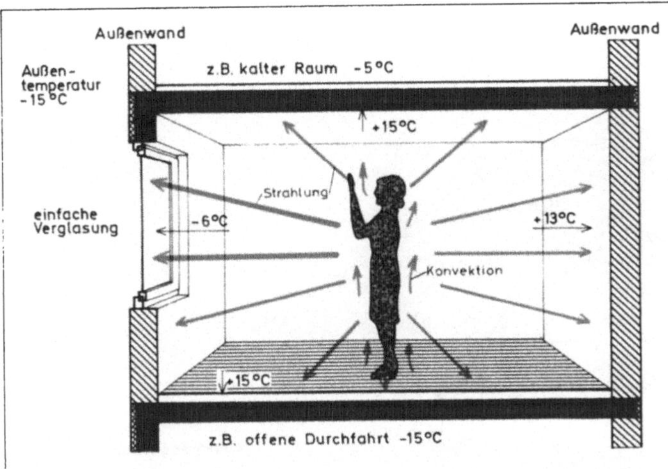

1 Minimaler Wärmeschutz

Großer Wärmeentzug.

In der Nähe der Außenwand und noch mehr am Einfachfenster hat man das Gefühl,es zieht, man fröstelt.

Eine Raumtemperatur von mindestens 22°C ist erforderlich. Das Raumklima bleibt aber trotzdem unbehaglich.

Selbst zur Sicherung dieser Minimalzustände muß praktisch durchgeheizt werden. Der Energieverbrauch ist enorm.

Strahlung ist die Wärmeabgabe von einer wärmeren zu einer kälteren Oberfläche

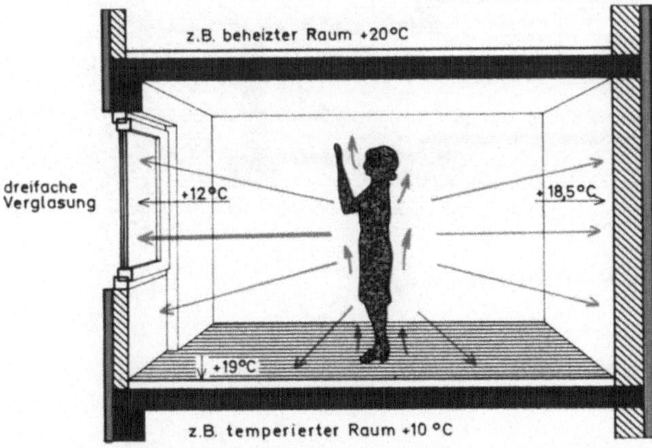

2 Erhöhter Wärmeschutz

Mittlerer Wärmeentzug.

Schon besser, besonders durch das Fenster mit Isolierverglasung.

Mit einer Raumtemperatur von etwa 21 °C ergibt sich ein normal-behagliches Raumklima.

Zwischenabsenkungen bei der Heizung sind möglich. Dadurch ein reduzierter Energieverbrauch.

Konvektion ist die Wärmeübertragung durch vorbeistreichende Luft

3 Optimaler Wärmeschutz

Geringster Wärmeentzug.

Die Beruhigung durch das Fenster mit Dreifachverglasung kommt dem ganzen Raum zugute.

Eine Raumtemperatur von 20°C ist ausreichend für ein besonders behagliches Raumklima.

Bei gut wärmespeichernden Bauteilen für die Raumbegrenzung sind längere Absenkungen bei der Heizung möglich - ohne daß der Raum merklich auskühlt. Dadurch ein geringer Energieverbrauch.

5 Wärmeabgabe des Menschen an die umgebenden Bauteile eines Raumes
Dargestellt an 3 Stufen des baulichen Wärmeschutzes (Abbildung 7)

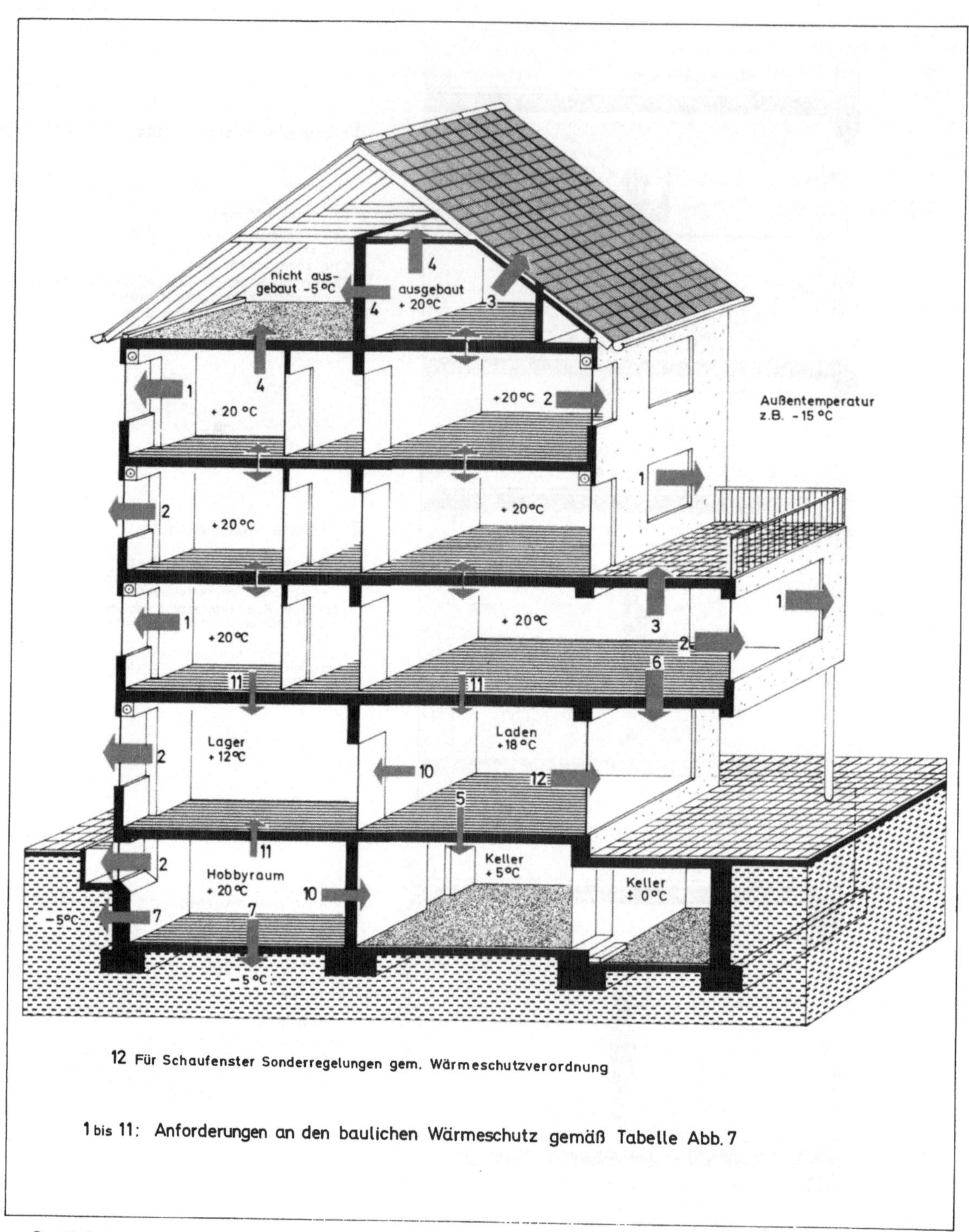

12 Für Schaufenster Sonderregelungen gem. Wärmeschutzverordnung

1 bis 11: Anforderungen an den baulichen Wärmeschutz gemäß Tabelle Abb. 7

6 Schema-Hausquerschnitt : Wohin entschwindet die Wärme ?

Bauteil	minimaler Wärmeschutz		erhöhter Wärmeschutz		optimaler Wärmeschutz	
	k-Wert	Beispiel	k-Wert	Beispiel	k-Wert	Beispiel
1 Außenwände (ohne Fenster)	1,55	24 cm mittelschweres Mauerwerk	0,90	30 cm Leichtmauerwerk	0,40	24 cm schweres Mauerwerk + 8 cm Dämmung
2 Fenster, Fenstertüren	5,2	einfache Verglasung	3,0	zweifache Verglasung	1,9	dreifache Verglasung
3 Geneigte Dächer von ausgebauten Dachgeschossen Flachdächer	0,80	ca. 3 - 4 cm Dämmung	0,55	ca. 5 - 6 cm Dämmung	0,35	10 - 12 cm Dämmung
4 Decken unter nicht ausgebauten Dachgeschossen	1,10	2 - 3 cm Dämmung bei Massivdecken	0,70	4 - 5 cm Dämmung bei Massivdecken	0,45	7 - 8 cm Dämmung bei Massivdecken
5 Kellerdecken Decken über kalten Räumen	1,00	2 cm Dämmung bei Massivdecken	0,75	zus. 3,5 cm Dämmung bei Massivdecken	0,50	zus. 6 cm Dämmung bei Massivdecken
6 Decken über Durchfahrten Decken, die nach unten gegen Außenluft grenzen	0,60	zus. 5-6 cm Dämmung	0,50	zus. 7-8 cm Dämmung	0,35	zus. 10-12 cm Dämmung
7 Fußböden und Wände, die an Erdreich grenzen	0,95	ca. 3 cm Dämmung	0,70	zus. 4-5 cm Dämmung	0,55	zus. 6-7 cm Dämmung
8 Wohnungstrennwände Wände gegen fremde Arbeitsräume	2,00	24 cm Schwermauerwerk	1,20	2 x 11,5 cm schwere Wandschalen + 2 cm Dämmung	0,75	2 x 24 cm schwere Wandschalen + 2 cm Dämmung
9 Treppenraumwände Wände gegen stark durchlüftete Räume	2,00	24 cm schweres od. 17,5 cm leichtes Mauerwerk	1,30	24 cm mittelschweres Mauerwerk	0,80	24 cm schweres Mauerwerk + 3 cm Dämmung
10 Innenwände gegen unbeheizte Räume	2,50	6 cm Gips-Wandbauplatten	1,60	11,5 cm Leichtmauerwerk	1,00	11,5 cm schweres Mauerwerk + 2 cm Dämmung
11 Wohnungstrenndecken Decken gegen fremde Arbeitsräume	1,70	1 cm Dämmung bei Massivdecke	1,15	2 - 2,5 cm Dämmung bei Massivdecke	0,75	3-4 cm Dämmung bei Massivdecke

7 Anforderungen an den baulichen Wärmeschutz k-Werte in W/m^2K

Auch für Wohngebäude gilt, daß die verschiedenen Bauteile keineswegs alle gleich wärmedämmend sein müssen. Bei den massiven Bauteilen kann der Wärmedämmwert durch entsprechend dicke Dämmschichten auf das gewünschte Maß angehoben werden. Bei den Fenstern sind dagegen Grenzen gesetzt. Hier ist die Art der Verglasung entscheidend.

Jede Wärme, die im Winter nach draußen oder in einen kalten Nachbarraum verlorengeht, muß durch entsprechenden Heizaufwand ständig ergänzt werden.

Minimaler Wärmeschutz
Ausführung nach der alten DIN 4108, praktisch bei allen Wohnbauten, die nach dem Kriege bis zum Inkrafttreten der Wärmeschutzverordnung ausgeführt wurden.

Erhöhter Wärmeschutz
Werte, die etwa der Wärmeschutzverordnung in ihrer ersten Fassung entsprechen.

Optimaler Wärmeschutz
Werte, die man anstreben sollte. Sie bringen die größte Wirtschaftlichkeit und vermitteln eine besonders angenehme Wohnbehaglichkeit.

Wärmespeicherung —
eine wichtige Eigenschaft

Unter Wärmespeicherung versteht man die Aufnahme von Wärmeenergie in einem Körper (Bauteil), wo sie gespeichert wird und je nach Umgebungstemperatur mehr oder weniger langsam abgegeben wird. Diesem Vorteil wurde bisher im Wohnungsbau viel zu wenig Aufmerksamkeit gewidmet.

Allgemein bekannt ist die Wärmespeicherung beim Kachelofen.* Die darin erzeugte Wärme wird von dem umschließenden Kachelmantel aufgenommen, darin gespeichert und langsam an den Raum abgegeben, selbst wenn das Feuer schon längst erloschen ist.

Zur weiteren Verdeutlichung: Auch in der Natur hat die Wärmespeicherung ihre Bedeutung:

— Vom Wasser der Flüsse und Seen wird tagsüber sehr viel Wärme aufgenommen und in der Nacht wieder klimaausgleichend abgegeben.

— Der Wein, der viel Wärme braucht, gedeiht in seinen nördlichen Anbaugebieten besonders in den Flußtälern (Rhein, Mosel, Ahr). Aber auch der Boden, auf dem die Reben gepflanzt sind, speichert Wärme und gibt sie in der Nacht wieder ab, um so mehr, je steiniger der Boden ist.

Zur Wärmespeicherung im Wohnungsbau einige Merksätze:

► Die Wärmespeicherung ist abhängig von der Wärmekapazität und dem Gewicht des Bauteils. Je schwerer und dichter ein Bauteil ist, desto mehr kann es bei gleichem Volumen Wärme speichern.

► Leichtgewichtige Dämmstoffe allein können so gut wie keine Wärme speichern. Deshalb Vorsicht, wenn angegeben wird, daß wenige Zentimeter eines Dämmstoffes meterdicken Massivwänden entsprechen. Dieser Hinweis bezieht sich nur auf die Gegenüberstellung des reinen Wärmedämmwertes, niemals aber auf die Wärmespeicherung.

► Dauernd bewohnte Räume, auch wenn sie nicht durchgehend benutzt werden, sollte man durchheizen. Es genügen geringe Temperaturen von 10 bis 15 °C. Bei Beginn der Heizperiode werden die Raumumschließungen (Wände, Decke, Fußboden) mit Heizwärme gefüllt. Sie sind dann ein guter Regulator für die Raumwärme, besonders wenn die Einstellungen am Heizkörper im Laufe des Tages mehrfach geändert werden.

► Beim Ausfall der Heizung oder während der Nacht, wenn die Heizung abgestellt ist, um Energie zu sparen, gibt die wärmere Wand Wärmemengen an die kälter werdende Raumluft ab und vermeidet dadurch ein schnelles Auskühlen der Räume.

► An Sonnentagen wird die eingestrahlte Sonnenwärme von den kühleren Wänden aufgenommen und gespeichert.

► Im Sommer wird die tagsüber gespeicherte Wärme während der Nachtkühle an den Raum abgegeben und bei einer guten Durchlüftung aus dem Raum transportiert. Die speicherfähigen Bauteile sind dann für die Sonnenhitze des nächsten Tages wieder aufnahmefähig.

Die Speicherfähigkeit der Raumumschließungsbauteile wirkt also im Winter wie auch im Sommer ausgleichend auf das Raumklima. Es ist deshalb vorteilhaft, in einem behaglich wirkenden Raum niemals alle Raumumschließungen mit Dämmstoffen oder gut dämmenden Einrichtungsgegenständen (Teppichbelägen, Schallschluckdecken) von innen zu verkleiden. Ein angemessener Teil der speicherfähigen Raumbegrenzungen — wie z.B. schwere Innenwände oder massive Betondecken — sollte vielmehr von Dämmbelägen frei gehalten werden. Angaben zur Wärmespeicherfähigkeit von Räumen unterschiedlicher Größe enthält die nebenstehende Übersicht Abb. 8.

Zweckmäßige Kleidung

Die Kleidung hat für die Aufrechterhaltung einer befriedigenden Temperatur zwischen der Haut und der Innenseite der Bekleidung zu sorgen. Diese Temperatur beträgt beim ruhenden Menschen 28 bis 30 °C. Eine als angenehm empfundene Bekleidung soll eine übermäßige Entwärmung des Körpers verhindern. Sie soll aber so viel Wärme hindurchlassen, daß kein gesundheitsschädigender Wärmestau entsteht.

Mit Hilfe der Kleidung läßt sich aber auch Energie sparen. Durch das Anlegen wärmerer Unterwäsche oder leichter Wollpullover wird eine um 2 °C gesenkte Raumtemperatur als annähernd gleich empfunden. Und das haben Sie sicherlich schon oft genug gelesen: 1 °C weniger Raumtemperatur bringt 5 bis 6 % Heizkostenersparnis.

* Vgl. dazu vom selben Verfasser: „Ratgeber Kachelöfen. Technischer Aufbau — Betrieb — Gestaltung", Vieweg-Verlag 1980.

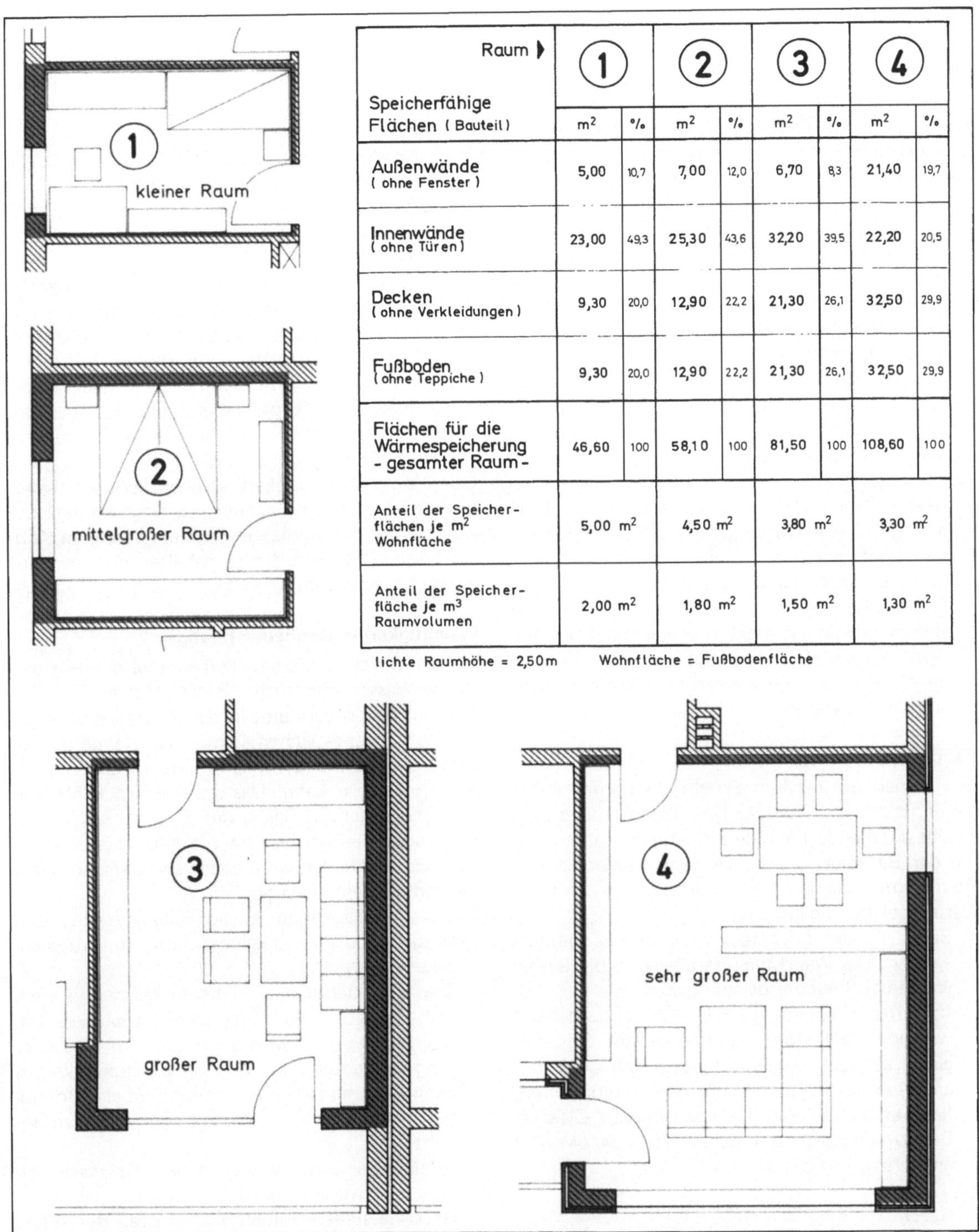

Raum ▶	1		2		3		4	
Speicherfähige Flächen (Bauteil)	m²	%	m²	%	m²	%	m²	%
Außenwände (ohne Fenster)	5,00	10,7	7,00	12,0	6,70	8,3	21,40	19,7
Innenwände (ohne Türen)	23,00	49,3	25,30	43,6	32,20	39,5	22,20	20,5
Decken (ohne Verkleidungen)	9,30	20,0	12,90	22,2	21,30	26,1	32,50	29,9
Fußboden (ohne Teppiche)	9,30	20,0	12,90	22,2	21,30	26,1	32,50	29,9
Flächen für die Wärmespeicherung - gesamter Raum -	46,60	100	58,10	100	81,50	100	108,60	100
Anteil der Speicher- flächen je m² Wohnfläche	5,00 m²		4,50 m²		3,80 m²		3,30 m²	
Anteil der Speicher- fläche je m³ Raumvolumen	2,00 m²		1,80 m²		1,50 m²		1,30 m²	

lichte Raumhöhe = 2,50 m   Wohnfläche = Fußbodenfläche

8 Wärmespeichernde Flächen (mögliche) bei Räumen unterschiedlicher Größe

Feuchtigkeit und Wärmeschutz

Feuchteschäden an Bauteilen sind oft eine Folge ungenügenden Wärmeschutzes. Die Wärmedämmfähigkeit der Baustoffe wird nämlich in hohem Maße durch den Feuchtegehalt beeinflußt. Besonders deutlich wird dies bei Wärmebrücken (Seite 100). Gefährlich ist nicht nur das Wasser, das von außen oder aus schadhaften Leitungen ins Gebäude gelangt. Die im Raum vorhandene Luftfeuchte kann ebenfalls in die Konstruktion eindringen und Schaden anrichten.

Die Raumluft enthält gewöhnlich nur einen Teil des höchstmöglichen Feuchtegehaltes. Man spricht dann von der relativen Luftfeuchte. Es ist dies der Prozentsatz der bestehenden Feuchtigkeitsmenge, bezogen auf die Sättigungsmenge mit 100%. Aus Gründen der Behaglichkeit und der Gesundheit sollte die relative Luftfeuchte in einem Raum 40 bis 60% betragen.

- *Übermäßige Luftfeuchte* (ab etwa 70%) kann man durch eine wirkungsvolle Lüftung abführen; vorteilhaft bei hohen Raumtemperaturen, also höchster Wasserdampfkonzentration.
- *Lufttrockenheit* (etwa unter 30%) kann mit Hilfe von Klimageräten, Wasserzerstäubern und Wasserverdampfern beseitigt werden. Die Wirkung derartiger Geräte sollte allerdings nicht überschätzt werden.

Feuchtespeicherung

In Räumen mit großem Feuchtigkeitsanfall sollte zumindestens ein Teil der Raumbegrenzungen die erhöht anfallende Feuchte aufnehmen. In den Zeiten der Beruhigung wird sie dann wieder an den Raum zurückgegeben; ein Vorgang, der dem der Wärmespeicherung ähnelt.

- Bäder sollten höchstens bis Türhöhe gefliest werden. Das Wandstück darüber und die Decke werden als Feuchtespeicher gebraucht.
- In kalten Räumen, die sehr schnell aufgeheizt werden, steigt die Wandtemperatur im Vergleich zur Lufttemperatur wesentlich langsamer an. Wenn keine Feuchtespeicherung möglich ist, kann an dichten Wandbelägen (Fliesen, Ölfarbe, Badezimmerspiegel) Tauwasser (Schwitzwasser) entstehen.

Dampfsperren und Dampfbremsen

Zur Verhinderung von Durchfeuchtungsschäden müssen Bauteile mitunter vor eindringendem Wasserdampf geschützt werden.

Hierzu verwendet man

Dampfsperren als besonders dichte Schichten, wie z.B. Aluminiumfolien;

Dampfbremsen als Schichten, die noch einen ganz geringen Dampfdurchgang zulassen, wie z.B. Kunststoff-Folien.

Unter Beachtung des kritischeren Winterzustandes sind Dampfsperren und Dampfbremsen stets auf der Innenseite eines Umfassungsbauteiles anzuordnen. Verkleidungsstoffe und Beläge mit einer dampfbremsenden Wirkung sind u.a. Fliesenbeläge, PVC-Böden, kunststoffbeschichtete Spanplatten, Dispersionsanstriche — besonders wenn mehrere übereinander aufgetragen sind.

Über die Notwendigkeit solcher Schutzmaßnahmen sollte stets ein Fachmann befragt werden. Soweit sie bei den in diesem Büchlein gezeigten Konstruktionen für erforderlich gehalten werden, wird darauf hingewiesen.

Feuchtigkeit in Neubauwohnungen

Bei der Errichtung eines Neubaues wird eine große Menge Wasser verbraucht (Beton, Mörtel, Estrich). Ein Teil davon verbleibt in den Bauteilen als sogenannte Gleichgewichtsfeuchte. Der andere Teil muß beseitigt werden, was in einem Neubau 1 bis 2 Jahre dauern kann. Das gezielte Trockenheizen von Neubauten ist Sache des Eigentümers. Dabei kann aber die Baufeuchte nie ganz ausgetrieben werden. Bei Neubauwohnungen sollte man deshalb folgende Regeln beachten:

- Zur Austrocknung ist vor allem frische und trockene Luft bei möglichst häufigem Luftwechsel erforderlich.
- Die Baufeuchte darf nicht zu rasch und auch nicht bei zu großer Hitze beseitigt werden. Geschieht dies und wird außerdem auf eine Lüftung verzichtet, dann wird diese Feuchtigkeit in der Wohnung begierig von den Möbeln, Holztüren usw. aufgenommen und kann Schaden anrichten.
- Gemauerte Innenwände, denen zu rasch die Feuchte entzogen wird, schrumpfen. An ihren Anschlußstellen bilden sich Risse. Besonders kritisch sind die Deckenanschlüsse.

Schall und Lärm

Schall ist eine Wellenbewegung der Luft. Die Schallwelle trifft auf unser Ohr und löst einen bestimmten Schalldruck aus. Im Ohr erregt die auftreffende Schallenergie Nervenimpulse. Wir hören den Schall.

Lärm ist jede Art von Schall, die als Störung empfunden wird. Diese Empfindung ist unabhängig von der Tonhöhe und der tatsächlichen Lautstärke.

Es werden drei Arten von Schall unterschieden (Abb. 9).

Luftschall: In Luft sich ausbreitender Schall, z.B. beim Sprechen ode beim Spielen von Musikinstrumenten einschließlich Radio und Fernsehen. Neben dem direkten Durchgang durch das trennende Bauteil kann sich der Luftschall auch indirekt ausbreiten, z.B. über Wände und Decken, die die eigentliche Trennwand begrenzen. Die luftschalldämmende Wirkung im eigenen Raum ist um so größer, je mehr Schallschluckflächen (Polstermöbel, Teppiche usw.) vorhanden sind.

Körperschall: In festen Stoffen sich ausbreitender Schall, z.B. durch einen Hammerschlag auf die Wand oder eine Rohrleitung aber auch durch Stampfen, Türzuschlagen, Druckspülerlärm usw. Der Körperschall pflanzt sich im angeregten Bauteil nach allen Seiten fort. Dabei geht ein Teil der Schallenergie verloren. Ein anderer Teil wird bei der Ausbreitung in benachbarte Bauteile übertragen. Der größte Teil wird jedoch in den Nachbarräumen als Luftschall abgestrahlt.

Trittschall: Schall, der beim Gehen und bei ähnlicher Anregung einer Decke (Möbelrücken) als Körperschall entsteht. Er wird in den darunterliegenden Raum abgestrahlt bzw. als Körperschall weitergeleitet. Als Luftschall ist er auch im eigenen Raum wahrnehmbar.

Als Schalldämmung sind alle Maßnahmen zu verstehen, die den Schall daran hindern, in voller Stärke in einen zu schützenden Bereich zu gelangen. Dies kann durch Zwischenschaltung einer Wand oder Decke geschehen und, wenn erforderlich, durch besonders schalldämmend ausgebildete Konstruktionen oder durch Schallschutzverkleidungen.

Maßeinheiten für den Schallschutz

Das Maß für die frequenzabhängige Wahrnehmung des Schalls durch das menschliche Ohr ist die Einheit „Dezibel'' (dB). Damit werden gemessen
- das Schalldämm-Maß R — auch Schalldämmwert genannt. Es ergibt sich praktisch aus der Differenz zwischen dem abgestrahlten sowie dem aufgenommenen Schall.
- Das Luftschallschutzmaß LSM zur Beurteilung der Luftschalldämmung bei Bauteilen. Das LSM O dB hat ein Schalldämm-Maß R von 52 dB.
- Das Trittschallschutzmaß TSM, nach dem die Trittschalldämmung von Decken eingestuft wird.

Der Schallpegel (Lautstärke) wird mit dB(A) bezeichnet, welches das früher übliche Maß für das Lautstärke-Empfinden des menschlichen Ohres „Phon'' abgelöst hat. Eine Erhöhung des Schallpegels um 10 dB(A) bedeutet für das menschliche Ohr eine Verdoppelung, eine Ermäßigung um 10 dB(A) eine Halbierung des empfundenen Lärms.

Merken Sie sich also:

   dB   = Schalldämmwert
   dB(A) = Lautstärke

Wärme- und Schallschutz zugleich

Es ist unbedingt darauf zu achten, daß Verbesserungen des Wärmeschutzes oft nicht gleichzeitig eine Verbesserung des Schallschutzes ergeben.
- ▶ Eine Verschlechterung des Schallschutzes kann entstehen, wenn z.B. Dämmplatten aus Hartschäumen auf die Wände aufgeklebt und direkt verkleidet werden; es ergibt sich eine nachteilige Schall-Längsleitung.
- ▶ Eine Verbesserung des Wärmeschutzes, bei dem auch der Schallschutz angehoben wird, entsteht z.B. bei schwimmenden Estrichen.
- ▶ Verbesserungen bezüglich des Schallschutzes bei Fenstern wirken sich auch günstig auf den Wärmeschutz aus.

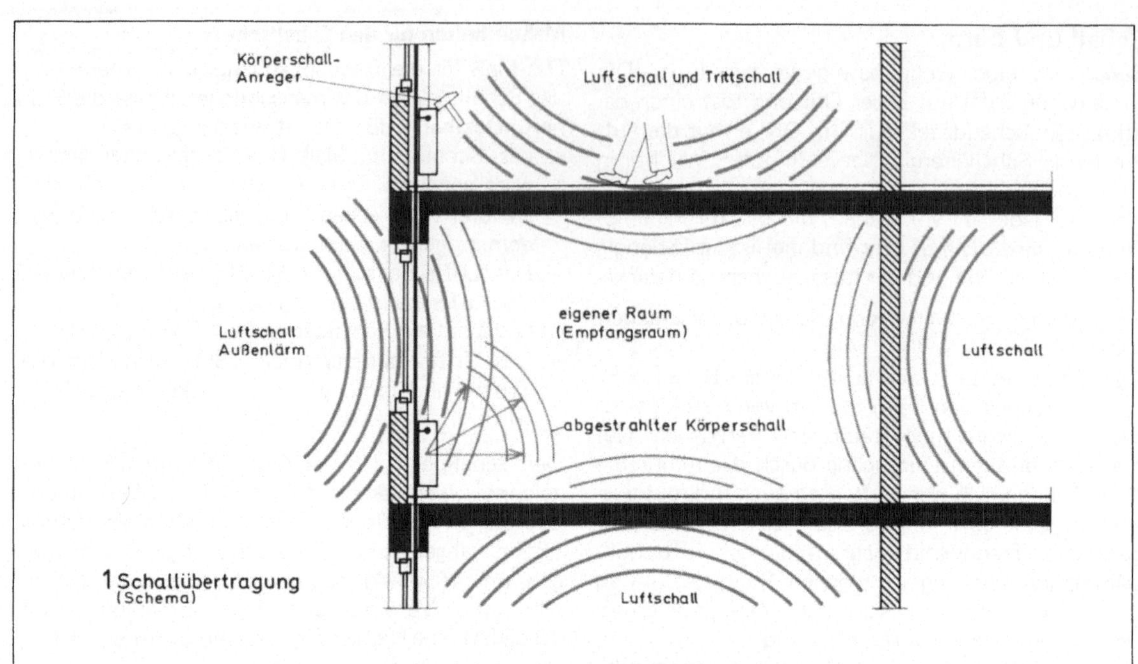

1 Schallübertragung (Schema)

R_W dB	LSM dB	Unterhaltungssprache	sehr lautes Rufen	Musik aus Radio+Fernseher
32	-20	gut verständlich	sehr gut verständlich	leise Musik, gut hörbar
37	-15	verständlich	sehr gut verständlich	leise Musik, schwach hörbar
42	-10	gerade noch verständlich	gut verständlich	Zimmerlautstärke, gut hörbar
47	- 5	gerade noch verständlich	verständlich	Zimmerlautstärke, Melodie erkennbar
52	0	unverständlich	gerade noch verständlich	Zimmerlautstärke, schwach hörbar
57	+ 5	unverständlich	gerade noch verständlich	laute Musik, gerade hörbar
62	+10	unhörbar	unverständlich	laute Musik, unhörbar

2 Luftschalldämmung von Wänden und Decken
Geräusche im Nachbarraum
Hörbarkeit im eigenen Raum

R_W = bewertetes Schalldämm-Maß
LSM = Luftschallschutzmaß
TSM = Trittschallschutzmaß

TSM dB	Gehen	Möbelrücken
-20	gut hörbar	laut hörbar
-10	gut hörbar	gut hörbar
0	hörbar	gut hörbar
+10	schwach hörbar	hörbar
+20	unhörbar	schwach hörbar

3 Trittschalldämmung von Decken

9 Schallübertragung in Gebäuden – Wirksamkeit der Schalldämmung

subjektives Empfinden	Geräusch, Lärm (Abstand davon)	Lautstärke dB(A)	gesundheitlicher Bereich Grenzwerte	Lautstärke dB(A)
unhörbar	sehr leise Uhr	10	Hörschwelle	0
	fallendes Blatt	10	Meßschwelle	10
sehr leise	Taschenuhr	15-20	angenehm für Schlafräume während der Nacht	30
	gehen auf weichem Teppich	20		
	leichtes Blätterrauschen	20	gesundheitlich sicherer Bereich	bis 30
	Strahlregler (Perlatoren)	15-25		
	Nieselregen	20-25		
	Flüstern	25-30		
	Sprache von nebenan (gerade noch hörbar)	30		
leise	Kühlschrank	30-40	empfohlen für Arbeiten von geistiger Konzentration	bis 40
	leise Unterhaltung	40	für geistig schematische Tätigkeit	bis 50
	leises Radio, Fernsehen	40-50		
	Vogelgezwitscher	40-50	mögliche psychische und vegetative Reaktionen	ab 50
	leichtes Türenzuschlagen	45-55		
	halblaute Unterhaltung (2 m)	50		
	ruhige Wohnstraße (10 m)	50		
laut	Waschmaschine-Waschvorgang (1 m)	50-60	wird mitunter als unangenehm empfunden	ab 60
	befriedigende Telefonverständigung	55	Beeinträchtigung der Sprachverständigung	ab 70
	Staubsauger (1 m)	60		
	normale Sprache (2 m)	60	nervöse Erscheinungen	ab 70
	Radio, Fernsehen in Zimmerlautstärke	60		
	festes Türenzuschlagen (mit Dichtung)	60-70		
	laute Sprache	70		
sehr laut	schwierige Telefonverständigung	75	Maximal für reine Handarbeit	bis 80
	Waschmaschine-Schleudervorgang (1 m)	75-80	gesundheitsgefährdeter Bereich, Beginn der Gehörschäden	ab 90
	starker Straßenverkehr (10 m)	80		
	lautes Radio, Fernsehen	80-90		
	festes Türzuschlagen	80-90		
	lautes Schreien	90		
	Kindergeschrei (1 m)	95		
unerträglich	Handkreissäge (1 m)	100	gesundheitsschädigender Bereich	ab 110
	größte Lautstärke Radio, Fernsehen	100	Verletzung des Zentralnervensystems	ab 120
	Preßlufthammer (1m)	100-115		
	Fabriksirene (50m)	110	Schmerzschwelle	120
	Düsenflugzeug, mittlere Höhe	110-120	Lähmung und Tod von Organismen	150-180
	Düsenflugzeug, geringe Höhe	120-130		
	Explosionen	ab 150		

10 Lautstärken bekannter Geräusche – subjektives Empfinden, gesundheitlicher Bereich, Grenzwerte

Schallschutzprobleme im Mehrfamilienhaus

Die Schalldämmung im Mehrfamilienhaus ist ein sehr wichtiges Problem. Während man sich in den meisten Fällen mit dem Verkehrslärm als unvermeidlichem Übel abfindet, ist man gegenüber Wohnlärm viel empfindlicher. Hierzu einige Hinweise.

▶ Bei zu starker Luftschallerzeugung im eigenen Raum kann eine schallschluckende Verkleidung von Wänden und Decken mehr oder minder Abhilfe schaffen (Abb. 11).

▶ Bei geräusch- und schwingungserzeugenden Geräten und Einrichtungen (Waschmaschinen, Trockenschleudern usw.) sind an den Berührungsstellen mit dem Baukörper körperschalldämmende Stoffe zwischenzuschalten.

▶ Besonders kritisch wird es, wenn Lärmerzeuger aller Art direkt an Stahlbetonwänden oder auf Stahlbetondecken montiert werden. Allein schon das Bohren der Dübellöcher kann das ganze Haus in Aufruhr versetzen.

▶ Die Trittschallübertragung bei Massivtreppen, die zumeist voll in die benachbarten Wände eingebunden sind, kann durch weichfedernde Gehbeläge herabgesetzt werden.

▶ Zur Bekämpfung des Luftschalls in Treppenhäusern helfen schallschluckende Verkleidungen an der Unterseite der Treppenläufe und Podeste, der Treppenraumdecke und ggf. noch an den oberen Wandteilen.

▶ Die Fortleitung von Installationsgeräuschen von der Entstehungsstelle in andere Räume des Hauses erfolgt bevorzugt entlang der Rohrleitungen. Dagegen kann der Mieter kaum etwas tun.

▶ Als besonders unangenehm empfunden werden die Abwassergeräusche, die höher gelegene Spülaborte erzeugen. Hier kann eine entsprechend dicke Ummantelung der Fallrohre mit Mineralfasermatten und einer möglichst schweren, abschließenden Sichtverkleidung Abhilfe schaffen.

▶ Zur Verminderung der Einlaufgeräusche bei Badewannen erzielt man mit Abstand die besten Ergebnisse, wenn man die Handbrause auf den Wannenboden legt. Laute Gurgelgeräusche beim Ablassen des Wassers kann man vermeiden, indem man die Abflußmenge verringert, z.B. durch ein teilweises Eindrücken des Stopfens.

Schallschluckung

Bei der *Schalldämmung* soll der Schall daran gehindert werden, in benachbarte Räume zu gelangen. Bei der *Schallschluckung* erfolgt die Herabsetzung des Schalls oder Lärms im eigenen Raum. Je nach der Oberflächenbeschaffenheit der Raumumfassungen wird dabei ein mehr oder weniger großer Teil der auftreffenden Schallenergie „geschluckt'', d.h. in Wärme umgewandelt.

Bei der Auswahl spezieller Schallschluckverkleidungen ist darauf zu achten, ob damit hohe, mittlere oder tiefe Frequenzen geschluckt werden sollen. Meist ist eine möglichst große Breitenwirkung erwünscht.

Ein nur geringes Schallschluckvermögen besitzen Betonoberflächen, normale Innenputze, Türen und Fenster, Fliesen und Plattenbeläge, Kunststoffböden und Parkett. In allen Bereichen wirksam, besonders aber bei mittleren und hohen Frequenzen, sind Faserdämmstoffe hinter durchlässigen Abdeckungen, abgehängte Akustikdecken, spezielle Schallschluckplatten aller Art, Teppiche, schwere Vorhänge und Polstermöbel.

Zur Beurteilung von Schallschluckmaßnahmen braucht man Erfahrung. Vor Ausführung sollte man deshalb den Rat des Fachmannes einholen. Dies ist besonders erforderlich, wenn ein bestimmter Frequenzbereich erfaßt werden soll, wie z.B. tiefe oder sehr hohe Frequenzen.

Für den Wohnbereich die folgenden Hinweise:

▶ Gardinen und Vorhänge schlucken mehr Schall, wenn sie stark faltig aufgehängt werden. Mit kleinem Abstand vor einer Wand angebracht, sind sie wirksamer als frei im Raum hängend.

▶ Bei Polstermöbeln ist die Schallschluckung um so besser, je dicker der offenzellige Polsterwerkstoff ist. Lederbezüge schlucken kaum Schall.

▶ Teppiche schlucken um so mehr Schall, je höher und dichter ihre Florhöhe ist, wie z.B. Veloursteppiche.

Zur Schallschluckung kann auch die Anwesenheit vieler Personen beitragen, besonders wenn diese noch dicke und flauschige Kleider tragen.

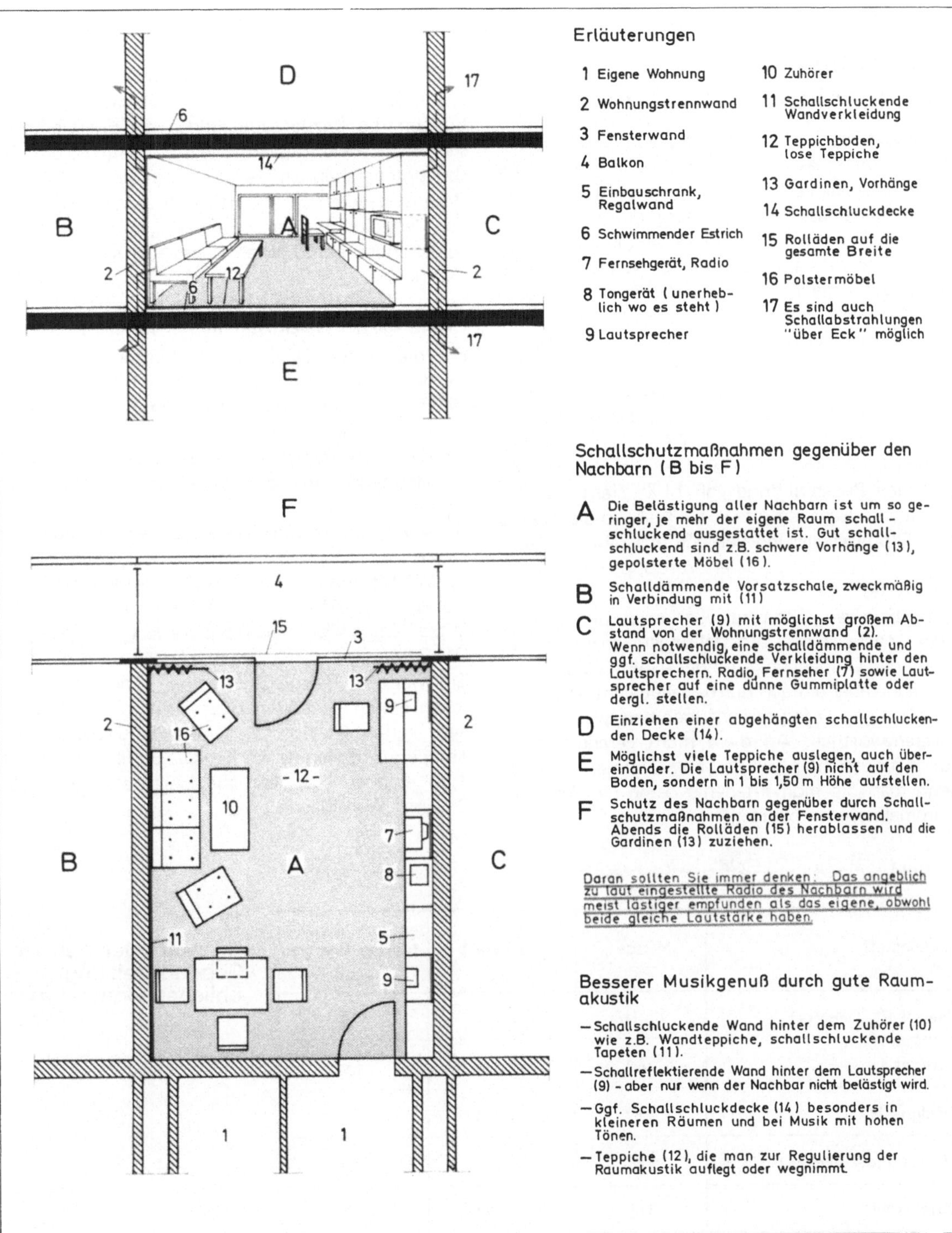

Erläuterungen

1 Eigene Wohnung
2 Wohnungstrennwand
3 Fensterwand
4 Balkon
5 Einbauschrank, Regalwand
6 Schwimmender Estrich
7 Fernsehgerät, Radio
8 Tongerät (unerheblich wo es steht)
9 Lautsprecher
10 Zuhörer
11 Schallschluckende Wandverkleidung
12 Teppichboden, lose Teppiche
13 Gardinen, Vorhänge
14 Schallschluckdecke
15 Rolläden auf die gesamte Breite
16 Polstermöbel
17 Es sind auch Schallabstrahlungen "über Eck" möglich

Schallschutzmaßnahmen gegenüber den Nachbarn (B bis F)

A Die Belästigung aller Nachbarn ist um so geringer, je mehr der eigene Raum schallschluckend ausgestattet ist. Gut schallschluckend sind z.B. schwere Vorhänge (13), gepolsterte Möbel (16).

B Schalldämmende Vorsatzschale, zweckmäßig in Verbindung mit (11)

C Lautsprecher (9) mit möglichst großem Abstand von der Wohnungstrennwand (2). Wenn notwendig, eine schalldämmende und ggf. schallschluckende Verkleidung hinter den Lautsprechern. Radio, Fernseher (7) sowie Lautsprecher auf eine dünne Gummiplatte oder dergl. stellen.

D Einziehen einer abgehängten schallschluckenden Decke (14).

E Möglichst viele Teppiche auslegen, auch übereinander. Die Lautsprecher (9) nicht auf den Boden, sondern in 1 bis 1,50 m Höhe aufstellen.

F Schutz des Nachbarn gegenüber durch Schallschutzmaßnahmen an der Fensterwand. Abends die Rolläden (15) herablassen und die Gardinen (13) zuziehen.

Daran sollten Sie immer denken: Das angeblich zu laut eingestellte Radio des Nachbarn wird meist lästiger empfunden als das eigene, obwohl beide gleiche Lautstärke haben.

Besserer Musikgenuß durch gute Raumakustik

— Schallschluckende Wand hinter dem Zuhörer (10) wie z.B. Wandteppiche, schallschluckende Tapeten (11).
— Schallreflektierende Wand hinter dem Lautsprecher (9) - aber nur wenn der Nachbar nicht belästigt wird.
— Ggf. Schallschluckdecke (14) besonders in kleineren Räumen und bei Musik mit hohen Tönen.
— Teppiche (12), die man zur Regulierung der Raumakustik auflegt oder wegnimmt.

11 Schallschutz und Raumakustik bei Räumen mit Musikinstrumenten

Die Wirtschaftlichkeit nachträglicher Wärmeschutzmaßnahmen

▶ Maßnahmen zur Einsparung von Energie sind dann wirtschaftlich sinnvoll, wenn die für ihre Durchführung erforderlichen Investitionen in einem angemessenem Zeitraum durch geringere Heizkosten erwirtschaftet werden können.

Diese Erkenntnis gilt nicht nur für Neubauten, sondern auch für die Verbesserung vorhandener Gebäude und von Wohnungen.

Wie aus dem Diagramm auf Seite 7 zu ersehen ist, haben sich die Energiepreise von 1976/1977 bis heute — also in nur 4 Jahren — mehr als verdoppelt. In Industriekreisen erwartet man, daß der Heizölpreis bis zum Jahre 2000 auf DM 5,— je Liter steigen wird. Das entspricht einer durchschnittlichen jährlichen Preiserhöhung von 11 %. Zieht man davon eine Preisanstiegsrate von 4 % ab, so bleibt eine reale Ölpreissteigerung von 7 % pro Jahr. Das entspräche in 10 Jahren einer Verdoppelung des realen Wertes.

Es bleibt zwar jedermann überlassen, die Energiepreise nach seinen Vorstellungen anzunehmen; wegen der Unmöglichkeit einer exakten Vorausbestimmung aber einfach nur den vielleicht gerade etwas günstigen Tagespreis anzunehmen, wäre jedoch unverantwortlich. An diese nicht gerade rosigen Zukunftsaussichten sollte man immer denken, wenn man die momentanen Kosten für Verbesserungsmaßnahmen beurteilt.

Es lohnt sich also, das Geld nicht zu verheizen.

Die Energiepreise im Vergleich

Ein Vergleich der verschiedenen Energien ist nur möglich, wenn man dabei auch den Heizwert des jeweiligen Brennstoffes berücksichtigt. Außerdem können die Bezugsbedingungen die Energiepreise sehr stark beeinflussen, wie z.B. beim Strom. In der untenstehenden Tabelle sind die wichtigsten Brennstoffe mit ihrem Heizwert aufgeführt. Dazu der Vergleich mit der dem jeweiligen Heizwert entsprechenden elektrischen Energie in Kilowattstunden (kWh).

Grundlage der Heizkosten in den Tabellen

Für die in den Tabellen aufgeführten Heizkosten werden einheitlich DM 0,75 pro Liter (leichtes) Heizöl EL angenommen. Darin enthalten ist die gesetzliche Mehrwertsteuer sowie ein geringer Anteil für die Verwaltungs- und Abrechnungskosten, die der Hauseigentümer dem Mieter in Rechnung stellen darf.

Bei einer Temperaturdifferenz zwischen innen und außen von 35 K (°C) und einem k-Wert von 1,0 W/m²K ergibt sich für Außenbauteile ein Heizölpreis von DM 6,—/m² Fläche. Eine Außenwand mit einem k-Wert von 0,5 erfordert demnach nur DM 3,—/m².

Ein weiteres Beispiel: Bei einer Innenwand zwischen einem beheizten Raum mit +20 °C und einem kalten Nachbarraum mit +5 °C beträgt die Temperaturdifferenz 15 K (°C). Bei einem k-Wert 1,00 ergeben sich jährliche Heizkosten von DM 2,60/m² Wandfläche.

Brennstoff	Menge	Heizwert kJ	entspricht elektrischer Energie kWh
Heizöl EL (leichtes)	1 Liter	36 200	10,0
Erdgas L	1 m³	32 500	9,0
Erdgas H	1 m³	37 500	10,4
Flüssiggas (Propan)	1 kg	46 600	12,9
Steinkohle	1 kg	31 400	8,7
Braunkohlenbrikett	1 kg	19 800	5,5

12
Heizwert der bei der Gebäudeheizung üblichen Brennstoffe

Erläuterung der tabellarischen Übersichten

Die Tabellen sind in ihrem Aufbau nach einem einheitlichen Schema gegliedert:

1. Beschreibung des vorhandenen Zustandes mit Angabe des derzeitigen k-Wertes und der sich daraus ergebenden Heizkosten
2. Vorschläge zur Verbesserung der vorhandenen Konstruktionen in mehreren Stufen
3. Die sich nach Durchführung der Verbesserungsmaßnahmen ergebenden k-Werte mit den darauf abgestimmten neuen jährlichen Heizkosten
4. Die Amortisationszeit für die Aufwendungen zur Durchführung der Verbesserungsmaßnahmen in 1 bis 3 Qualitätsstufen. Die Amortisationszeit ergibt sich, indem man die für die einzelnen Preisgruppen angenommenen Kosten durch die jährlichen Einsparungen teilt. Dabei sollte man aber auch die allgemeine Anhebung des Wohnwertes und ggf. des Schallschutzes berücksichtigen — Vorteile, die sich allerdings nicht mit Geldbeträgen bewerten lassen.

Anhand dieser Tabellen ist es möglich, die verbesserten Flächen mit der Ersparnis pro Quadratmeter zu multiplizieren, um annähernd die Gesamtersparnis festzustellen. Es ist naheliegend, mit den Verbesserungsarbeiten dort zu beginnen, wo es am notwendigsten erscheint und die Einsparungen am rentabelsten sind. Nach Ablauf der Amortisationszeit ergeben sich Gewinne in Höhe der Einsparungen.

Die folgenden Tabellen mit Angaben für einen verbesserten Wärmeschutz betreffen
— Außenwände (Abb. 19 + 20)
— Fensterbrüstungen (Abb. 24)
— Innenwände (Abb. 26 + 27)
— Kellerdecken (Abb. 44)
— Decken unter nicht ausgebautem Dachgeschoß (Abb. 45)
— Fenster (Abb. 56 mit Erläuterung ab Seite 81)

Energiesparmaßnahmen, die bei den heutigen Preisen noch nicht rentabel sind, können nach einigen Jahren weiterer Geldentwertung und Energiepreissteigerung sehr wirtschaftlich sein.

Preisgruppen für die Tabellen

Es ist nicht möglich für die vorgeschlagenen Verbesserungen einigermaßen präzise Ausführungskosten anzugeben. In einer Vorkalkulation erfaßbar sind lediglich die reinen Materialpreise. Lohnkosten können dagegen nicht eingesetzt werden, da diese zu sehr von der Art der Ausführung abhängig sind, wie z.B.
— Ausführung sämtlicher Arbeiten in Eigenhilfe, ohne Berechnung von Lohnkosten, die mit Abstand kostengünstigste Lösung;
— Ausführung durch einen Fachmann unter weitgehender Mitarbeit in Eigenhilfe;
— Ausführung der Arbeiten durch Handwerksbetriebe — sicherlich die teuerste Lösung, wobei die Lohnkosten oft (wie bei der Autoreparatur) die Materialkosten übertreffen.

Ganz ohne Preisansätze geht es aber auch nicht, wenn man eine Kosten/Nutzen-Rechnung anstellen will. Aus diesem Grunde werden 3 Preisgruppen gebildet. Nach ihnen richtet sich die angegebene Amortisationszeit. Den Preisgruppen liegen im wesentlichen die reinen Materialkosten samt Zubehör zugrunde.

Preisgruppe I

Verbesserungen, die zur Erzielung der angegebenen Energieeinsparung ausreichend sind, bei einfachen Ansprüchen an die Oberfläche. Hierzu gehören z.B. Untertapeten oder direkt tapezierte Dämmplatten.

Preisgruppe II

Verbesserungsmaßnahmen mittlerer Qualität, wie z.B. Gipskarton-Verbundplatten

Preisgruppe III

Etwas aufwendigere Verbesserungen, wie z.B. Dämmbeläge mit Holzverkleidungen

Damit aber auch eine etwas genauere Kalkulation möglich ist, werden auf den beiden folgenden Seiten die Verkaufspreise aller vorkommenden Materialien aufgeführt. Sie sind den Anzeigenblättern großer Baumärkte entnommen. Die Mehrwertsteuer ist darin enthalten. Preisstand: Ende 1980. Wer hier die höheren Preisklassen wählt, verschönert zwar sein Heim, eine weitergehende Verbesserung des Wärme- bzw. Schallschutzes wird damit aber nicht erreicht.

Dämmstoffe	Dämmstoffdicke in mm						
	10	20	30	40	50	60	80
Dämmplatten aus Polystyrol-Hartschaum 15 kg/m³, schwer entflammbar, 100 x 50 cm	1,20	2,10	3.–	4.–	5.–	6.–	8.–
Dämmplatten aus Polystyrol-Hartschaum 20 kg/m³, schwer entflammbar, 100 x 50 cm	1,50	2,70	3,90	5,20	6,50	7,80	10,40
Dämmplatten aus Polystyrol-Hartschaum 30 kg/m³, schwer entflammbar, 100 x 50 cm	2,10	3,90	5,70	7,50	9,40	11,30	15.–
Dämmplatten aus Polyurethan-Hartschaum 30 kg/m³, schwer entflammbar, 120 x 60 cm	3,20	5,80	8,40	10,60	12,40	14.–	16,60
Mineralfaserplatten, halbsteif unkaschiert, nicht brennbar, 125 x 60 cm			5,40	7,10	8,70	10,20	13,30
Mineralfaserfilze, unkaschiert in Rollen; 60, 70, 100, 120 cm breit					6,40	7,80	10,20
Mineralfaserfilze, auf Alu-Folie in Rollen; 60, 70, 100, 120 cm breit					7,70	9,20	11,70

Untertapeten	2 mm	3 mm	4 mm	5 mm	6 mm
– aus Polystyrol-Schaumstoff in Rollen, 50 oder 100 cm breit	–.60	–.80	1.–	1,15	
– aus Polystyrol-Hartschaum mit Karton oder Filzpappe kaschiert, in Rollen				1,75	
– aus extrudiertem Polystyrol-Hartschaum, Platten 125 x 80 cm	DEPRON 3,30				DEPRON 4,30

In den Tabellen:

Unverbindliche Richtpreise einschl. Mehrwertsteuer

für **1 m²**

Wärmeleitfähigkeit:

Polystyrol-Hartschaum und Mineralfaserdämmstoffe
      040 W/m K

Polyurethan-Hartschaum
- als Dämmplatten   035 W/m K
- bei Verbundplatten   030 W/m K

Verbundplatten	9,5 mm-Gipskartonplatte + Dämmstoff in mm:					12,5 mm-Gipskartonplatte +		
	15	20	25	30	40	30	40	50
– mit Polystyrol-Hartschaum schwer entflammbar Platten 125 x 200 bis 275 cm	8.–	8,50		9,50	10,50	10,50	11,80	13.–
– mit Polyurethan-Hartschaum normal entflammbar Platten 120 x 260 cm			19.–		24.–			
– mit Mineralfaserdämmstoff nicht brennbar Platten 90 x 260 cm							19.–	24.–

Unverbindliche Richtpreise

Lose Glaswolle für Stopfisolierungen
1 Sack mit 0,2 m^3 DM 8,80

Einkomponenten-Montage- und Dämmschaum,
in Sprühdosen 1 kg DM 13,50

Rohrisolierungen aus PE-Weichschaum, 15 mm dick,
100 cm lang
22 mm Durchmesser: 1 Stück DM 2,70
28 mm Durchmesser: 1 Stück DM 3,30

Dämmelemente aus Polystyrol-Hartschaum, schwer entflammbar, 2 Deckschichten aus 3 mm Holzspanplatten,
55 x 200 cm 60 mm Gesamtdicke: 1 m^2 DM 36,00
80 mm Gesamtdicke: 1 m^2 DM 40,00
100 mm Gesamtdicke: 1 m^2 DM 44,00

Heizkörper-Reflexionsfolie, Rollenware
1 m^2 DM 7,30

Abdichtungsschienen zum Anschrauben, in Stäben
1 m ab DM 2,50

Offenzellige Abdichtungsbänder, selbstklebend, in Rollen
9 x 3 mm Querschnitt: 1 m DM 1,00
9 x 6 mm Querschnitt: 1 m DM 1,60

Dauerbeständige Abdichtungsbänder, selbstklebend,
in Rollen 9 x 3 mm Querschnitt: 1 m DM 2,20
10 x 4 mm Querschnitt: 1 m DM 3,00

Fugendichtungsmasse auf Acrylbasis, 320 ml/Kartusche
1 Stück DM 4,80

Decken-Sichtplatten aus Polystyrol-Hartschaum,
15 kg/m^3, schwer entflammbar, 50 x 50 cm, 10 mm dick
1 m^2 DM 1,60

Decken-Sichtplatten mit PVC-Dekorschicht und Dämmstoffeinlage, 50 x 50 cm, 10 mm dick
1 m^2 DM 8,00

Decken-Sichtplatten aus Polystyrol-Hartschaum, schwer
entflammbar, 100 x 50 cm, 40 mm dick
1 m^2 DM 12,00

Gipskartonplatten, ganze Tafeln 250 x 125 cm
9,5 mm dick: 1 m^2 DM 4,40
12,5 mm dick: 1 m^2 DM 5,10

Profilbretter in Nordisch-Fichte, 12,5 mm dick
B-Sortierung: 1 m^2 DM 10,00
A-Sortierung: 1 m^2 DM 14,50

Sperrholz, ganze Tafeln 244 x 122 cm
4 mm dick: 1 m^2 DM 7,00
6 mm dick: 1 m^2 DM 11,30
8 mm dick: 1 m^2 DM 16,20
10 mm dick: 1 m^2 DM 19,80

Spanplatten, kunststoffbeschichtet, weiß, ganze Tafeln
260 x 103 cm 16 mm dick: 1 m^2 DM 13,60
19 mm dick: 1 m^2 DM 18,70

Spanplatten, beiderseits geschliffen, ganze Tafeln
255 x 205 cm 8 mm dick: 1 m^2 DM 6,00
10 mm dick: 1 m^2 DM 8,00
13 mm dick: 1 m^2 DM 9,20
16 mm dick: 1 m^2 DM 10,40
19 mm dick: 1 m^2 DM 12,50

Echtholz-Paneele, 244 x 61 cm, 3,6 mm dick
1 m^2 DM 5,00

Echtholz-Paneele wie vor, auf 10 mm Dämmstoff
1 m^2 DM 13,00

Rupfen (Natur) auf Papier kaschiert, 53 und 90 cm breit
1 m^2 DM 6,00

PVC-Folie mit Dekoroberfläche, selbstklebend,
45 cm breit 1 m^2 DM 6,50

Textiltapeten, natur, 53 cm breit 1 m^2 ab DM 3,00

Tapeten mit Holzdekor, 53 cm breit 1 m^2 DM 2,00

Dispersionskleber für Hartschaum 1 kg DM 2,80

Fliesen- und Plattenkleber 1 kg DM 3,20

Klebemörtel in Pulverform, in Säcken 1 kg DM 1,20

Armierungsgewebe für Beschichtungen, 1 m breit,
in Rollen 1 m^2 DM 4,10

Polyester-Fensterfolien, 0,1 mm dick 1 m^2 DM 8,00
0,05 mm dick 1 m^2 DM 4,50

Doppelseitiges Klebeband, 25 mm breit, Normalausführung 1 m DM 0,90

Beidseitig klebendes Dauerhaftband, 25 mm breit
1 m DM 1,20

Springrollo mit Federwelle und Konsolen, 180 cm lang,
abwaschbares Baumwollgewebe, einfarbig
82 cm breit: 1 Stück DM 40,00
122 cm breit: 1 Stück DM 60,00
162 cm breit: 1 Stück DM 80,00

PVC-Bodenbelag auf Filz, 200 cm breit
1 m^2 DM 4,80

Teppichfliesen, Nadelfilz, einfarbig, selbstklebend
40 x 40 cm 1 m^2 DM 4,80

Teppichfliesen, Nadelfilz, diverse Farben, selbstliegend,
50 x 50 cm 1 m^2 DM 9,60

Schlingen-Teppichboden mit Planschaumrücken, meliert,
für normale Beanspruchung, 400 cm breit
1 m^2 DM 7,00

Velours-Teppichboden, einfarbig, 100 % Synthetik,
400 cm breit 1 m^2 DM 9,90

Druck-Teppichboden, glatte Schlingen, mit Musterung,
100 % Synthetik, 400 cm breit 1 m^2 DM 13,50

Dämmstoffe für den Wärme- und Schallschutz

Das heutige Angebot an Dämmstoffen ist sehr umfangreich. Aus der breiten Palette kann der für die vorgesehene Maßnahme geeignete Dämmstoff ausgewählt werden. Während sich für die Wärmedämmung praktisch alle Dämmstoffe gut eignen, gelten für Schallschutzmaßnahmen andere Kriterien. Hier müssen die Dämmstoffe offenzellig sein, wie z.B. Mineralfasern oder offenzellige Kunststoffschäume. Ein weiteres Unterscheidungsmerkmal ist das Brandverhalten der verschiedenen Dämmstoffe. Hierauf wird bei der Beschreibung der einzelnen Dämmstoffarten noch im einzelnen eingegangen. Hinsichtlich der Qualitätsansprüche ist zwischen gütegeschützter und einfacher Ware zu unterscheiden. Gütegeschützte Dämmstoffe unterliegen bestimmten Herstellungs- und Überwachungsbedingungen. Sie müssen entsprechend gekennzeichnet sein (Herstellungsnorm, Baustoffklasse zur Beurteilung des Brandverhaltens, Güteklasse).

Das Brandverhalten von Hartschaumdämmstoffen

Alle Dämmstoffe aus Kunststoff-Hartschäumen sind grundsätzlich brennbar. Richtig angewendet sind sie — so wie andere organische Stoffe, z.B. Holz — sichere und bewährte Baustoffe. Den Vorschriften entsprechend werden sie eingereiht in die
— Baustoffklasse **B1**: schwer entflammbar (Prüfzeichen erforderlich, Kennzeichnung durch einen roten Streifen);
— Baustoffklasse **B2**: normal entflammbar (Prüfzeugnis erforderlich);
— Baustoffklasse **B3**: leicht entflammbar.
Ihre Verwendung im Hochbau ist durch entsprechende Rechtsverordnung klar geregelt. Dabei kommt es nicht nur auf die Klassifizierung, sondern auch auf die Verarbeitungsform der Hartschaum-Dämmstoffe an.
▶ Hartschaumdämmstoffe hinter einer schützenden, nicht brennbaren Verkleidung sind praktisch nicht gefährdet.
▶ Für schwer entflammbare Hartschaumplatten, die einseitig angeklebt sind, besteht eine nur geringe Gefährdung.
▶ Normal und leicht entflammbare Dämmplatten allein, z.B. bei abgehängten Decken, sind dagegen sehr stark gefährdet.

Wenn die Baustoffklasse nicht klar erkennbar ist, machen Sie am besten selbst den Brandtest — aus Sicherheitsgründen im Freien.
▶ *Normal- und leicht entflammbarer Hartschaum* kann verhältnismäßig schnell entflammt werden und die Flammen auf seiner Oberfläche weiterleiten. Der Schaumstoff verbrennt schließlich vollständig und kann bei freiem Einbau als brennende Schmelze abfallen.
▶ *Schwer entflammbarer Hartschaum* schrumpft bei kurzer Einwirkung einer Zündflamme von dieser weg, ohne entflammt zu werden. Erst bei längerer Einwirkung kann eine Entflammung eintreten. Die Ausbreitung der Flammen auf der Oberfläche des Schaumstoffes ist jedoch sehr gering. Sobald der Kontakt mit der Brennflamme unterbrochen wird, erfolgt weder ein Weiterbrennen noch ein Nachglimmen. Nur unter dem unmittelbaren Einfluß anderer brennbarer Stoffe, wie z.B. Holz oder Papier, verbrennt auch der sonst schwer entflammbare Schaumstoff. Man sollte deshalb grundsätzlich nur schwer entflammbare Hartschaumstoffe oder nicht brennbare Mineralfaserdämmstoffe verwenden.

Dämmplatten aus Polystyrol (PS)-Hartschaum

Bei diesem weit verbreiteten Dämm-Material handelt es sich um einen überwiegend geschlossenzelligen Hartschaumstoff. Er ist alterungsbeständig und verrottungsfest und nimmt nur wenig Wasser auf. Ein bekannter Name hierfür ist Styropor. Nach der Herstellungsart werden unterschieden:
— Dämmplatten aus Partikelschaumstoff (verschweißtes geblähtes Polystyrolgranulat), die aus Blöcken geschnitten bzw. im Bandverfahren kontinuierlich gefertigt werden.
— Automatenplatten aus Partikelschaumstoff, die bereits bei der Fertigung ihre endgültige Form erhalten und meist mit Rillen sowie angeformten und gegliederten Falzen versehen sind.
— Extrudierte Polystyrol-Hartschaumplatten, die im Strangpreßverfahren (z.B. Styrodur, Roofmate) hergestellt werden.
Bei der Verarbeitung von Polystyrol-Hartschaumplatten ist besonders darauf zu achten, daß Kleber oder Anstrichstoffe, die schädliche Lösungsmittel enthalten, nicht verwendet werden. Ansonsten ist die Verarbeitung eine recht einfache und saubere Angelegenheit.

Dämmplatten aus Polyurethan-(PUR-)Hartschaum

Ein überwiegend geschlossenzelliger, harter Schaumstoff. Seine Dämmwirkung ist etwas günstiger als die von Polystyrolschaum bei einer sehr guten chemischen Beständigkeit. Bezüglich des Brandverhaltens sind die Baustoffklassen B1, B2 und B3 möglich.

Mineralfaserdämmstoffe

Mineralfasern werden aus einer Silikatstein-Schmelze gewonnen. Sie sind bekannt als Glaswolle, Steinwolle, Basaltwolle und Schlackenwolle. Im Gegensatz zu den Hartschäumen sind Mineralfasererzeugnisse offenzellig.

Die meisten mineralischen Dämmstoffe sind als nichtbrennbar in die Baustoffklasse A 1 eingestuft,
— Mineralfasermatten, z.B. aus langfasriger Glaswolle, haben eine gute Elastizität. Ihr bevorzugtes Einsatzgebiet sind die Trittschalldämmung und der Schallschutz. Mineralfasermatten können nackt, ein- oder beidseitig mit Folien oder Papier kaschiert oder sogar vollständig eingepackt sein.
— Mineralfaserplatten besitzen eine höhere Rohdichte. Sie sind dort notwendig, wo bestimmte Anforderungen an das Brandverhalten und die Abreißfestigkeit gestellt werden.
— Mineralfaser-Schallschluckplatten sind einseitig mit schwarzem Glasfaservlies kaschiert. Sie dienen als schallschluckende Hinterfüllung für gelochte oder geschlitzte Verkleidungsplatten an Wand und Decke.
— Lose Mineralwolle wird in Säcken geliefert und eignet sich z.B. für Stopfisolierungen.

Holzwolle-Leichtbauplatten

Bei diesen altbekannten Dämmplatten wird Holzwolle mit hydraulischen Bindemitteln bei hohen Temperaturen gepreßt. Sie sind für die Wärmedämmung und unverputzt auch für die Schallschluckung geeignet.

Mehrschicht-Leichtbauplatten sind Hartschaumplatten (PS oder PUR) mit Deckschichten aus mineralisch gebundener Holzwolle.

Dämmplatten mit Beschichtungen

Zur Erleichterung der Verarbeitung werden Dämmplatten angeboten, die bereits werkseitig ein- oder beidseitig mit Deckschichten versehen sind.

Gipskarton-Verbundplatten

Großformatige Gipskartonplatten, die einseitig mit Dämmplatten aus Polystyrol-Hartschaum, Polyurethan-Hartschaum oder Mineralfaserplatten belegt sind.

Mit diesen Elementen kann in „Trockenbauweise" eine zusätzliche Wärmedämmung in 3 bis 6 cm Dicke auf der Innenseite von Außenwänden (Innendämmung) angebracht werden. Damit lassen sich aber auch Innenwände, z.B. gegen kalte Räume, verbessern. Bei Räumen mit einer hohen relativen Luftfeuchte oder bei ziemlich dampfdichten Tragwänden, wie z.B. Beton, sollte zwischen Gipskartonplatte und Dämmplatte eine Dampfbremse eingebaut sein. Diese praktischen Verbundplatten können kurz nach Verspachtelung der wenigen Stöße und Anschlußfugen weiterbehandelt, z.B. tapeziert werden.

Fertigputzplatten

Auf geschnittenen Polystyrol-Hartschaumplatten ist eine etwa 5 mm dicke Feinputzschicht mit tapezierbarer Oberfläche aufgebracht. Diese Deckschicht ist glasfaserverstärkt. Fertigputzplatten werden ähnlich wie die oben genannten Verbundplatten mit Baukleber an der Wand angesetzt.

Dämmelemente mit Holzbeschichtungen

Diese Sandwich-Elemente bestehen aus einem Dämmkern aus Polystyrol-Hartschaum höherer Rohdichte und beidseitigen Abdeckungen aus 6 mm Sperrholz oder 3 bzw. 8 mm dicken Spanplatten. Zur Verbindung dieser Dämmelemente untereinander können Nut- und Federstöße vorgesehen sein.

Für die Errichtung von gut wärmegedämmten leichten Zwischenwänden gibt es raumhohe Elemente mit einem 6 cm dicken Hartschaumkern und beidseitigen Verkleidungen mit 10 mm Spanplatten. Diese Zwischenwandtafel ist in die Feuerwiderstandsklasse F 30 eingereiht.

Alle Bau- und Dämmstoffe sind gut.
Sie müssen nur richtig eingesetzt und verarbeitet werden.

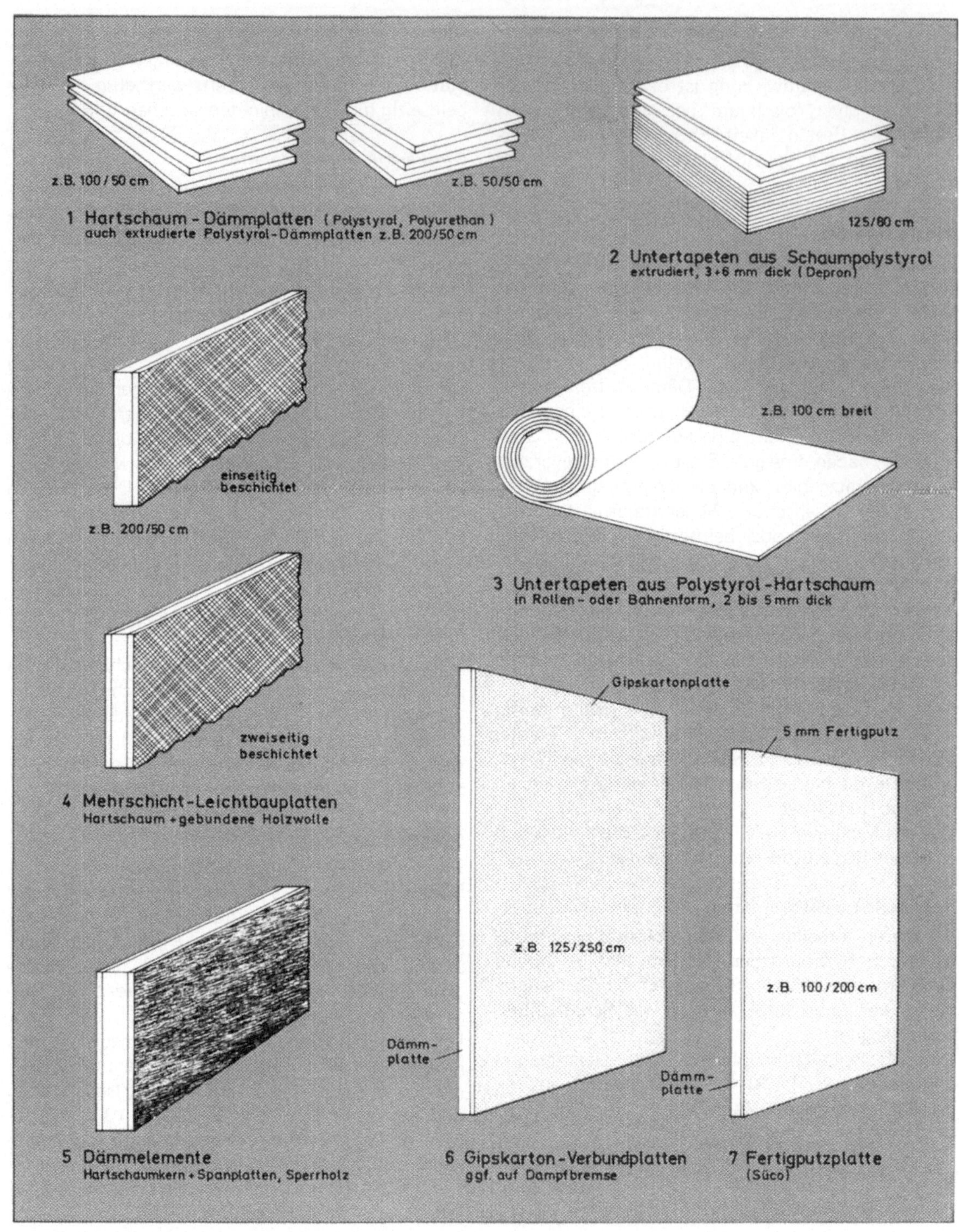

13 Dämmstoffe und-elemente für den baulichen Wärmeschutz in Wohnungen

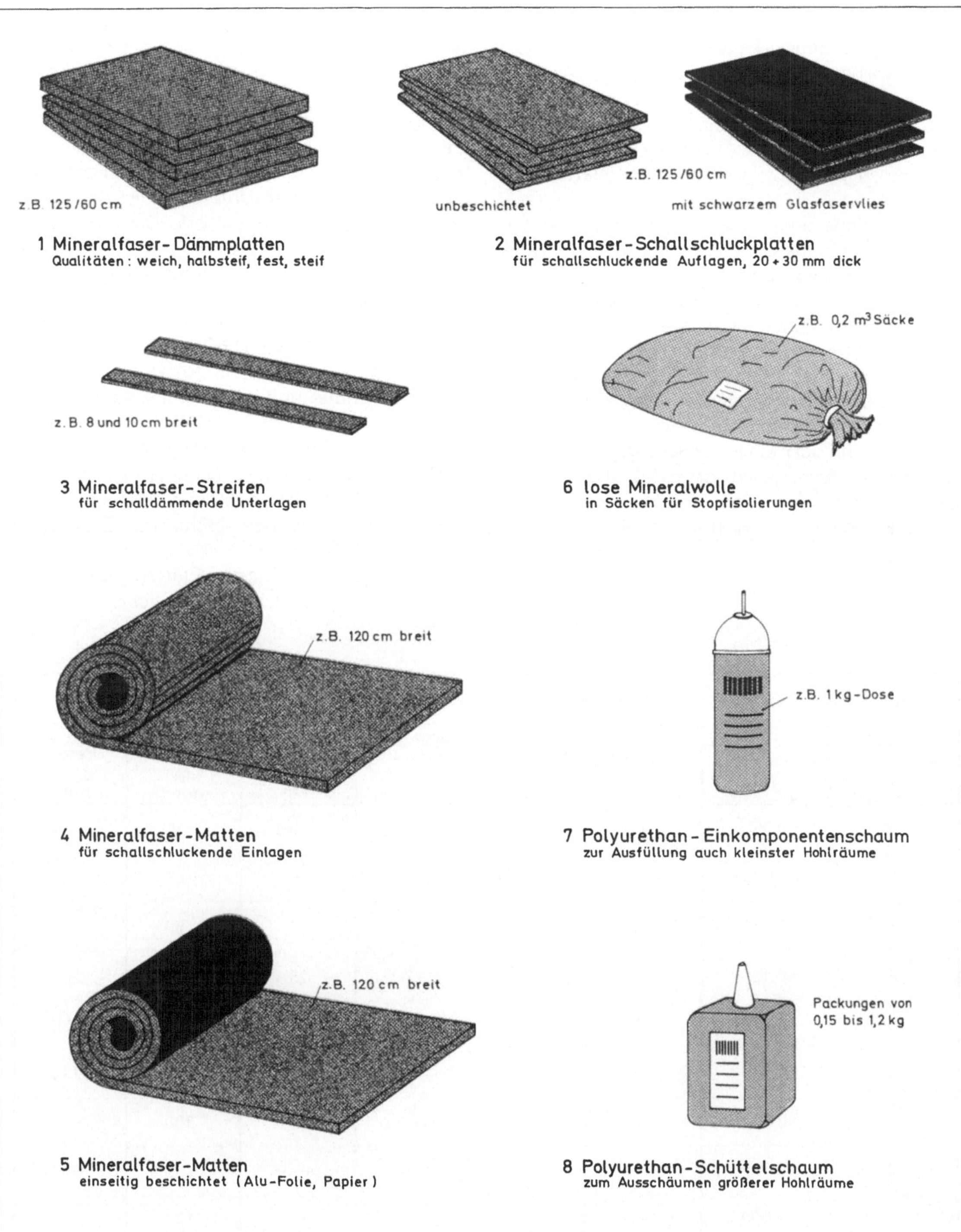

14 Dämmstoffe und -materialen für den Wärme- und Schallschutz in Wohnungen

Wärmedämmende Untertapeten

Die geringe Dämmstärke beschränkt ihren Einsatz auf die Verbesserung des Wärmeschutzes von Wänden zwischen beheizten und nicht beheizten Räumen. Zur Erhöhung der Dämmwirkung kann auch doppelt geklebt werden. Noch größere Dämmdicken werden preisgünstiger mit Dämmplatten ausgeführt.

In jedem Falle erhält man einen glatten Untergrund mit gleichmäßiger heller Färbung für Tapezierungen, Anstriche und Beschichtungen. Kleinere Putzrisse im Untergrund werden überdeckt und können sich nicht mehr nachteilig auf die Schmucktapete auswirken.

Die nicht sehr harte Oberfläche der Untertapeten werden bei einer sachgemäßen Tapezierung entsprechend verfestigt, ggf. unter Zwischenlage einer Makulaturbahn oder eines Armierungsgewebes. Die Oberflächen können auch vorbehandelt werden, so daß ein Aufkleben von trocken abziehbaren Schmucktapeten möglich ist (Strippeffekt).

Untertapeten für die „kleine" Wärmedämmung und gegen Risse.

Untertapeten in Plattenform sind leicht zu verlegen. Rollenware ist dagegen etwas schwieriger zu handhaben und auch bruchempfindlicher. Es empfiehlt sich deshalb, die Bahnen frühzeitig genug abzulängen, paketweise auf dem Boden auszubreiten und gesamtflächig leicht zu beschweren. Eine weitere Voraussetzung für die zuverlässige Haftung der Dämmtapete auf dem Untergrund ist die Verwendung eines geeigneten Klebers: Dispersionskleber für saugende Untergründe, wie z.B; Putze; Spezialkleber für nicht saugende Untergründe, wie z.B. Fliesen und Ölfarbanstriche.

Die angebotenen Untertapeten bestehen durchweg aus Polystyrol-Hartschaum. Sie sind alterungsbeständig und bilden keinen Nährboden für Ungeziefer, Schimmel und andere Pilze sowie Fäulnisbakterien.

Die bekannten Programme umfassen
— Rollen oder raumhohe Tafeln, unkaschiert in 2, 3, 4 und 5 mm Dicke, 50 oder 100 cm breit;
— Rollen mit Filzpappe kaschiert als Druckverteilungsschicht;
— extrudierte druckfeste Platten im Format 80 x 125 cm in 3 bzw. 6 mm Dicke.

Dämmstoffe mit einer Wärmeleitfähigkeit λ 0,04		Materialdicke entsprechend der angegebenen Wärmeleitfähigkeit λ in W/m K					
Plattendicke mm	Dämmwert m²K/W	Poröse Holzfaserplatten λ 0,058 mm	Tannenholz Spanplatten Sperrholz λ 0,14 mm	schwere Spanplatten λ 0,17 mm	Gipskartonplatten λ 0,21 mm	Mauerwerk λ 0,60 mm	Beton λ 2,1 mm
2	0,050	——	7	8	9,5	30	105
3	0,075	——	10,5	13	15	45	160
4	0,100	6	14	16	20	60	210
5	0,125	7,5	17,5	22	25	75	260
10	0,250	15	35	——	——	150	520
15	0,375	20	——	——	——	230	790
20	0,500	——	——	——	——	300	1050
30	0,750	——	——	——	——	450	1580
40	1,000	——	——	——	——	600	2100

15 Dämmstoff-Gleichwerte von Verkleidungen und Baustoffen Fußböden siehe Tabelle 50, Seite 74

Dämmstoff-Profile

Gesimsleisten aus Polystyrol-Hartschaum sind weitgehend den bekannten Stuckprofilen nachempfunden. Damit lassen sich insbesondere die Übergänge zwischen Deckenverkleidungen und den anschließenden Wänden abdecken. Bei ausreichenden Abmessungen können sie auch zur Beseitigung von Wärmebrücken in oberen Raumecken eingesetzt werden (Seite 109).

Aus Duromer-Strukturschaum werden dekorative Reliefs und Nachbildungen von Holzbalken angeboten.

Schäume aus der Dose

Gebrauchsfertigen Einkomponenten-Polyurethan-Schaum gibt es in handlichen Einwegflaschen, meist mit 1 kg-Füllgewicht. Hinsichtlich des Brandverhaltens wird dieser Schaum als selbstverlöschend oder flammhemmend eingestuft. Die Schaumausbeute beträgt bei freier Ausschäumung etwa 25 l pro kg. Nach Austritt des Schaumes aus der Flasche härtet dieser in Verbindung mit der Luftfeuchtigkeit aus. Durch die Expansion während der Aushärtung werden auch ungleichmäßige Hohlräume ausgefüllt. Der ausgehärtete Schaum besitzt eine überwiegend geschlossenzellige Struktur. Er bleibt elastisch, so daß bei der Ausdehnung von Leitungen usw. keine Risse entstehen. Übergequollener Schaum kann nach dem Aushärten leicht beschnitten werden. Die sichtbaren Schaumstellen können überstrichen, überklebt und verputzt werden.

Anwendungsgebiete für diesen universell einsetzbaren Mini-Dämmstoff sind u.a.

— das Ausschäumen von Hohlräumen zwischen Wänden, Mauern und Decken;
— das Ausschäumen von Rissen, Installationsdurchbrüchen und Löchern aller Art;
— die Dämmung von Leitungen gegen Kälte und Schallausbreitung;
— das Abdichten von Türen, Fenstern und Rolladenkästen zwischen Mauerwerk und Rahmen;
— das Schließen von Fehlstellen in der flächigen Wärmedämmung;
— das Ausschäumen von Badewannen und Brausetassen;

Tapeten und geklebte Bahnenbeläge

Aus dem überreichen Angebot soll nur auf solche Erzeugnisse eingegangen werden, die hinsichtlich des Wärme- und Schallschutzes eine gewisse Bedeutung haben.

— Druckfeste Hartschaum-Sichttapeten können mit Dispersionsfarbe überstrichen werden — ähnlich wie Rauhfasertapeten. Bei einer Dicke von etwa 2 mm ist der Dämmwert sehr gering.
— Filztapeten bestehen aus verfilzten Wollfasern oder speziellem Kunstfaser-Nadelfilz auf Papierträger unter Zwischenlage einer dünnen Kunststoff-Folie. Entsprechend ihrer Dicke sind sie wärmedämmend und akustisch günstig.
— Gewebetapeten bestehen aus echtem Leinenstoff, Seide, Jute, Baumwolle oder Kunstfasern, die auf Papierträger oder auf Polystyrol-Schaumbahnen kaschiert sind.
— Mit leichten Wandteppichen in etwa 5 mm Dicke kann man die akustischen Verhältnisse eines Raumes besonders im Bereich der hohen Töne wirkungsvoll verbessern.
— Glasfasergewebe-Tapeten in verschiedener Struktur sind schwer entflammbar. Sie können mit Dispersionsfarben überstrichen bzw. gerollt werden. Infolge der Flexibilität des Gewebes werden kleine Risse und Unebenheiten überbrückt.
— Besonders wirksame Schallschlucktapeten bestehen aus einem Spezialgewebe mit weitmaschiger Oberflächenstruktur, das auf einer 10 mm dicken offenzelligen Schaumstoffschicht aufgebracht ist. Dabei wird auch der Wärmeschutz verbessert.
— Korktapeten sind dünne Korkplättchen, die auf Papier kaschiert sind. Naturkorkplatten in etwa 3 mm Dicke werden direkt auf die Wand geklebt. Ihr Dämmwert kann einer 2 mm dicken Untertapete gleichgesetzt werden.
— Genügend dicke durchlässige Papiertapeten sind in der Lage, plötzlich auftretende Feuchte zu speichern. Für einen mittelgroßen Raum kann innerhalb von 3 Stunden mit einer Feuchtigkeitsabsorption von etwa 500 g gerechnet werden.
— Tapezierbare Dampfbremsen sind dreischichtige Bahnen, deren mittlere Lage aus einer Kunststoff-Folie besteht, die beidseitig mit Spezialpapieren abgedeckt ist. Die äußere Schicht kann Feuchtigkeit aufnehmen und dient als Unterlage für die Schmucktapete (Vaporex).

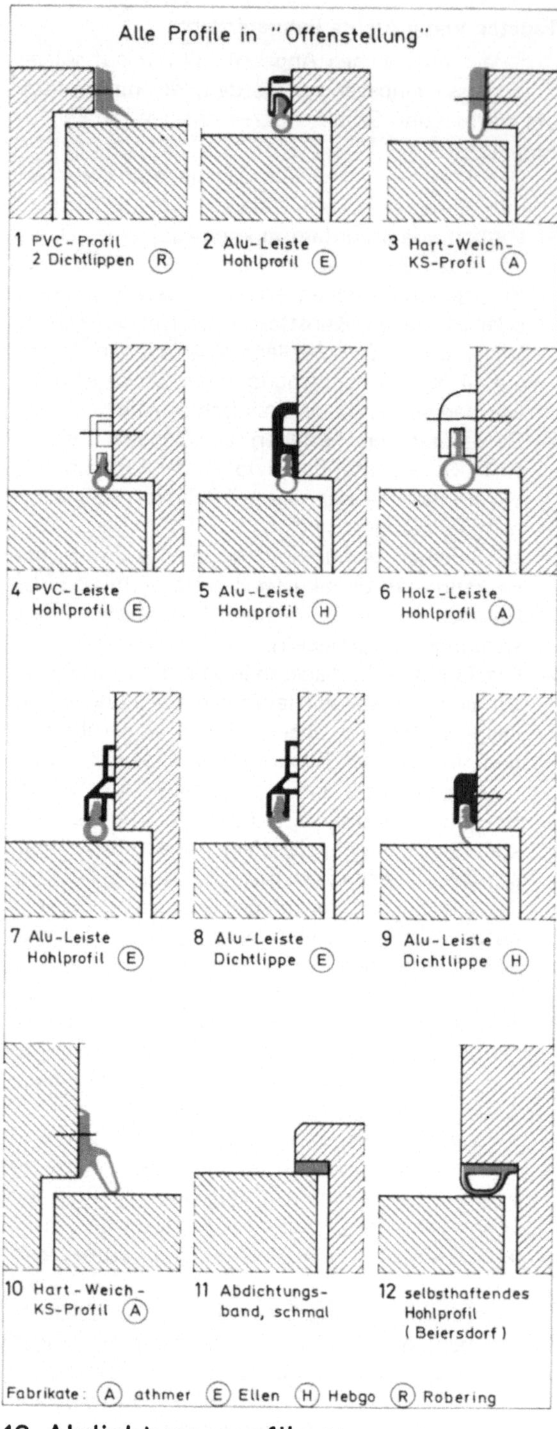

16 Abdichtungsprofile (Auswahl)
für den nachträglichen Einbau

Abdichtungen

In diesem kurzen Abriß wird nur grundlegend auf die Abdichtungstechnik eingegangen. Weitergehende Ausführungen über die Anwendung bei Fenstern stehen auf Seite 84, bei Türen auf Seite 97.

Abdichtungsprofile (Abb. 16)

Bei Abdichtungsprofilen unterscheidet man 2 Teile:
1. den Profilfuß, der in vorbereitete Nuten oder in Profilleisten eingesetzt wird. Ein späterer Profilaustausch ist dann ohne besonderen Aufwand möglich. Bei einigen Abdichtungsprofilen wird der Profilfuß direkt auf dem Untergrund befestigt (geklebt, geschraubt);
2. den Dichtungskopf, der die eigentliche Dichtarbeit zu leisten hat. Er soll leicht federn und in Geschlossenstellung angedrückt werden. Quetschungen sind zu vermeiden, da sonst das flexible Dichtungsmaterial zerstört wird. Darauf ist besonders bei sogenannten Hohlraumprofilen zu achten, die im inneren Falzbereich liegen.

An vorhandenen Fenstern und Türen lassen sich besonders Abdichtungsleisten aus Aluminium, Holz oder Kunststoff mit eingeschobenen Dichtungsprofilen recht einfach anschrauben. Aufwendige Fräsarbeiten für das Nuten oder Abhobeln von Falzteilen ist dann nicht erforderlich.

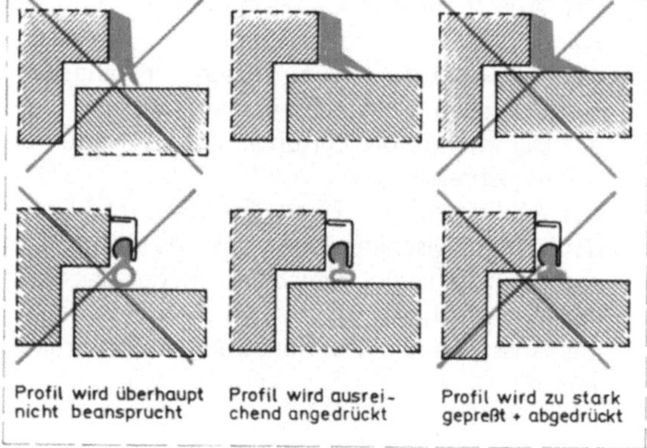

Abdichtungsbänder

Elastische Bänder zur Abdichtung von Fugen und Spalten an Türen oder Fensterflügeln sind meist einseitig selbstklebend ausgerüstet. Offenzellige Abdichtungsbänder sind sehr anpassungsfähig und eignen sich für Spalten, die in ihrer Dicke stark variieren.

Sie nehmen jedoch Wasser auf und verlieren im Laufe der Zeit ihre abdichtende Eigenschaft. Geschlossenzellige Abdichtungsbänder nehmen dagegen nur geringe Wassermengen auf. Benötigt werden hohe Anpreßkräfte, da sie sich schwerer zusammenpressen lassen als die offenzelligen Bänder. Dafür haben sie aber eine längere Lebensdauer. Bei allen Abdichtungsprofilen, die im Falzbereich liegen, ist auf eine vollflächige Anpreßung zu achten. Bei verzogenen Türen oder Fensterflügeln kann es sonst passieren, daß infolge neu geschaffener Klemmstellen der Flügelrahmen sich noch stärker vom festen Rahmen abhebt und ein noch größerer Luftspalt entsteht. Außerdem bekommen die Flügel und ihre Beschläge eine zusätzliche Spannung, so daß der Schaden größer sein kann als der Nutzen.

Fugendichtungsmassen

Zum Schließen oder Nachbessern von schmalen Fugen (Fensterverglasung, Badewannenränder, Fliesenbeläge usw.) gibt es Einkomponenten-Fugendichtungsmassen auf Silikonbasis. Die Größe der Packungen reicht von der kleinsten Haushaltstube bis zum Spritzbeutel mit etwa 3 kg Inhalt.

Gardinen und Vorhänge

Gardinen haben mehrere Aufgaben zu erfüllen. Sie dienen — neben dem Schutz gegen Einblick, der Regelung der Raumbelichtung tagsüber sowie der Dekoration zur Ergänzung der Einrichtung — in unserem Zusammenhang vor allem dem Sonnen-, Wärme- und Schallschutz.

Hinsichtlich des Wärmeschutzes wirken zugezogene und bis zum Boden reichende Gardinen an einem Fenster mit einem Heizkörper in der Brüstung entgegengesetzt:

▶ Der Vorhang vor dem Fenster verbessert den äußeren Wärmeschutz.
▶ Der Vorhang vor dem Heizkörper verhindert bzw. beeinträchtigt aber auch die Wärmeabgabe in den Raum. Wer energiesparend heizen will, muß also verhindern, daß Gardinen die Heizkörper verdecken.

Metallisierte Vorhangstoffe — Stoff mit metallischer Rückseite — verbessern den Sonnen- und Wärmeschutz. Die auftreffende Wärme wird dorthin reflektiert (zurückgeworfen), wo sie herkommt.

Die raumakustische Wirkung von Gardinen und Vorhängen aller Art beruht auf den infolge ihrer porösen Struktur mehr oder weniger starken Schallschluckeigenschaften aller Textilien. Je feiner die Poren sind und je dicker bzw. flauschiger der ganze Stoff ist, um so stärker wird auch die schallschluckende Wirkung sein. Dabei spielt auch die Art der Anbringung oder Aufhängung eine Rolle. Stark faltig aufgehängte Gardinen oder Vorhänge schlucken, wie bereits dargelegt, wesentlich mehr Schall als glatt gespannte Stoffe der gleichen Art.

Gardinen und Vorhänge können auch nach ihrer Webart eingestuft werden.

— Offenes, loses und weitmaschiges Gewebe mit einem gewebefreien Flächenanteil von 25 bis 50% hat eine nur mäßige Schalldämmung.
— Halboffenes Gewebe mit einem gewebefreien Flächenanteil von 7 bis 25% erbringt eine befriedigende Schalldämmung.
— Dichtes und engmaschiges Gewebe mit einem gewebefreien Flächenanteil von 0 bis 7% ergibt eine gute Schalldämmung.

Zur weitergehenden Verbesserung des Schallschutzes bei Fenstern gibt es Spezialvorhänge, wie z.B.
— Schwere Vorhangstoffe, die mit Bleigummimaterialien kaschiert sind. Zu ihrer vollen Wirksamkeit müssen jedoch die Ränder dieser Vorhänge abgedichtet werden;
— Vorhänge, die auf der Fensterseite mit schallschluckendem Material, wie z.B. offenzelligem Schaumgummi oder in Kunststoff-Folien verpacktem fasrigen Material, verkleidet sind. Hier kann auch ohne besonders gute Abdichtungen an den Rändern eine Verbesserung des Schallschutzes bis zu 10 dB erzielt werden.

Außenwände

Die meisten der nach dem Kriege gebauten Wohnhäuser haben Außenwände, die den heutigen Anforderungen nicht mehr entsprechen. Außenwände, besonders aber die darin enthaltenen Fenster, sind erhebliche Abkühlungsflächen. Es ist deshalb sinnvoll und — wie die Tabellen zeigen — auch wirtschaftlich, gerade hier Verbesserungsmaßnahmen durchzuführen.

Zur Verbesserung des Wärmeschutzes allein kann bei der massiven Wand die zusätzliche Dämmschicht auf der Außen- oder der Innenseite aufgebracht werden. Bauphysikalisch einwandfrei ist in jedem Falle die Außendämmung. Dabei bleibt die massive Tragwand in vollem Umfange als Wärmespeicher erhalten. Außerdem lassen sich damit im Wandbereich enthaltene Wärmebrücken auf die einfachste und sicherste Art beseitigen. Beim Neubau sowie bei einer Gesamtmodernisierung des Gebäudes — auch des Einfamilienhauses, des Reihenhauses — sollte man deshalb stets der Außendämmung den Vorzug geben.

Eine Innendämmung braucht aber deshalb nicht unbedingt falsch zu sein. Sie muß nur richtig ausgeführt werden. Das dabei mehr oder minder verlorengegangene Wärmespeichervermögen kann durch wärmespeichernde Innenwände, Decken und Fußböden ausgeglichen werden.

Ältere Außenwandbauarten

Vor dem Kriege wurde überwiegend mit Vollsteinen gebaut. Es wurden Ziegelsteine (Raumgewicht um 1 600 kg/m³) oder Kalksand-Vollsteine (1 800 kg/m³) verwendet. Lochsteine gab es nur vereinzelt. Nach 1945 haben sich die Lochsteine durchgesetzt, wie z.B. Hochlochziegel und Kalksand-Lochsteine (Raumgewicht von 1 400 oder 1 600 kg/m³). Weit verbreitet waren auch Vollsteine aus Leichtbeton (Raumgewicht um 1 000 kg/m³) sowie Hohlblocksteine aus Leichtbeton (Bimsbeton) in 24 oder 30 cm Dicke.

Bei den heutigen Massivwänden im Wohnungsbau sind zwei Ausführungsarten vorherrschend:
- einschichtige Außenwände aus Leichtbaustoffen, wie z.B. Leicht-Hochlochziegel, Gasbeton, Leichtbims usw.;
- mehrschichtige Außenwände mit einer Tragwand aus schweren Baustoffen und einer zusätzlichen Dämmschicht.

Wandoberflächenthermometer im Eigenbau

Bei bestehenden Gebäuden ist es oft schwierig, die Bauart der Außenwände festzustellen. Selbst wenn es gelingt, den Baustoff, wie z.B. Ziegel- oder Bimssteine, zu erkennen, weiß man immer noch nichts über das Raumgewicht und die von diesem abhängige Wärmeleitfähigkeit. Außerdem kann sich der Dämmwert der Wand im Laufe der Jahre durch Feuchtigkeitseinwirkung verschlechtert oder durch Austrocknung verbessert haben.

Unter Berücksichtigung der vorhandenen Außen- und Raumlufttemperatur läßt sich mit Hilfe der inneren Oberflächentemperatur der tatsächlich vorhandene k-Wert eines Außenbauteils annähernd ermitteln. Eine einigermaßen genaue Feststellung der Oberflächentemperatur ist mit einem Sekunden-Thermometer mit Temperaturfühler möglich; dabei kann man die vorhandene Temperatur nach dem Anlegen des Fühlers am Gerät sofort ablesen. Unter der Voraussetzung, daß die Raumtemperatur 20 °C beträgt und die Außentemperatur unterhalb 0 °C liegt, kann die etwaige k-Wert-Gruppe im Diagramm Abb. 18 festgestellt werden. Bei anderen Raumtemperaturen ist die Umrechnungstabelle auf Seite 37 unten rechts anzuwenden.

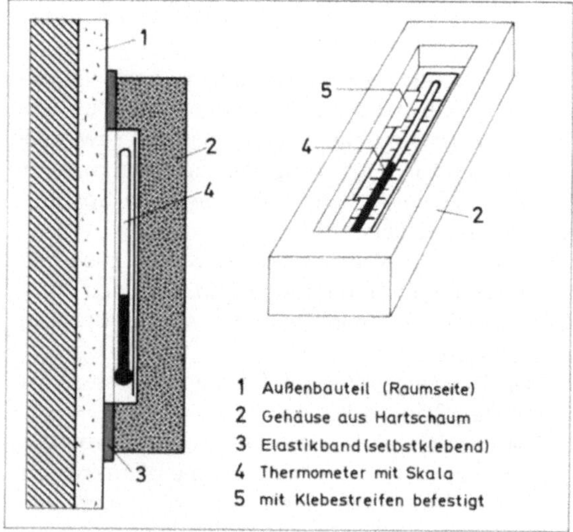

17 Wandoberflächenthermometer (Behelf!)

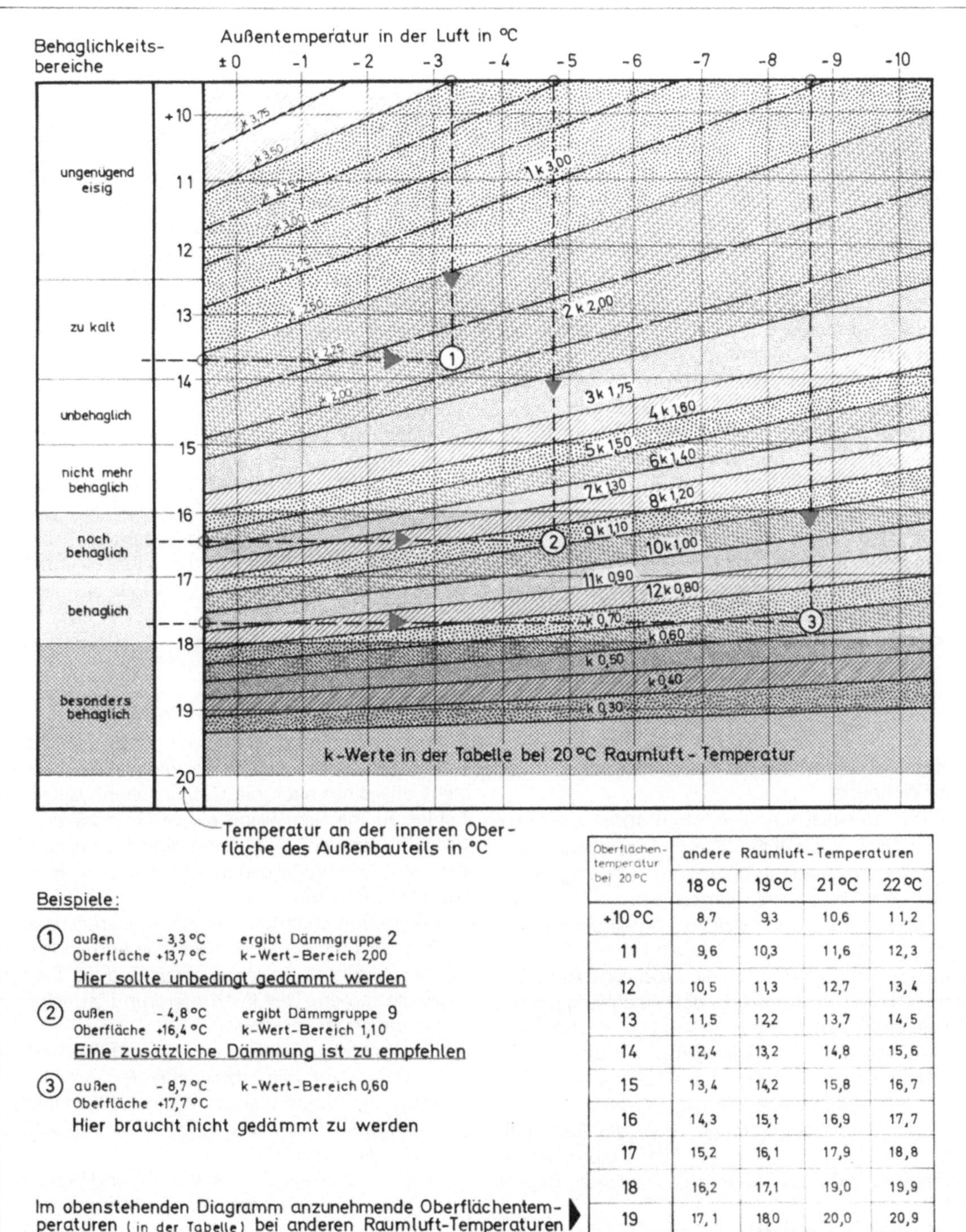

Beispiele:

① außen −3,3 °C ergibt Dämmgruppe 2
Oberfläche +13,7 °C k-Wert-Bereich 2,00
Hier sollte unbedingt gedämmt werden

② außen −4,8 °C ergibt Dämmgruppe 9
Oberfläche +16,4 °C k-Wert-Bereich 1,10
Eine zusätzliche Dämmung ist zu empfehlen

③ außen −8,7 °C k-Wert-Bereich 0,60
Oberfläche +17,7 °C
Hier braucht nicht gedämmt zu werden

Im obenstehenden Diagramm anzunehmende Oberflächentem-peraturen (in der Tabelle) bei anderen Raumluft-Temperaturen ▶

Oberflächen-temperatur bei 20 °C	andere Raumluft-Temperaturen			
	18 °C	19 °C	21 °C	22 °C
+10 °C	8,7	9,3	10,6	11,2
11	9,6	10,3	11,6	12,3
12	10,5	11,3	12,7	13,4
13	11,5	12,2	13,7	14,5
14	12,4	13,2	14,8	15,6
15	13,4	14,2	15,8	16,7
16	14,3	15,1	16,9	17,7
17	15,2	16,1	17,9	18,8
18	16,2	17,1	19,0	19,9
19	17,1	18,0	20,0	20,9

18 k-Werte von Außenbauteilen

Dämmgruppen bei bekannten: ● Wandoberflächentemperaturen ● Außentemperaturen

Bei der Benutzung des Wandoberflächenthermometers als guten Behelfs sollte man folgende Hinweise beachten:

▶ Der Meßbereich sollte weit genug von einem Heizkörper entfernt liegen. Die Raumluft muß in diesem Bereich frei vorbeistreichen können.

▶ Das Gehäuse aus Hartschaum muß dicht an der Wand aufliegen, so daß keinerlei Raumwärme eindringen kann.

▶ Die Meßzeit sollte mindestens 30 Minuten betragen.

▶ Die Messungen sind erst vorzunehmen, wenn die Außentemperatur ab 0 °C etwa einen Tag andauert. Die Meßgenauigkeit wird um so besser, je größer der Temperaturunterschied und je geringer der k-Wert des Außenbauteils ist.

▶ Die Außentemperatur muß möglichst ohne Sonneneinstrahlung und ohne starken Windanfall gemessen werden.

▶ **Grundsätzlich gilt: Liegt die Temperatur an der Innenoberfläche mehr als 3 °C unter der Raumluft-Temperatur, ist eine zusätzliche Wärmedämmung zu empfehlen.**

Dämm-Maßnahmen für die Außenwand einer Wohnung

Aus den Tabellen auf den Seiten 40/41 geht klar hervor, daß zusätzliche Dämm-Maßnahmen bei vorhandenen Außenwänden mit ungenügendem Dämmwert besonders wirtschaftlich sind. Es kommt auch darauf an, welchen Anteil die massive Wand an der Gesamt-Außenwand eines Raumes einnimmt. Betrachtet man die Übersicht Abb. 21, dann erkennt man sofort, daß unabhängig vom Fensteranteil bei den Beispielen 1, 2, 4 und 5 gedämmt werden sollte. Beim Beispiel 3 und bei der linken Fensterwand Beispiel 5 scheint eine zusätzliche Dämmung weniger sinnvoll, es sei denn, man muß Wärmebrücken beseitigen oder die Wärmeabgabe von Heizkörpern in den Fensterbrüstungen herabsetzen. Daraus lassen sich folgende Regeln ableiten:

▶ Mit einfach verglasten Fenstern läßt sich kein behagliches Raumklima erzielen, auch wenn die Wand einen noch so guten k-Wert aufweist (Abb. 22).

▶ Zweifach verglaste Fenster können die ungenügenden Eigenschaften von Außenwänden mit einem minimalen k-Wert nicht verbessern. Sie sind erst sinnvoll, wenn sie in Außenwände mit erhöhtem Wärmeschutz eingebaut sind (Abb. 22).

▶ Je größer der Anteil der Außenwand an der Gesamtumschließungsfläche eines Raumes ist, desto besser sollte ihr Wärmeschutz sein.

▶ Zur Verbesserung des Wärmeschutzes bei Außenwänden bringen Untertapeten kaum etwas. Die jährliche Heizkostenersparnis beträgt bei einem vorhandenen k-Wert 1,4 etwa DM 0,60/m², bei einem k-Wert 0,8 nur noch DM 0,12/m².

▶ Bei Außenwänden mit einem bereits vorhandenen brauchbaren k-Wert sind gegenüber ungenügend gedämmten Wänden wesentlich geringere Gewinne zu erzielen.

▶ An den Wetterseiten der Gebäude ist damit zu rechnen, daß sich der ursprüngliche Wärmedämmwert durch ständige Feuchtigkeitseinwirkungen verschlechtert hat. Es ist deshalb vorteilhaft, wenn zuerst die Wände auf der Wetterseite einen zusätzlichen Wärmeschutz erhalten.

Die Innendämmung von Außenwänden

Eine Innendämmung kann wohnungs- oder raumweise ausgeführt werden. Bei dieser Dämmart besteht allerdings auch die Gefahr, bauphysikalische Fehler zu machen, wenn einige Grundsätze nicht beachtet werden. Außerdem sind bestimmte Neben- und Anschlußarbeiten erforderlich. Hierzu die folgenden Regeln:

▶ Für Dämmschichten, die mit Klebemörtel angesetzt werden sollen, ist die Wand entsprechend vorzubereiten. Im allgemeinen sind die Tapeten zu entfernen. Der Putzuntergrund ist erforderlichenfalls zu verfestigen.

▶ Bei Innendämmungen mit einer Holzunterkonstruktion für die abschließende Verkleidung kann die Tapete bleiben. Wenn die Verkleidung insgesamt wieder abgenommen werden soll, ist dies sogar ein Vorteil.

▶ In der Außenwand verlegte Kalt- und Warmwasserleitungen sind nach dem Aufbringen der Innendämmung erhöht gefährdet. Sie liegen nunmehr vollständig im Frostbereich. Deshalb die Leitungsschlitze gründlich nachprüfen und Fehlstellen in der Isolierung schließen, z.B. mit Spritzschaum.

▶ In Räumen mit starker Feuchtigkeitsbelastung, aber auch bei dichten (Beton) oder durchfeuchteten Außenwänden, ist in der Regel zwischen Dämmschicht und Verkleidungsschicht eine Dampfsperre oder Dampfbremse erforderlich. Im Zweifel sollte man den Fachmann fragen.

▶ Bei Verwendung von steifen Hartschaum-Dämmplatten, die verputzt werden, kann es zu einer Verschlechterung der Luftschalldämmung kommen, weil dadurch die Schall-Längsleitung erhöht wird. Auch hier wird geraten, den Fachmann zu fragen.

▶ Zur Vermeidung von Wärmebrücken bzw. häßlichen Staubfugen sind verputzte oder mit Gipskartonplatten beschichtete Dämmplatten ohne Mörtelfugen an den Kanten dicht („preß") zu stoßen (Seite 103).

▶ Bei Außenwänden mit ungenügendem Wärmeschutz (Betonwände, durchfeuchtetes Mauerwerk) sind auch die in die Außenwände einbindenden Zwischenwände und Geschoßdecken in den zusätzlichen Wärmeschutz einzubeziehen (Seite 108).

▶ Innendämmungen können auch mit Fliesen belegt werden. Diese wirken gleichzeitig als Dampfbremse. Bei Dämmplatten mit einem hohen Raumgewicht können die Fliesen mit Dünnbettmörtel direkt aufgeklebt werden. Bei normalharten Dämmplatten sollte man jedoch eine Grundputzschicht mit eingebettetem Glasseiden-Armierungsgewebe aufbringen, bevor man die Fliesen anklebt.

Erläuterungen zu den Außenwand-Tabellen (Seite 40/41)

Hierzu auch die grundsätzlichen Ausführungen zu allen Tabellen auf Seite 25.

— Die Außenwände sind in 12 Dämmgruppen eingeteilt. Damit soll vor allem die Einordnung nur ungenügend bekannter Wandbauarten erleichtert werden.

— Die angegebenen Wanddicken beziehen sich auf die unverputzte Außenwand. Für die Berechnungen wurde die jeweilige Wand mit 2 cm Außenputz und 1,5 cm Innenputz angenommen. Bei Außenwänden, die nach den alten Steinmaßen gebaut sind, ergeben sich etwas bessere Werte, wie z.B. 25 cm (statt 24 cm heute) oder 38 cm (statt 36,5 cm heute).

— Für die Kurzbeschreibung der Wandbauarten werden die im Bauwesen heute üblichen Bezeichnungen verwendet.

— Das Raumgewicht der Baustoffe für die Außenwand ist bei der Wärmespeicherung und der Schalldämmung ein wichtiger Beurteilungsfaktor.

— Der mittlere k-Wert ist — wie der Name schon sagt — ein Mittelwert für die jeweilige Gruppe.

— Darauf abgestimmt werden die jährlichen Heizkosten berechnet, unter Annahme eines Heizölpreises von DM 0,75 pro Liter (Seite 24/25).

— Die Verbesserung der Außenwand wird der Einfachheit halber in Dämmschichtdicken angegeben. Unter Benutzung der Gleichwert-Tabelle auf Seite 32 können hierbei wärmedämmende Beschichtungen berücksichtigt werden.

— Der neue mittlere k-Wert ergibt sich nach Durchführung der Verbesserungsmaßnahmen; darauf bezogen die nunmehrigen Heizkosten. Zur Berücksichtigung unvermeidlicher Wärmebrücken wurde auf den errechneten k-Wert ein Abschlag gemacht. Er beträgt bei der Dämmgruppe 1 35 % und verringert sich mit zunehmendem Dämmwert auf 20 % bei Dämmgruppe 12.

— Ausführungen zur Amortisationszeit siehe Seite 25.

— Außenwände der Dämmgruppen 1 und 2 entsprechen bei weitem nicht den früheren und heutigen Mindestforderungen, auch wenn man nur die allergeringsten Ansprüche stellt. Die Praxis zeigt aber, daß derart ungenügende Bauteile ab und zu doch vorkommen, wie z.B.

   — Sichtbetongiebel ohne zusätzliche Dämmung, mitunter an Mehrfamilienhäusern mit sonst ausreichendem Wärmeschutz;

   — Außenwände von Nebengebäuden, die nachträglich zu Wohnungen ausgebaut wurden;

   — Fachwerkwände von älteren Gebäuden.

— Die Dämmgruppe 3 entspricht annähernd den Forderungen der alten Norm DIN 4108 für das Wärmedämmgebiet I. In dieser gemäßigten Klimazone durfte bis 1974 so gebaut werden.

— Das frühere Wärmedämmgebiet II ist zwischen die Dämmgruppen 4 und 5 einzuordnen.

— Die Dämmgruppe 6 entspricht den derzeitigen Mindestforderungen an Außenwände gemäß DIN 4108 (neu).

— Die Dämmgruppen 7 bis 12 beziehen sich auf einen erhöhten Wärmeschutz. Optimal sind aber diese Werte noch nicht. Hierfür sind k-Werte von 0,50 und weniger erforderlich.

Dämm-gruppe	Wanddicke (ohne Putz) cm	Beschreibung der Außenwände	Mauerwerk-Rohdichte kg/m³	mittlerer k-Wert W/m²K	Jährliche Heizkosten DM/m²
1	30	Stahlbetonwand (Sichtbeton) mit Innenputz	2400	3,00	16,50
	11,5	1/2 Stein starke Wand aus Ziegelsteinen	1600		
	11,5	1/2 Stein starke Wand aus Kalksandsteinen	1400		
2	24	Mauerwerk aus Ziegelsteinen (Normalformat)	1800	2,00	11.–
	24	Mauerwerk aus Kalksand-Vollsteinen	1600		
	12	Fachwerk, 1/2 Stein stark ausgemauert	1200		
3	36,5	Mauerwerk aus Kalksand-Vollsteinen	1800	1,75	9,60
	35	Außenwand aus Ziegelsplittbeton	1800		
	25	Leichtbetonwand; z.B. Blähton, Naturbims	1600		
4	30	Außenwand aus Ziegelsplittbeton	1600	1,60	8,80
	24	Mauerwerk aus Ziegelsteinen (Lochziegel)	1400		
	24	Mauerwerk aus Hohlblocksteinen (2 Kammern)	1200		
5	36,5	Mauerwerk aus Ziegelsteinen (Vollsteinen)	1800	1,50	8,20
	30	Mauerwerk aus Kalksand-Lochsteinen	1400		
	24	Mauerwerk aus Hohlblocksteinen (2 Kammern)	1000		
6	30	Mauerwerk aus Ziegelsteinen (Lochziegel)	1400	Mindestwert 1,40 nach DIN 4108	7,70
	24	Stahlbetonwand mit 3,5 cm Holzwolle-Leichtbauplatten	2400		
	24	Mauerwerk aus Leichtbeton-Vollsteinen	1000		
7	36,5	Mauerwerk aus Ziegelsteinen (Vollsteine)	1600	1,30	7,10
	36,5	Mauerwerk aus Kalksand-Lochsteinen	1400		
	30	Mauerwerk aus Hüttensteinen	1400		
8	36,5	Mauerwerk aus Hochloch-Ziegel	1400	1,20	6,60
	30	Mauerwerk aus Hohlblocksteinen (3 Kammern)	1000		
	24	Leichtziegel (Normalformat) oder Hohlblocksteine	800		
9	36,5	Ziegelsteine oder Kalksandsteine	1200	1,10	6.–
	36,5	Leichtbeton-Vollsteine oder Hüttensteine	1200		
	24	Leicht-Hochlochziegel (Normalformat)	800		
10	36,5	Leichtbeton-Vollsteine oder Hohlblocksteine	1000	1,00	5,50
	30	Leicht-Hochlochziegel (Normalformat)	800		
	30	Mauerwerk aus Hohlblocksteinen (3 Kammern)	800		
11	36,5	Leicht-Hochlochziegel (Normalformat)	800	0,90	4,90
	30	Leicht-Hochlochziegel (Großblöcke)	800		
	25	Gasbeton-Mauerwerk (Blocksteine)	700		
12	36,5	Leicht-Hochlochziegel (Großblöcke)	800	0,80	4,40
	30	Gasbeton-Mauerwerk (Blocksteine)	700		
	25	Gasbeton-Mauerwerk (Blocksteine)	500		

20 Außenwände der Tabelle 19 mit verbessertem Wärmeschutz

Dämmgruppe	Dicke der Innendämmung mm	neuer mittlerer k-Wert W/m² K	Nunmehrige jährliche Heizkosten Verbrauch DM/m²	Einsparung DM/m²	Einsparung %	Gruppe I bei DM	Gruppe I Jahre	Gruppe II bei DM	Gruppe II Jahre	Gruppe III bei DM	Gruppe III Jahre
1	40	0,75	6,40	10,10	75	8,50		15,50		23.-	
	50	0,63	5,40	11,10	79	10.-	1	17.-	1–2	25.-	2–3
	60	0,55	4,70	11,80	82	11,50		18,50		27.-	
2	40	0,67	5,50	5,50	66	8,50		15,50		23.-	
	50	0,57	4,70	6,30	72	10.-	1–2	17.-	2–3	25.-	4
	60	0,50	4,10	6,90	75	11,50		18,50		27.-	
3	40	0,65	5,10	4,50	62	8,50		15,50		23.-	
	50	0,56	4,40	5,20	68	10.-	2	17.-	3–4	25.-	5
	60	0,49	3,90	5,70	72	11,50		18,50		27.-	
4	30	0,72	5,50	3,30	55	7.-		14.-		21.-	
	40	0,61	4,70	4,10	62	8,50	2–3	15,50	4	23.-	5–6
	50	0,53	4,10	4,70	67	10.-		17.-		25.-	
5	30	0,70	5,30	2,90	53	7.-	2–3	14.-	4–5	21.-	7
	50	0,52	4.-	4,20	65	10.-		17.-		25.-	6
6	30	0,68	5,10	2,60	51	7.-	2–3	14.-	4–5	21.-	8
	50	0,51	3,80	3,90	63	10.-		17.-		25.-	7
7	30	0,66	4,90	2,20	49	7.-	3	14.-	5–6	21.-	10
	50	0,50	3,70	3,40	61	10.-		17.-		25.-	8
8	30	0,63	4,60	2.-	47	7.-	3–4	14.-	7	21.-	11
	50	0,48	3,50	3,10	60	10.-		17.-	6	25.-	9
9	30	0,60	4,30	1,70	45	7.-	4	14.-	8	21.-	13
	50	0,46	3,30	2,70	58	10.-		17.-	6	25.-	10
10	30	0,57	4.-	1,50	43	7.-	4–5	14.-	9	21.-	14
	50	0,44	3,10	2,40	55	10.-		17.-	7	25.-	11
11	30	0,54	3,80	1,10	39	7.-	5–6	14.-	13	21.-	19
	50	0,42	3.-	1,90	53	10.-		17.-	9	25.-	13
12	30	0,50	3,50	-.90	37	7.-	8	14.-	16	21.-	23
	50	0,40	2,80	1,40	50	10.-	7	17.-	12	25.-	18

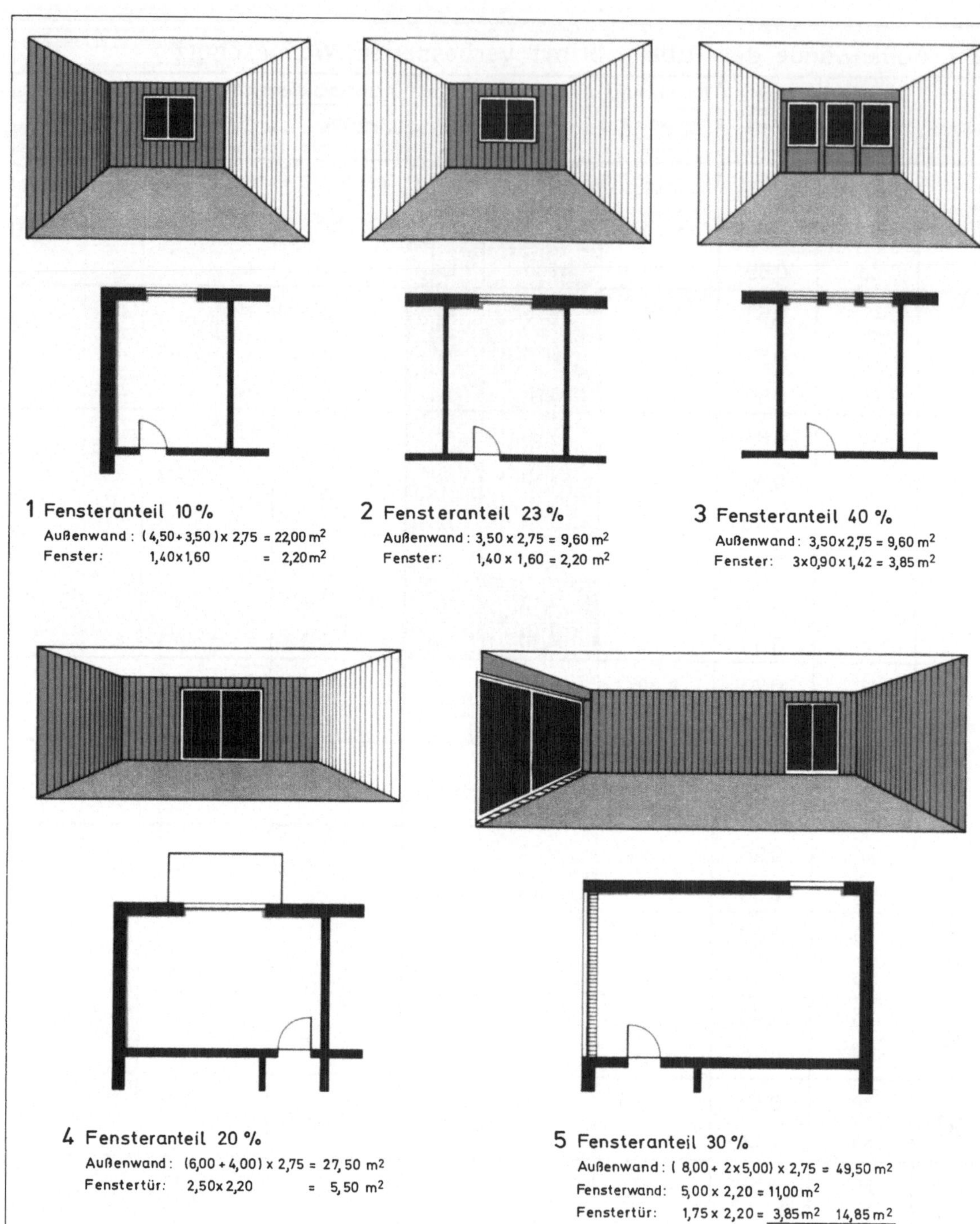

21 Übersicht: Anteil der Fenster und Fenstertüren an der Außenwand

22 Außenwand einschl. Fenster und Fenstertüren – beurteilt nach 4 Behaglichkeitsstufen

besonders behaglich · noch behaglich · nicht mehr behaglich · unbehaglich ungenügend

Außenwand ohne Fenster ▶			einschl. Fenster mit Einfach-Verglasung bei einem Fensteranteil von:						einschl. Fenster mit Zweifach-Verglasung bei einem Fensteranteil von:					
k-Wert W/m^2K	Dämmgruppe	+Dämmschicht	10 %	15 %	20 %	25 %	30 %	40 %	10 %	15 %	20 %	25 %	30 %	40 %
1,75	3	Außenwände ohne Dämmung												
1,60	4													
1,50	5													
1,40	6	Mindestwert DIN 4108												
1,30	7													
1,20	8													
1,10	9													
1,00	10													
0,90	11													
0,80	12													
0,75	1	+ 40 mm												
0,70	5	+ 30 mm												
0,66	7	+ 30 mm												
0,63	1 / 8	+ 50 mm / + 30 mm												
0,60	9	+ 30 mm												
0,57	2 / 10	+ 50 mm / + 30 mm												
0,55	1	+ 60 mm												
0,53	4	+ 50 mm												
0,50	2 / 7	+ 60 mm / + 50 mm												
0,48	8	+ 50 mm												
0,44	10	+ 50 mm												
0,40	12	+ 50 mm												

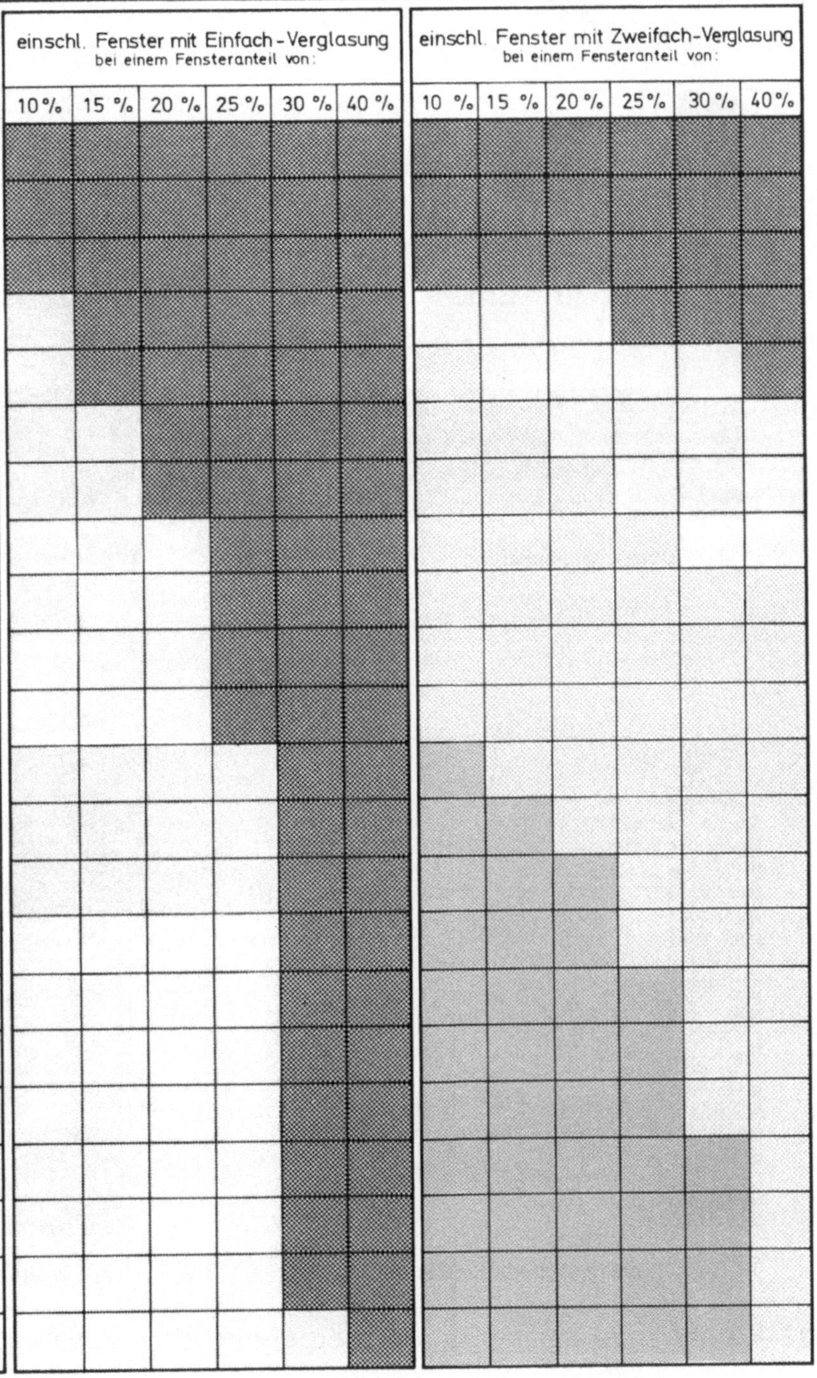

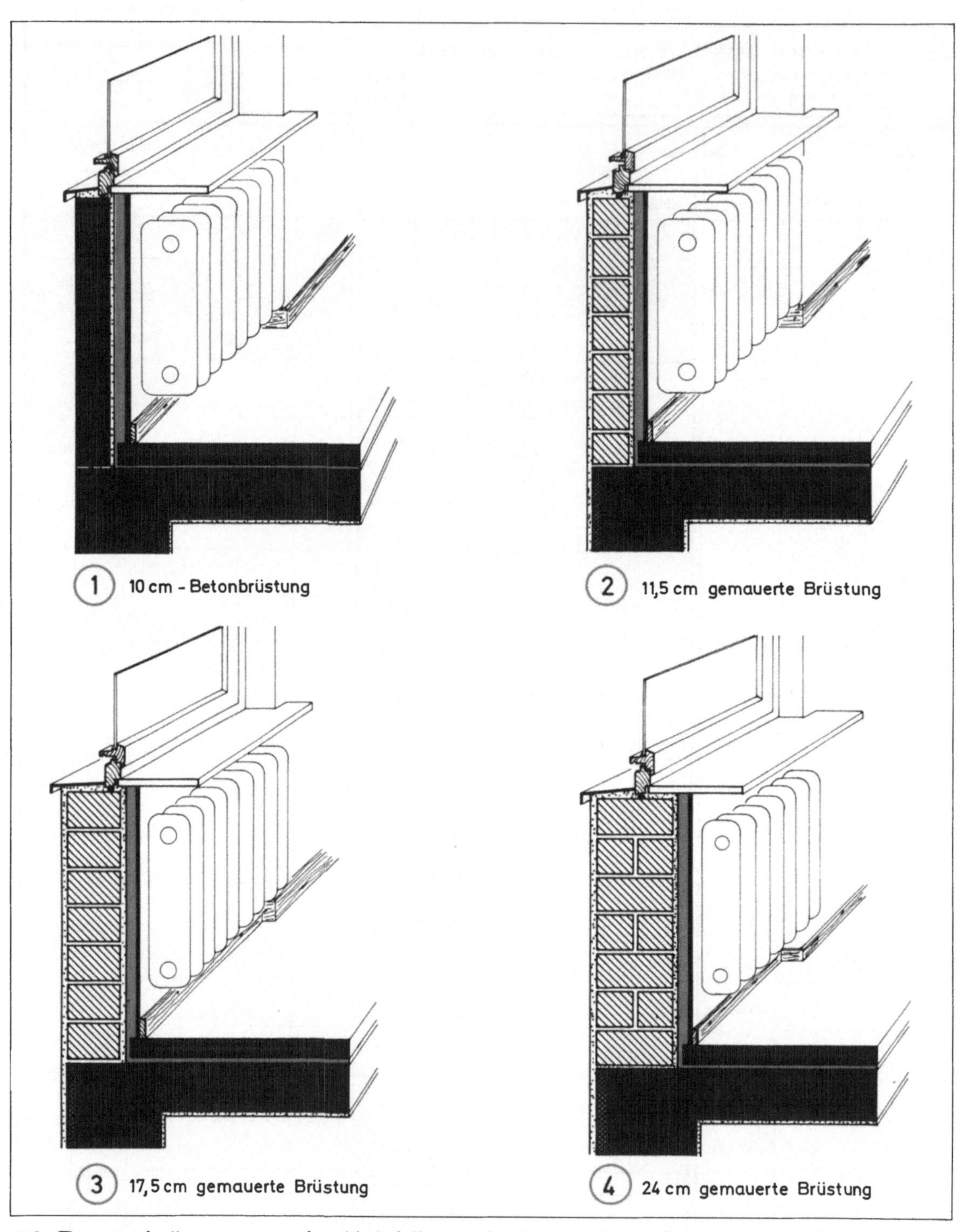

23 Fensterbrüstungen als Heizkörpernischen mit verbessertem Wärmeschutz

24 Fensterbrüstungen als Heizkörpernischen mit verbessertem Wärmeschutz

Nr. der Brüstung	Dicke der Dämmung mm	k-Wert W/m²K	Stündliche Wärmeverluste in W/m² Temperaturen: Außen/Heizkörper ± 0/50 °C	− 10/60 °C	− 20/70 °C	Jährliche Heizkosten Verbrauch DM/m²	Einsparung DM/m²	%	Amortisation der Dämmung bei −10/60 °C bei DM	Jahre
1	ohne	3,80	110	140	170	23,10	darauf bezogen			
	20	1,33	51	72	94	11,90	12,20	53	12,50	1
	30	1,00	41	59	76	9,70	13,40	58	14.−	
	40	0,80	34	48	63	7,90	15,20	66	15,50	
2	ohne	2,40	81	108	136	17,80	darauf bezogen			
	20	1,10	44	62	81	10,20	7,60	43	12,50	1−2
	30	0,86	36	51	67	8,40	9,40	53	14.−	
	40	0,71	32	45	58	7,40	10,40	58	15,50	
3	ohne	1,95	67	94	121	15,50	darauf bezogen			
	20	0,99	41	58	75	9,60	5,90	38	12,50	2
	30	0,79	33	47	63	7,80	7,70	50	14.−	
	40	0,66	30	42	54	6,90	8,60	55	15,50	
4	ohne	1,65	59	83	107	13,70	darauf bezogen			
	20	0,89	37	52	68	8,60	5,10	37	12,50	2−3
	30	0,73	32	45	58	7,40	6,30	46	14.−	
	40	0,62	29	40	51	6,60	7,10	52	15,50	

Fensterbrüstungen als Heizkörpernischen

Bei Einführung der Zentralheizungen wurden die Dampf- oder Warmwasserradiatoren zunächst an den Innenwänden aufgestellt. Sehr bald fand man aber heraus, daß eine Anordnung unter den damals nicht sonderlich dichten Fenstern mit einfacher Verglasung raumlufttechnisch günstiger ist. Damit die dicken Heizkörper alter Art nicht zu weit in den Raum ragen, setzte man sie in Nischen unterhalb der Fenster. Bei den dicken Außenwänden blieben meist noch 25 cm Wandstärke für die Brüstung erhalten. Mit den nach dem Kriege eingeführten geringeren Außenwanddicken mit 24 oder 30 cm wurden auch die Brüstungen entsprechend dünner.

Wie aus der obenstehenden Tabelle zu ersehen ist, geht bei dünnen ungedämmten Brüstungen ein erheblicher Teil der vom Heizkörper in Richtung Außenwand abgestrahlten Wärme ungenutzt ins Freie und damit verloren.

In der Wärmeschutzverordnung wird nunmehr vorgeschrieben, daß der Wärmedämmwert im Bereich von Fensterbrüstungen mit Heizkörpern den Dämmwert der normalen Außenwand nicht unterschreiten darf. Die allermeisten Wohnungen befinden sich aber in Gebäuden, die vor dem Inkrafttreten der Wärmeschutzverordnung (1.11.1977) gebaut wurden.

Eine gewisse Verbesserung bei Heizkörperbrüstungen läßt sich auch mit Heizkörper-Reflexionsfolien erreichen (Seite 115).

Hinter jedem Radiator steckt ein Wärmedieb.

Innenwände

Auch bei Trennwänden zwischen unterschiedlich beheizten Räumen entstehen Wärmeverluste. Im Hinblick auf den Energieverbrauch wurde bisher dieser Tatsache viel zu wenig Beachtung geschenkt. Man hat vielmehr diese verlorengehende Heizwärme als zu unbedeutend angesehen. Wie aus den Innenwandtabellen auf Seiten 48/49 zu ersehen ist, bringt aber bereits eine zusätzliche Dämmschicht mit 20 mm Dicke einen Gewinn von etwa DM 3,–/m². Das sind bei einer einzigen Zwischenwand mit 4,00 m x 2,50 m = 10 m² Wandfläche immerhin DM 30,– jährliche Einsparung.

Die auf den Seiten 51 bis 64 gemachten Vorschläge für die Verbesserung vorhandener Wände bzw. die Errichtung neuer Zwischenwände sind recht umfangreich. Darunter sind sicherlich auch Maßnahmen enthalten, die sich in einer Mietwohnung verwirklichen lassen.

Tabellarische Übersicht über Innenwände

Die Übersicht auf den Seiten 48 und 49 ist ähnlich aufgebaut wie die Außenwandtabelle auf den Seiten 40/41. Bei den Außenwänden waren 12 Dämmgruppen erforderlich, um die möglichen Ausführungen einigermaßen zu erfassen. Bei den Innenwänden kommt man dagegen mit 5 Dämmgruppen aus. Eine Feststellung des k-Wertes mit Hilfe des Wandthermometers ist hier nicht sinnvoll. Das Temperaturgefälle zwischen den beiden Raumarten ist zu gering.

Wegen der geringen Temperaturunterschiede kommt man bei Innenwänden auch mit geringen Dämmdicken aus. Im Vergleich zur Außenwand sind dann allerdings auch die Ersparnisse geringer. Bei Wänden gegen unbeheizte und stark durchlüftete Nachbarräume sind die Ersparnisse um etwa 25% höher. Besonders rentabel sind die einfachen Verbesserungen gemäß Preisgruppe I. Zum überwiegenden Teil ist auch noch Preisgruppe II wirtschaftlich. Für die in Preisgruppe III erfaßten Holzverkleidungen und dergleichen muß dagegen mit einer wesentlich längeren Amortisationszeit gerechnet werden. Dafür bietet aber Holz auch mehr als nur Energieeinsparung.

Verbesserung der Schalldämmung bei vorhandenen Wänden

Meist ist die Anbringung einer leichten, sachgemäß aufgebauten Vorsatzschale am zweckmäßigsten. Dadurch ergibt sich gleichzeitig eine zusätzliche Wärmedämmung. Die Verbesserung der Luftschalldämmung beträgt 8 bis 12 dB.

Wirkungsvolle Schalldämm-Maßnahmen erfordern die Einhaltung bestimmter Regeln. Das gilt sowohl für Wand- als auch für Deckenverkleidungen (Abb. 25).

- ▶ Vor dem Anbringen der Vorsatzschale müssen eventuell vorhandene Risse — wobei auch Feinrisse von Bedeutung sind — oder gar Wanddurchbrüche sorgfältig geschlossen werden.
- ▶ Die Vorsatzschale ist auf der Wand oder Decke elastisch anzubringen. Starre Verbindungen sind zu vermeiden. Sie sind Schallbrücken, über die der Schall mehr oder minder durchgelassen wird.
- ▶ Es ist zu vermeiden, daß der Schall über die seitlich anschließenden Raumbegrenzungen (Wände, Decke, Fußboden) weitergeleitet wird. Die Vorsatzschalen dürfen deshalb an diese Bauteile nicht starr angeschlossen werden.
- ▶ Der Hohlraum zwischen der Vorsatzschale und der Wand ist mit schallschluckendem Material (Mineralfaserplatten oder -matten) ganz oder teilweise auszufüllen.
- ▶ Das Material für die Vorsatzschale selbst sollte bei geringer Dicke möglichst schwer sein (schwere Spanplatten, Gipskartonplatten).
- ▶ Für den Aufbau von schalldämmenden Vorsatzschalen gibt es vorgefertigte spezielle Unterkonstruktionen (Federschienen, Schwingholz-Leisten).
- ▶ Glatte großflächige Verkleidungen haben ein nur geringes Schallschluckvermögen. Dieses ist weitgehend von der Oberflächenbeschaffenheit abhängig. Solche Flächen können zur Schallschluckung tiefer Töne ausgebildet werden.
- ▶ Stark gegliederte Verkleidungen (Profilleisten, viele Fugen) brechen den Schall und schlucken ihn teilweise.
- ▶ Verkleidungen mit zahlreichen Durchbrechungen und einer Hinterlage mit Schalldämmstoffen sind besonders bei mittleren und hohen Tönen gute Schallschlucker.

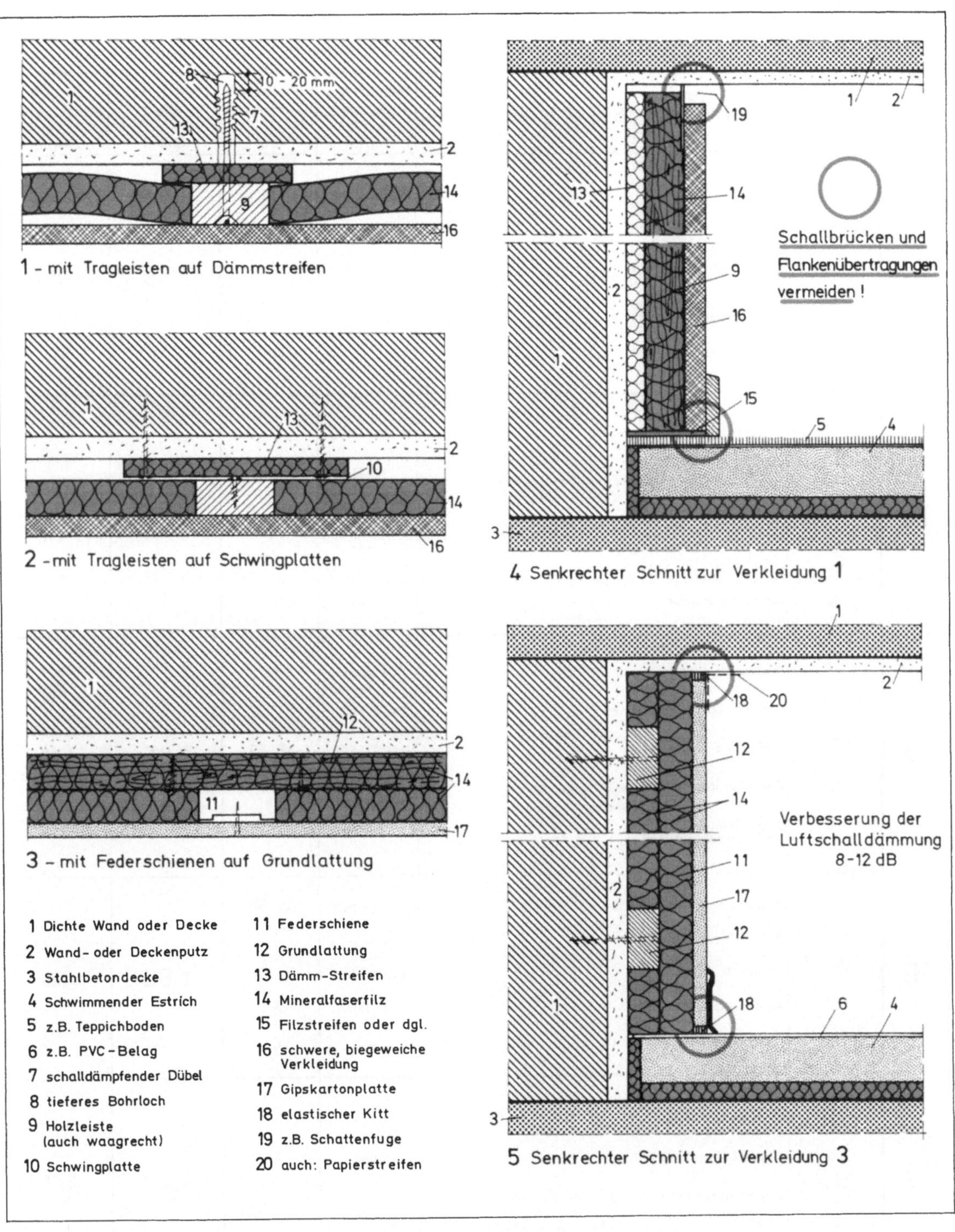

1 Dichte Wand oder Decke
2 Wand- oder Deckenputz
3 Stahlbetondecke
4 Schwimmender Estrich
5 z.B. Teppichboden
6 z.B. PVC-Belag
7 schalldämpfender Dübel
8 tieferes Bohrloch
9 Holzleiste (auch waagrecht)
10 Schwingplatte
11 Federschiene
12 Grundlattung
13 Dämm-Streifen
14 Mineralfaserfilz
15 Filzstreifen oder dgl.
16 schwere, biegeweiche Verkleidung
17 Gipskartonplatte
18 elastischer Kitt
19 z.B. Schattenfuge
20 auch: Papierstreifen

25 Bauliche Einzelheiten zu Schallschutz-Verkleidungen (Vorsatzschalen, ggf. demontierbar)

26 Vorhandene Innenwände gegen unbeheizte Nachbarräume mit +5°C Raumtemperatur						
Dämm-gruppe	Wand-dicke (ohne Putz) cm	Innenwände, beidseitig verputzt	Mauerwerk-Rohdichte kg/m³	Schalldämm-Maß dB	mittlerer k-Wert W/m²K	Jährliche Heizkosten DM/m²
13	14 - 24	Stahlbetonwand	2 400	53 - 59	**2,50**	6,50
	11,5	Kalksand-Vollsteine	1 800	48		
	6	Gips-Wandbauplatten (mit Spachtelputz)	900	34		
14	11,5	Mauerziegel (Vollsteine)	1 600, 1 800	47, 48	**2,10**	5,50
	11,5	Hochloch - Ziegel	1 400	45		
	11,5	Kalksand - Lochsteine	1 400, 1 600	45, 48		
	8	Gips - Wandbauplatten (mit Spachtelputz)	900	36		
	5 oder 6	Leichtbetondielen	800	35, 36		
15	24	Kalksand - Vollsteine	1 800	56	**1,85**	4,80
	17,5	Mauerziegel (Vollsteine)	1 600, 1 800	51, 52		
	17,5	Kalksand- Lochsteine	1 400, 1 600	49, 51		
	11,5	Leichtbeton - Vollsteine	1 200	44		
	10	Gips-Wandbauplatten (mit Spachtelputz)	900	39		
16	24	Mauerziegel (Vollsteine)	1 600, 1 800	54, 56	**1,65**	4,30
	24	Kalksand-Lochsteine	1 400	49		
	17,5	Hochloch-Ziegel	1 400, 1 600	53, 56		
	17,5	Leichtbeton-Vollsteine	1 200	48		
	11,5	Leicht-Hochlochziegel (Normalformat)	800	41		
17	24	Hochloch-Ziegel	1 400	53	**1,40**	3,65
	24	Leichtbeton-Vollsteine	1 200	51		
	17,5	Leicht-Hochlochziegel (Normalformat)	800	44		
	10	Gasbeton-Wandelemet	700	39		

27 Innenwände der Tabelle 26 mit verbessertem Wärmeschutz

<table>
<thead>
<tr>
<th rowspan="3">Dämm-gruppe</th>
<th rowspan="2">Dicke der Innen-dämmung</th>
<th rowspan="2">neuer mittlerer k-Wert</th>
<th colspan="3">Nunmehrige jährliche Heizkosten</th>
<th colspan="6">Amortisationszeit für die Materialkosten</th>
</tr>
<tr>
<th rowspan="1">Verbrauch</th>
<th colspan="2">Einsparung</th>
<th colspan="2">Gruppe I</th>
<th colspan="2">Gruppe II</th>
<th colspan="2">Gruppe III</th>
</tr>
<tr>
<th>mm</th>
<th>W/m² K</th>
<th>DM/m²</th>
<th>DM/m²</th>
<th>%</th>
<th>bei DM</th>
<th>Jahre</th>
<th>bei DM</th>
<th>Jahre</th>
<th>bei DM</th>
<th>Jahre</th>
</tr>
</thead>
<tbody>
<tr><td rowspan="6">13</td><td>3</td><td>2,08</td><td>5,40</td><td>1,10</td><td>17</td><td>1,50</td><td rowspan="6">1—2</td><td colspan="4" rowspan="3">mit diesen geringen Dicken nicht sinnvoll !</td></tr>
<tr><td>5</td><td>1,89</td><td>4,90</td><td>1,60</td><td>25</td><td>2,10</td></tr>
<tr><td>10</td><td>1,54</td><td>4.—</td><td>2,50</td><td>38</td><td>3,50</td></tr>
<tr><td>20</td><td>1,11</td><td>2,90</td><td>3,60</td><td>55</td><td>5.—</td><td>11,50</td><td rowspan="3">3—4</td><td>18.—</td><td rowspan="3">4—5</td></tr>
<tr><td>30</td><td>0,87</td><td>2,25</td><td>4,25</td><td>65</td><td>6,50</td><td>13.—</td><td>20.—</td></tr>
<tr><td>40</td><td>0,71</td><td>1,85</td><td>4,65</td><td>71</td><td>8.—</td><td>14,50</td><td>22.—</td></tr>

<tr><td rowspan="6">14</td><td>3</td><td>1,75</td><td>4,55</td><td>-.95</td><td>17</td><td>1,50</td><td rowspan="6">2</td><td></td><td></td><td></td><td></td></tr>
<tr><td>5</td><td>1,61</td><td>4,20</td><td>1,30</td><td>23</td><td>2,10</td><td></td><td></td><td></td><td></td></tr>
<tr><td>10</td><td>1,35</td><td>3,50</td><td>2.—</td><td>36</td><td>3,50</td><td></td><td></td><td></td><td></td></tr>
<tr><td>20</td><td>1,01</td><td>2,65</td><td>2,85</td><td>51</td><td>5.—</td><td>11,50</td><td rowspan="3">4</td><td>18.—</td><td rowspan="3">6</td></tr>
<tr><td>30</td><td>0,81</td><td>2,10</td><td>3,40</td><td>61</td><td>6,50</td><td>13.—</td><td>20.—</td></tr>
<tr><td>40</td><td>0,67</td><td>1,75</td><td>3,75</td><td>68</td><td>8.—</td><td>14,50</td><td>22.—</td></tr>

<tr><td rowspan="6">15</td><td>3</td><td>1,61</td><td>4,20</td><td>-.60</td><td>13</td><td>1,50</td><td rowspan="6">2—3</td><td></td><td></td><td></td><td></td></tr>
<tr><td>5</td><td>1,49</td><td>3,85</td><td>-.95</td><td>18</td><td>2,10</td><td></td><td></td><td></td><td></td></tr>
<tr><td>10</td><td>1,27</td><td>3,30</td><td>1,50</td><td>31</td><td>3,50</td><td></td><td></td><td></td><td></td></tr>
<tr><td>20</td><td>0,96</td><td>2,55</td><td>2,25</td><td>46</td><td>5.—</td><td>11,50</td><td rowspan="3">5</td><td>18.—</td><td>8</td></tr>
<tr><td>30</td><td>0,78</td><td>2,05</td><td>2,75</td><td>57</td><td>6,50</td><td>13.—</td><td>20.—</td><td>8</td></tr>
<tr><td>40</td><td>0,65</td><td>1,70</td><td>3,10</td><td>64</td><td>8.—</td><td>14,50</td><td>22.—</td><td>7</td></tr>

<tr><td rowspan="5">16</td><td>5</td><td>1,35</td><td>3,50</td><td>-.80</td><td>18</td><td>2,10</td><td rowspan="5">3</td><td></td><td></td><td></td><td></td></tr>
<tr><td>10</td><td>1,16</td><td>3.—</td><td>1,30</td><td>30</td><td>3,50</td><td></td><td></td><td></td><td></td></tr>
<tr><td>20</td><td>0,90</td><td>2,35</td><td>1,95</td><td>45</td><td>5.—</td><td>11,50</td><td rowspan="3">5—6</td><td>18.—</td><td>10</td></tr>
<tr><td>30</td><td>0,74</td><td>1,90</td><td>2,40</td><td>55</td><td>6,50</td><td>13.—</td><td>20.—</td><td>9</td></tr>
<tr><td>40</td><td>0,62</td><td>1,60</td><td>2,70</td><td>62</td><td>8.—</td><td>14,50</td><td>22.—</td><td>8</td></tr>

<tr><td rowspan="5">17</td><td>5</td><td>1,19</td><td>3,10</td><td>-.55</td><td>15</td><td>2,10</td><td rowspan="5">3—4</td><td></td><td></td><td></td><td></td></tr>
<tr><td>10</td><td>1,04</td><td>2,70</td><td>-.95</td><td>26</td><td>3,50</td><td></td><td></td><td></td><td></td></tr>
<tr><td>20</td><td>0,83</td><td>2,15</td><td>1,50</td><td>41</td><td>5.—</td><td>11,50</td><td>8</td><td>18.—</td><td>12</td></tr>
<tr><td>30</td><td>0,68</td><td>1,75</td><td>1,90</td><td>52</td><td>6,50</td><td>13.—</td><td>7</td><td>20.—</td><td>11</td></tr>
<tr><td>40</td><td>0,58</td><td>1,50</td><td>2,15</td><td>58</td><td>8.—</td><td>14,50</td><td>7</td><td>22.—</td><td>10</td></tr>
</tbody>
</table>

Gipskartonplatten

Wie der Name schon sagt, bestehen diese weit verbreiteten Innenausbauplatten aus einem Kern aus Gips, der beidseitig mit einem fest haftenden Spezialkarton abgedeckt ist. Die Standardbreite beträgt 125 cm, die Länge 200 bis 325 cm. Die Normaldicken sind 9,5 und 12,5 mm. Darüber hinaus gibt es noch 15 und 18 mm dicke Platten. Es werden verschiedene Ausführungsarten unterschieden:

— Normale Gipskartonplatten für Wand- und Dekkenverkleidungen. Sie werden auf der Unterkonstruktion oder mit Haftmörtel angesetzt und dienen als Verkleidungen von Leichtwänden sowie als Trägerplatten für wärmedämmende Verbundplatten. Sie sind nicht brennbar nach der Baustoffklasse A 2. Nach Ausführung eines speziellen Grundanstriches können Gipskartonplatten gestrichen, tapeziert oder mit Fliesen belegt werden.

— Imprägnierte Gipskartonplatten für die vorgenannten Einsatzgebiete, jedoch speziell auch für Feuchträume geeignet.

— Gipskarton-Feuerschutzplatten (GKF) mit einem besonders verfestigten Gipskern unter Einlage von Glasseidengewebe.

— Gipskarton-Loch- und Schlitzplatten für Wand- und Deckenbekleidungen werden auf Unterkonstruktionen für akustische und dekorative Aufgaben aufgebracht.

— Gipskartonplatten mit dekorativen Beschichtungen, wie z.B. PVC-Folien, als Fertigelemente. Maler- bzw. Tapezierarbeiten entfallen. Die Plattenstöße werden als Sichtfugen ausgebildet.

Befestigungsmittel für Gipskartonplatten

Leichte Gegenstände, wie Bilder o.ä., können mit sogenannten X-Haken befestigt werden (Abb. 28/1). Für schwere, ruhende Lasten werden Spezialdübel gebraucht, die den gesamten Querschnitt der Gipskartonplatte beanspruchen (Abb. 28/2 + 3). Schwere Gegenstände, bei denen zur Hängelast, wie z.B. bei Handwaschbecken, auch noch eine durch den Hebelarm bedingte starke Zugbelastung auftritt, müssen durch die Gipskartonplatten hindurch im Mauerwerk verankert werden.

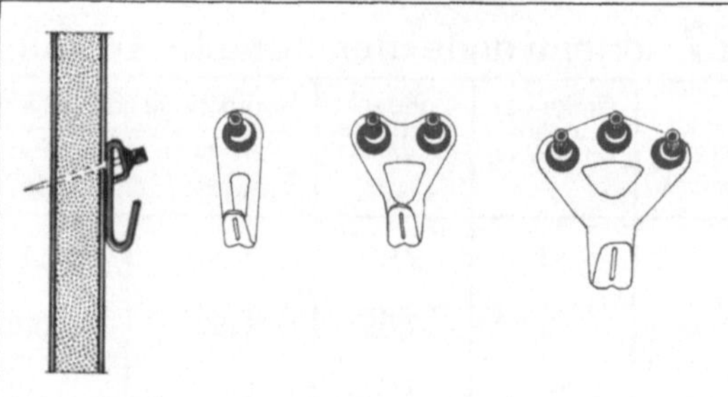

1 X-Haken für leichte Gegenstände, z.B. Bilder
5 – 15kg Tragfähigkeit

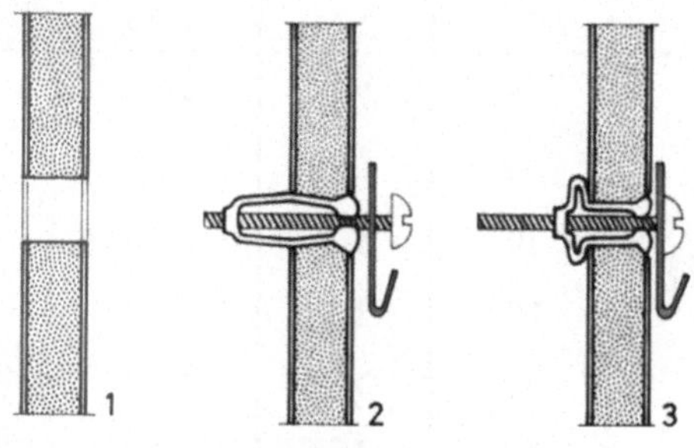

2 Upat-Kralle für Konsolen und Regale
bis zu 30 kg Tragfähigkeit

1 Loch bohren nach Angabe

2 Schraube M 4-6 mit Dübel einsetzen

3 Schraube fest anziehen

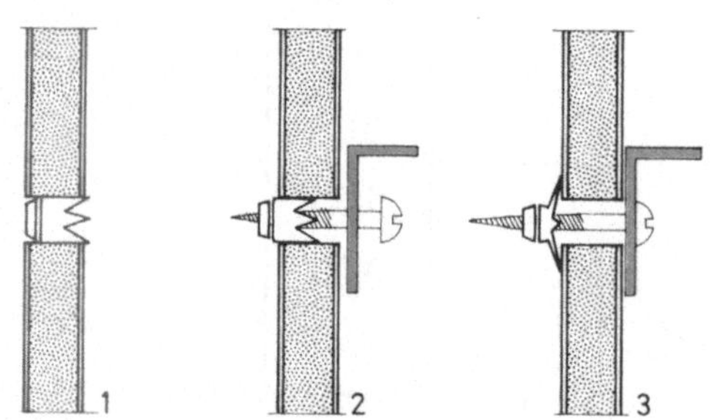

3 Fischer-Anker für Konsolen und Regale
bis zu 50 kg Tragfähigkeit

1 Anker in das Bohrloch einsetzen

2 Holzschraube ⌀ 3-5 mm eindrehen

3 Anker durchschieben, Schraube fest anziehen

28 Befestigungsmittel für Gipskartonplatten

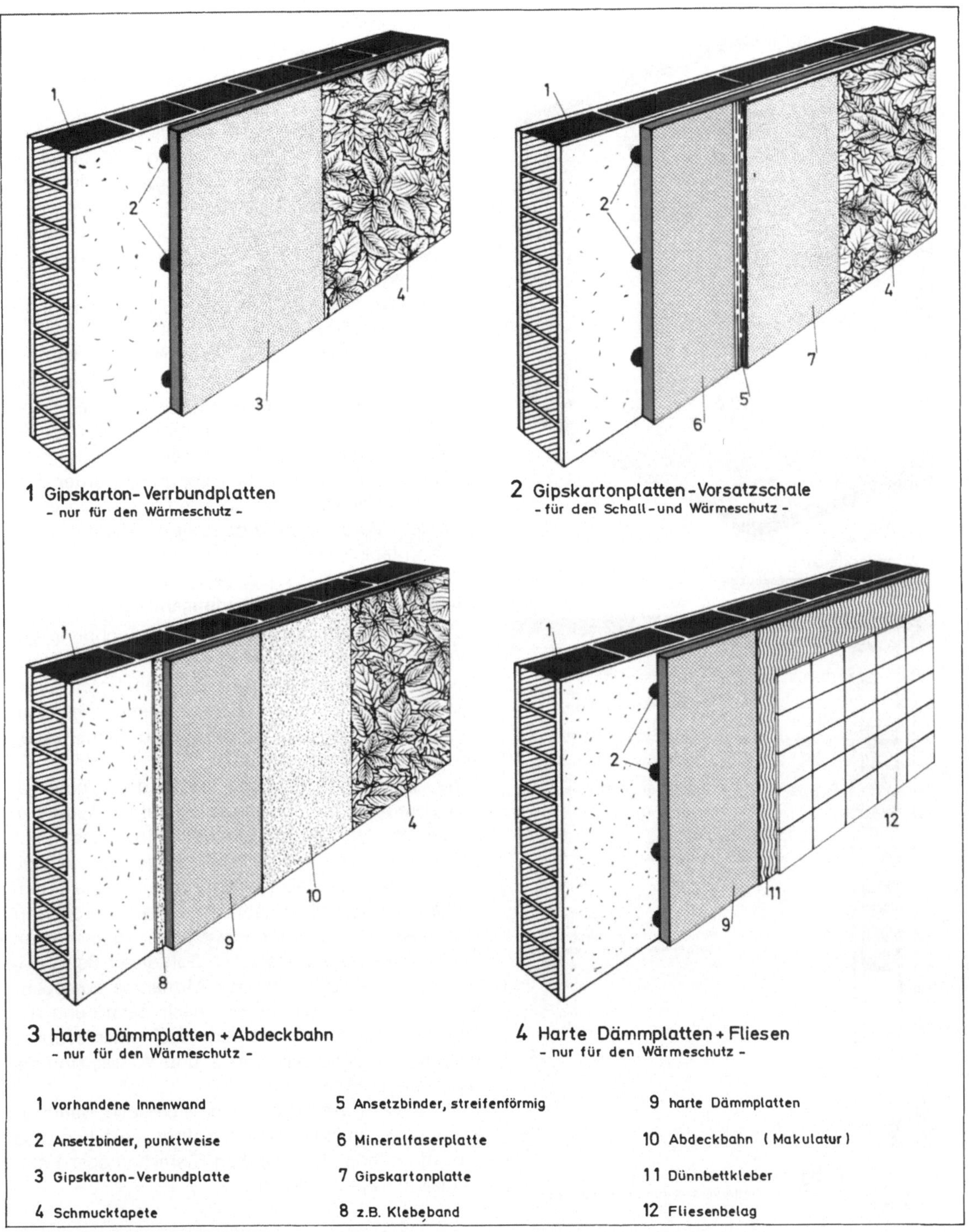

29 Wandverkleidungen zur Verbesserung des Wärmeschutzes (für Tapeten und Fliesen)

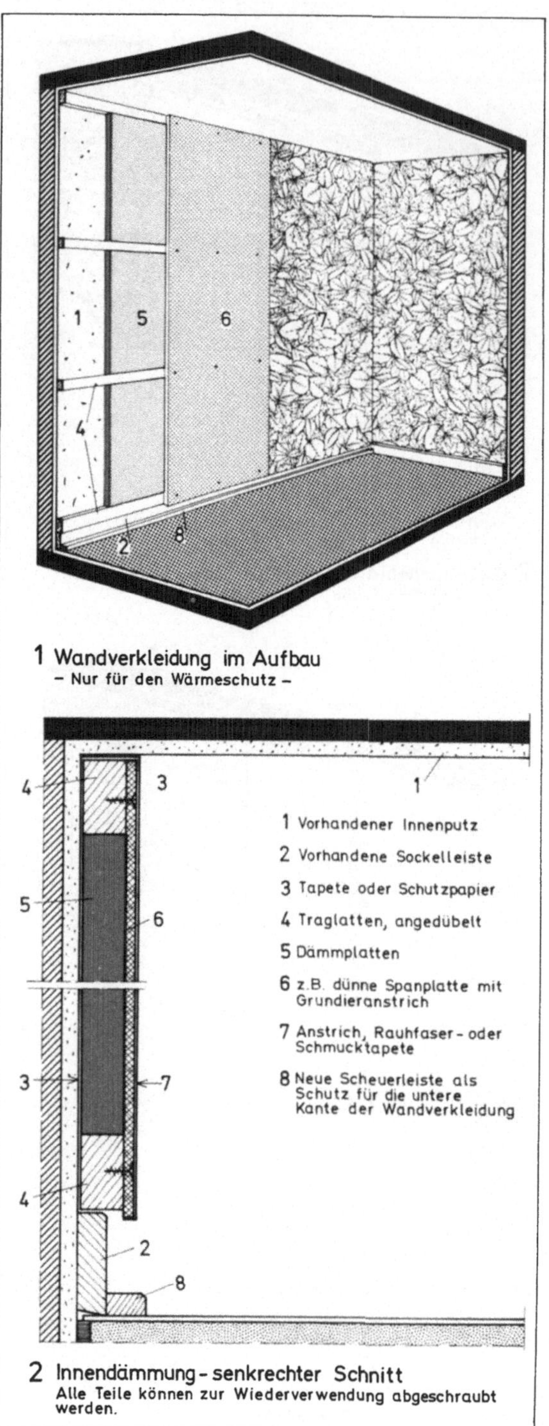

1 Wandverkleidung im Aufbau

2 Innendämmung – senkrechter Schnitt

30 Demontierbare Wandverkleidung

Demontierbare Wandverkleidung (Abb. 30)

Die demontierbare Wandverkleidung für Tapeten oder Anstriche und eine Wärmedämmung hat folgenden Aufbau:

– Die vorhandene Tapete kann bleiben. Gegebenenfalls ist sie mit einem Schutzpapier abzudekken, selbst wenn es nur Zeitungspapier ist. Hierfür wird ein wässeriger Kleister verwendet.
– Darauf ist mit Dübelschrauben ein Lattenrost als Unterkonstruktion anzubringen und auszurichten.
– Die zwischen den Latten verbleibenden Felder sind mit Dämmplatten auszufüllen.
– Als Verkleidung sind ausreichend dicke und wasserfest verleimte Spanplatten aufzuschrauben. Selbstverständlich geht es auch mit Gipskartonplatten. Spanplatten dürften aber für die Wiederabnahme praktischer sein.
– Nach dem Ausspachteln der Fugen unter Einbettung eines Fugendeckstreifens ist ein geeigneter Voranstrich aufzutragen. Hierauf kann dann tapeziert oder gestrichen werden.

Abnehmbare Plattenverkleidungen (Abb. 31)

Mitunter besteht auch in einer Mietwohnung der Wunsch, keramische oder mauerwerksähnliche Beläge zur Raumgestaltung anzubringen. Sofern diese vom Hausbesitzer nicht übernommen werden, sollte man diese teuren Verkleidungen beim Auszug wieder mitnehmen können.

Eine solche Möglichkeit bietet das Collistrip-Verfahren der Fa. Polychemie GmbH, Augsburg. Dabei werden die Platten oder Riemchen nicht mehr direkt auf den Untergrund geklebt. Mit einem Dispersionskleber wird zunächst eine 3 mm dicke Isoliertapete aufgebracht. Darauf werden mit dem gleichen Kleber die Fliesen oder Riemchen im Dünnbettverfahren angesetzt. Soll dieser Belag einmal ausgewechselt oder zur Mitnahme ausgebaut werden, können die Fliesen nach Zerstörung der Isoliertapete entfernt werden. Nach einer Grobreinigung mit Spachtel, Bürste und Wasser sind sie dann wieder verwendbar.

Nach diesem Verfahren lassen sich auch Wandverkleidungen in Mauerwerkstruktur ausführen, so z.B. mit dünnen keramischen Riemchen oder Kalksandstein-Tapetensteinen.

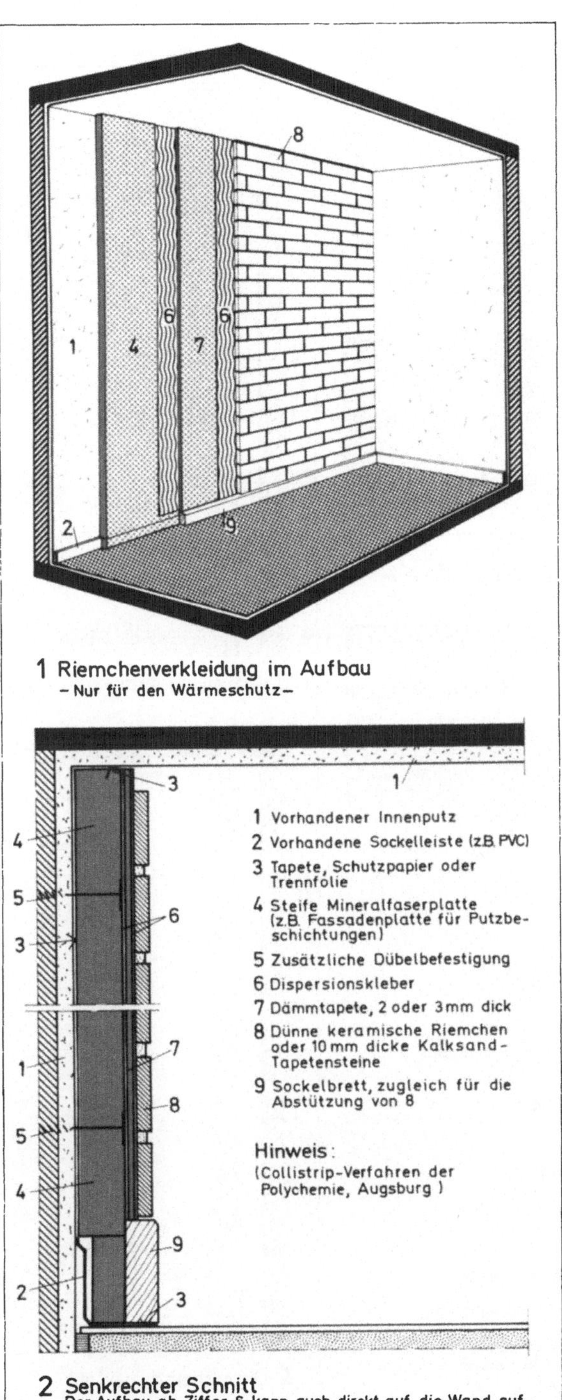

1 Riemchenverkleidung im Aufbau
– Nur für den Wärmeschutz –

1 Vorhandener Innenputz

2 Vorhandene Sockelleiste (z.B. PVC)

3 Tapete, Schutzpapier oder Trennfolie

4 Steife Mineralfaserplatte (z.B. Fassadenplatte für Putzbeschichtungen)

5 Zusätzliche Dübelbefestigung

6 Dispersionskleber

7 Dämmtapete, 2 oder 3 mm dick

8 Dünne keramische Riemchen oder 10 mm dicke Kalksand-Tapetensteine

9 Sockelbrett, zugleich für die Abstützung von 8

Hinweis:
(Collistrip-Verfahren der Polychemie, Augsburg)

2 Senkrechter Schnitt
Der Aufbau ab Ziffer 6 kann auch direkt auf die Wand aufgebracht werden.

31 Wiederverwendbarer Riemchenbelag

Holzverkleidungen

Holzverkleidungen können sehr viel zu einem behaglichen Wohnklima beitragen. Aufgrund seiner geringen Wärmeleitfähigkeit ist Holz gleichzeitig ein recht brauchbarer Dämmstoff. Eine 14 mm dicke Verkleidung aus Nadelholz besitzt einen Dämmwert, der mit einer 4 mm dicken Dämmtapete vergleichbar ist.

Das Angebot an Verkleidungen aus Naturholz oder Holzwerkstoffen ist sehr umfangreich. Die Holzhandlungen bzw. Baumärkte halten auch die für den Aufbau von Holzverkleidungen erforderlichen Unterkonstruktionen, Deckleisten usw. bereit. Für die unsichtbare Befestigung von Profilbrettern gibt es besondere Befestigungsmittel (z.B. Vilin-Haken), die mit einfach zu handhabenden Nagelgeräten gesetzt werden.

Als Untergrund für den Aufbau von Holzverkleidungen sind verputzte Wände sehr vorteilhaft. Der Putz hat dabei die Aufgabe, das Mauerwerksgefüge dicht abzuschließen. Darüber hinaus hat er für einen langsamen Feuchtigkeitsaustausch zwischen Wand und Raumluft zu sorgen. Die im Wohnungsbau üblichen Innenputze können nämlich vermehrt anfallende Feuchtigkeit binden und bei trockenen Perioden wieder langsam abgeben. Aus diesem Grund ist bei Holzverkleidungen eine gewisse Hinterlüftung zweckmäßig.

Mit selbsttragenden Wandverkleidungen können auch Risse in der Wand sowie freiliegende Installationsleitungen überbrückt werden.

Hinter der Holzverkleidung eingebaute Dämmschichten sind erforderlichenfalls durch eine Dampfsperre oder Dampfbremse abzudecken, z.B. in Naßräumen. Ebenso sollte in derartigen Räumen, aber auch auf Außenwänden, die Unterkonstruktion sowie die Rückseite der Verkleidungen mit einem geruchlosen Imprägniermittel behandelt werden.

Bei der Verkleidung von Schornsteinen sind die vorgeschriebenen Sicherheitsabstände einzuhalten. Darüber hinaus empfiehlt sich ein zusätzlicher Brandschutz, z.B. das Einlegen von Asbestplatten hinter der Holzverkleidung.

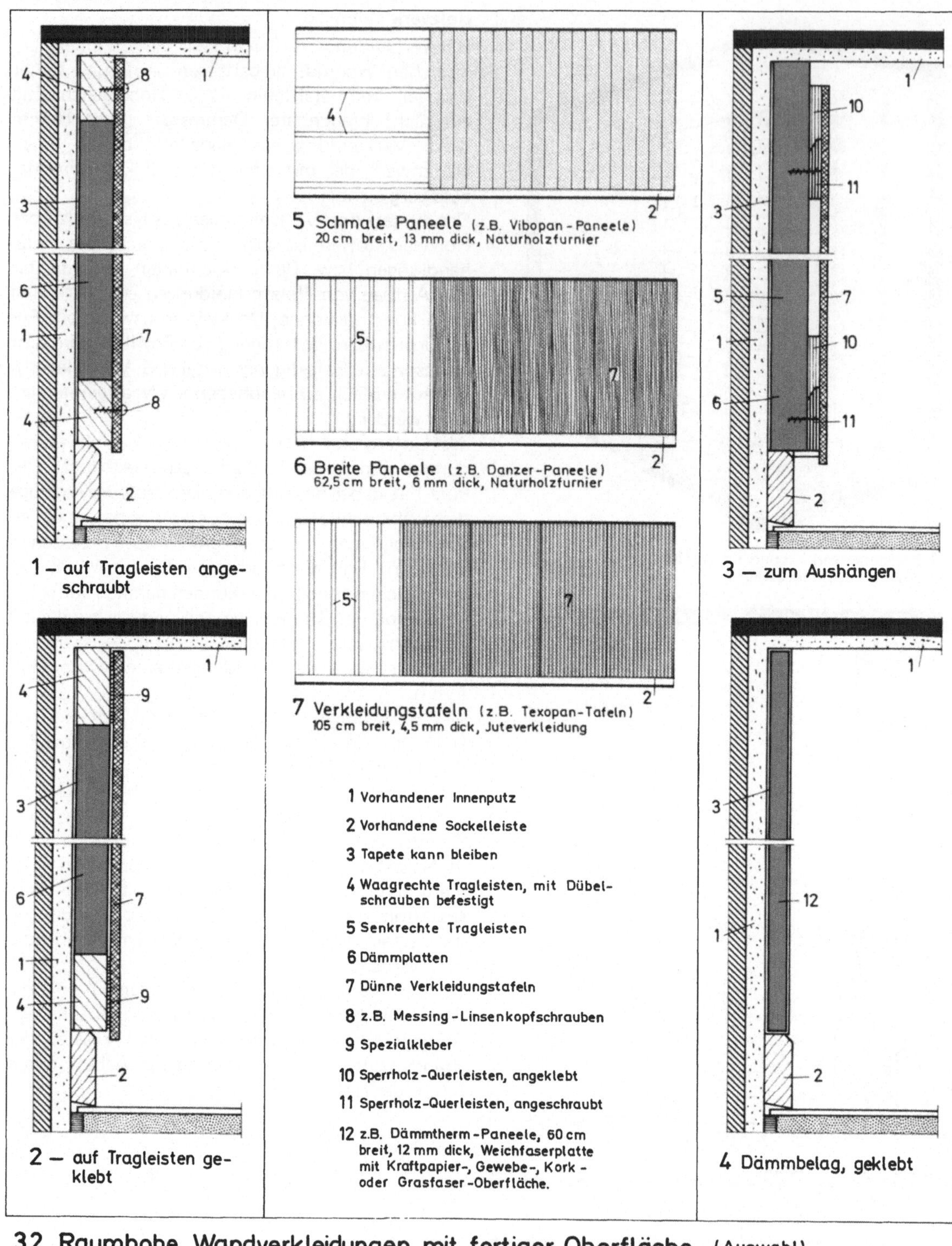

32 Raumhohe Wandverkleidungen mit fertiger Oberfläche (Auswahl)

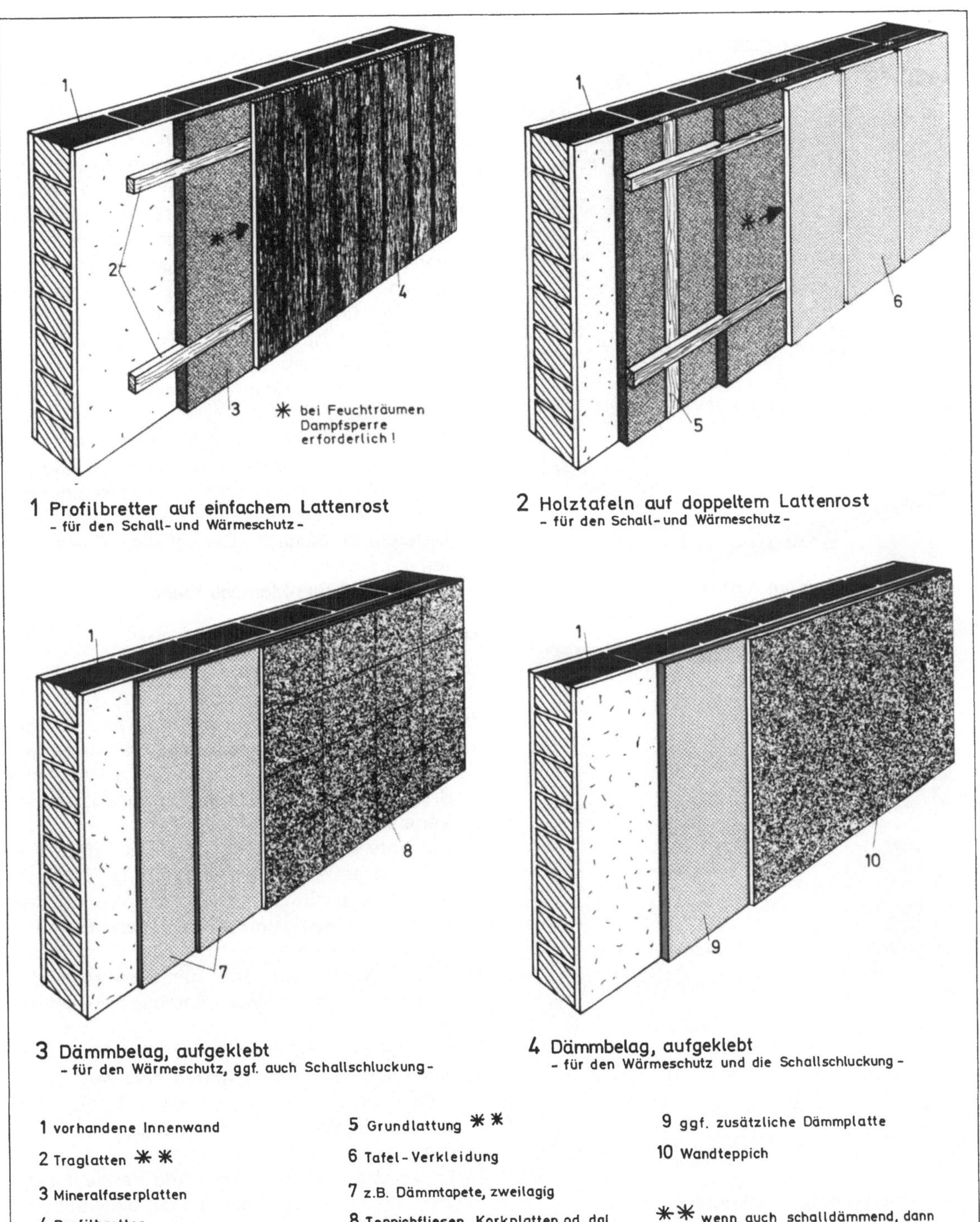

1 Profilbretter auf einfachem Lattenrost
– für den Schall- und Wärmeschutz –

2 Holztafeln auf doppeltem Lattenrost
– für den Schall- und Wärmeschutz –

3 Dämmbelag, aufgeklebt
– für den Wärmeschutz, ggf. auch Schallschluckung –

4 Dämmbelag, aufgeklebt
– für den Wärmeschutz und die Schallschluckung –

1 vorhandene Innenwand	5 Grundlattung ✳✳	9 ggf. zusätzliche Dämmplatte
2 Traglatten ✳✳	6 Tafel-Verkleidung	10 Wandteppich
3 Mineralfaserplatten	7 z.B. Dämmtapete, zweilagig	
4 Profilbretter	8 Teppichfliesen, Korkplatten od. dgl.	✳✳ wenn auch schalldämmend, dann Anforderungen beachten!

33 Wandverkleidungen zur Verbesserung des Wärme – und Schallschutzes

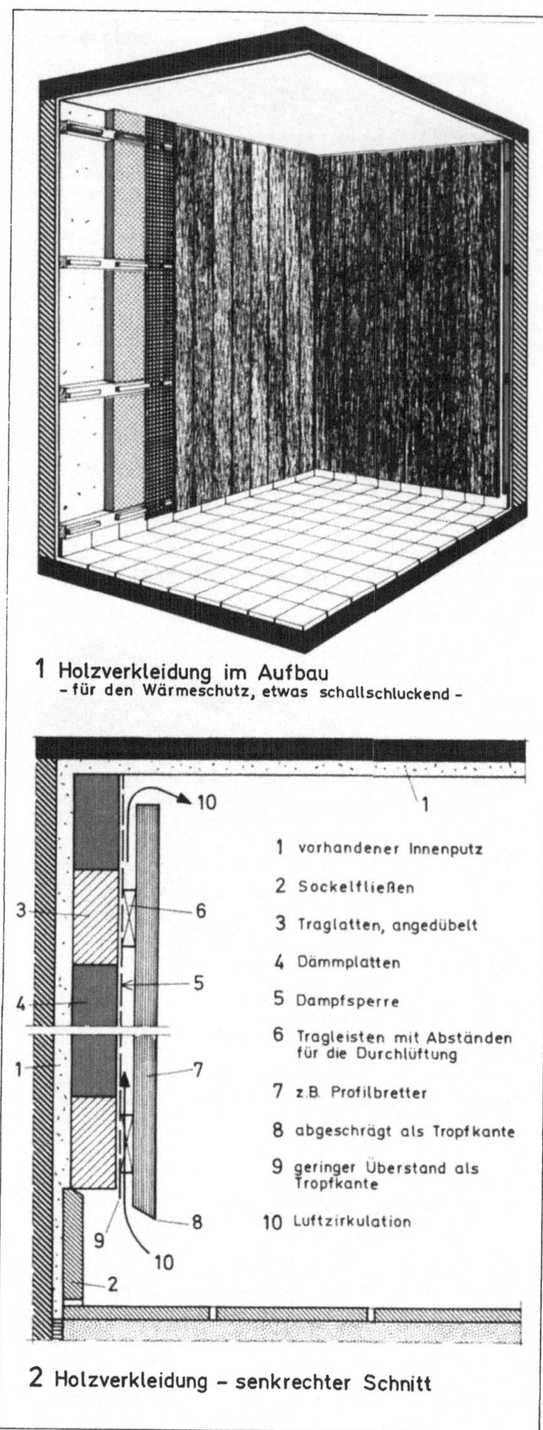

1 Holzverkleidung im Aufbau
– für den Wärmeschutz, etwas schallschluckend –

2 Holzverkleidung – senkrechter Schnitt

34 Holzverkleidung im Bad

Klebeverbindungen für Holzverkleidungen

Bekannt sind zwei Verfahren:

– Auf der Rückseite der Verkleidungselemente werden im Abstand von 50 bis 60 cm kleine Schaumstoffstreifen angeklebt. Auf der Wand oder Unterkonstruktion wird genau gegenüberliegend Klebstoff aufgetragen. Darauf werden die Verkleidungselemente befestigt. Die Klebebänder nehmen die Spannungen der verschiedenen Materialien sowie Schwingungen und Vibrationen auf. Bei Verkleidungen für die eine geringe Hinterlüftung erforderlich ist, wirken die Schaumstoffstreifen als Abstandhalter. Selbstverständlich sind die präzisen Verarbeitungsrichtlinien exakt einzuhalten (Bostik-Pad-Verfahren).

– Außerdem gibt es spezielle Einkomponenten-Klebstoffe mit hoher Anfangshaftung und außergewöhnlicher Klebekraft. Damit ist eine Verklebung von Verkleidungen aller Art auf jedem Untergrund möglich. Geringfügige Unebenheiten im Untergrund werden dabei ausgeglichen (z.B. Ceresit-Bau-Montage-Kleber).

Holzverkleidungen im Bad (Abb. 34)

Bei Holzverkleidungen in Feuchträumen, z.B. im Bad, ist auf folgende Regeln zu achten:

► Nur geeignete Hölzer verwenden, wie z.B. Fichte, Tanne, Lärche, Oregon Pine und einige weitere fremdländische Hölzer. Ungeeignet sind Brasilkiefer und Furnierplatten ohne kochfeste Verleimung.

► Die Unterkonstruktion muß so beschaffen sein, daß eine ausreichende Durchlüftung in 2 Richtungen möglich ist. Unterkonstruktionen aus Holz sind allseitig mit einem Holzschutzmittel zu behandeln.

► Die Verkleidungen sind mit nicht-rostenden Klammern, Nägeln oder Schrauben zu befestigen.

► Die Holzoberflächen sind mit nicht-filmbildenden Imprägnierlasuren (farbig oder farblos) zu behandeln. Damit soll vor allem die Feuchtespeicherfähigkeit der Verkleidung erhalten bleiben.

Unter Beachtung dieser Regeln sind Verkleidungen im Bad auch nach der Methode der abnehmbaren Verkleidungen möglich.

Abnehmbare Wandverkleidungen (Abb. 35)

Wegen einer vorsorglich vorgesehenen Demontage sollte die Unterkonstruktion nur mit Dübeln und Schrauben befestigt werden. Dabei ist es möglich, die vorhandene Tapete zu belassen. Sie kann dabei sogar die erwünschte Funktion einer Trennschicht übernehmen. Die Dübellöcher können nach der Demontage wieder zugespachtelt und ggf. übertapeziert werden.

Aushängbare Verkleidungen sind für Schallschutzzwecke nur bedingt geeignet, da es kaum möglich ist, die hierzu notwendige Randdämmung herzustellen.

Aufsteckbare Verkleidungen haben sich in der Praxis bewährt. Damit die beiden Teile des Druckknopfes fest sitzen, sind ausreichende Materialdikken erforderlich. Die Druckknopfteile sollten mindestens 15 mm tief eingreifen. Derartige Verkleidungen haben den Vorteil, daß sie gerade aufgesteckt werden können. Bei aushängbaren Verkleidungen muß dagegen oben ein Spalt von mindestens 2 cm belassen werden.

Weitere Einzelheiten sind der nebenstehenden Abbildung zu entnehmen. Dazu die nachfolgende Erläuterung der Hinweiszeichen:

1 Vorhandener Innenputz, die Tapete kann bleiben
2 Vorhandene Sockelleiste
3 Traglatten als Unterkonstruktion
4 Hartschaum-Dämmplatten für den Wärmeschutz bzw. Mineralfaserplatten für den Wärme- und Schallschutz
5 Dünne Verkleidungstafel
6 Z-Profil aus Stahl oder Leichtmetall
7 Ausreichender Abstand zum Einhängen
8 z.B. beschichtete Spanplatte, mindestens 19 mm dick
9 z.B. Upat-Druckknopf

1 Wandverkleidung im Aufbau
– für den Wärme-und ggf. Schallschutz –

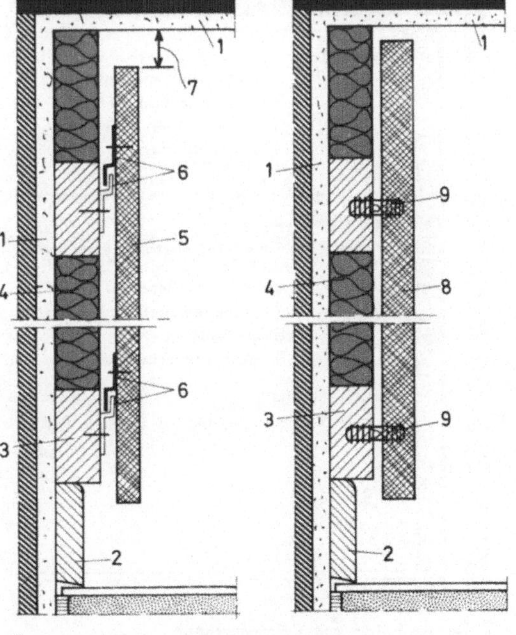

2 Aufhängevorrichtung (2 Beispiele)
wenn auch schalldämmend, dann Anforderungen beachten

35 Abnehmbare Verkleidungen

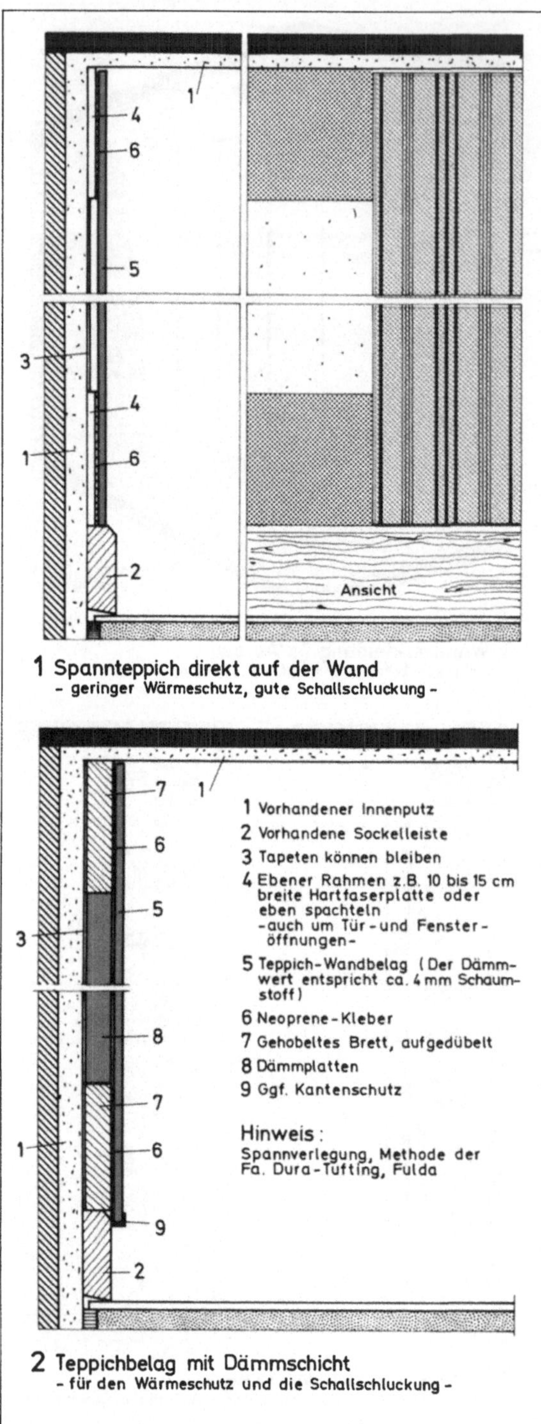

1 Spannteppich direkt auf der Wand
– geringer Wärmeschutz, gute Schallschluckung –

2 Teppichbelag mit Dämmschicht
– für den Wärmeschutz und die Schallschluckung –

36 Teppich-Wandbelag (aufgespannt)

Teppich-Wandbelag (Abb. 36)

Spezielle vollsynthetische Wandteppiche in 3,5 und 4,5 mm Dicke können direkt auf die Wand geklebt werden. Vorteilhafter ist jedoch eine Spannverlegung. Dabei ergibt sich eine gute Schallschluckung bei den mittleren und hohen Tönen. Bei einer Spannverlegung sind keinerlei Untergrundvorbereitungen erforderlich, auch wenn die Wände uneben sind. Lediglich die Begrenzungsflächen für die Verklebung der Teppichränder müssen egalisiert werden.

Der Wärmedämmwert der schwer entflammbaren Teppichbeläge ist gegenüber Dämmstoffen gleicher Dicke etwas geringer.

Leinen-Wandbekleidungen (Abb. 37)

Leinen ist eine besonders saugfähige Naturfaser. Sie kann Feuchtigkeit aufnehmen und auch wieder abgeben, ohne Schaden zu erleiden. Leinen-Wandbekleidungen gibt es auch in schwer entflammbarer Ausführung sowie mit einem zusätzlichen Fleckschutz. Leinen-Wandbekleidungen zum Kleben sind auf ihrer Rückseite beschichtet oder mit einem Trägerstoff kaschiert.

Vorteilhafter dürfte jedoch eine Spannverlegung sein, besonders wenn man an die Mitnahme beim Auszug aus der Wohnung denkt. Dabei sind auf gestrichenen oder tapezierten Wänden keinerlei Vorarbeiten erforderlich. Die gute Schallschluckung, die der dicht gewebte und mit geringem Abstand aufgespannte Stoff erbringt, kann noch gesteigert werden, wenn man den Hohlraum mit Schallschluckmaterialien ausfüllt.

Abnehmbare textile Wandbekleidung (Abb. 38)

Unter der Bezeichnung „Cover Aplix" werden Dekorationsstoffe in zahlreichen Mustern angeboten. Sie sind auf eine weiche Schaumstoffbahn (Molton) von etwa 4 mm Dicke aufkaschiert.

Zur Befestigung der Bahnen werden Haftleisten, die mit Lippenprofilen zum Einschieben der Stoffränder ausgestattet sind und zahlreiche feinste Hafthäkchen aufweisen, auf die Wand geklebt oder geheftet. Die Verkleidung haftet durch einfachen Druck auf diesen Haftleisten. Sie kann leicht abgenommen und wieder angebracht werden. Die offenzellige Schaumstoffunterlage ermöglicht eine gute Schallschluckung.

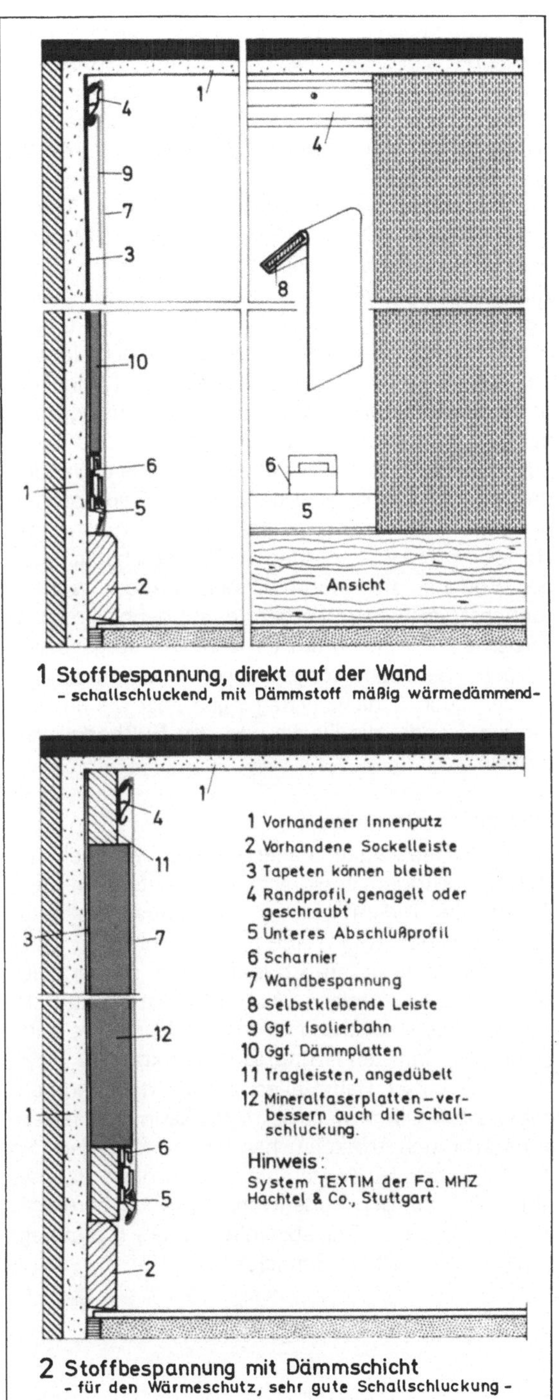

1 Stoffbespannung, direkt auf der Wand
- schallschluckend, mit Dämmstoff mäßig wärmedämmend-

1 Stoffbekleidung direkt auf der Wand
- geringer Wärmeschutz, gute Schallschluckung -

1 Vorhandener Innenputz
2 Vorhandene Sockelleiste
3 Tapeten können bleiben
4 Randprofil, genagelt oder geschraubt
5 Unteres Abschlußprofil
6 Scharnier
7 Wandbespannung
8 Selbstklebende Leiste
9 Ggf. Isolierbahn
10 Ggf. Dämmplatten
11 Tragleisten, angedübelt
12 Mineralfaserplatten — verbessern auch die Schallschluckung.

Hinweis:
System TEXTIM der Fa. MHZ Hachtel & Co., Stuttgart

1 Vorhandener Innenputz
2 Vorhandene Sockelleiste
3 Tapeten können bleiben
4 Haftleiste aus Hart-PVC
   a) angeheftet, Tapete kann bleiben
   b) angeklebt, Tapete in diesem Bereich entfernen
5 Zahlreiche kleinste Hafthäkchen
6 Stoffbahn auf 4 mm Weich-Schaumstoff
7 Der Stoffrand wird in das Profil eingeschoben
8 Tragleisten, aufgedübelt
9 Dämmplatten

Hinweis:
Wandbekleidung „Cover Aplix", Fa. Volland, Heidelberg.

2 Stoffbespannung mit Dämmschicht
- für den Wärmeschutz, sehr gute Schallschluckung -

2 Stoffbekleidung mit Dämmschicht
- für den Wärmeschutz und die Schallschluckung -

37 Textile Wandbespannung

38 Abnehmbare textile Wandbekleidung

Nachträglich eingezogene Trennwände

Zum Einbau fester Trennwände ist die Zustimmung des Hauseigentümers erforderlich. Es hängt von ihm ab, ob derartige Wände nach dem Auszug verbleiben können oder aber herausgenommen werden müssen. Vorteilhafter sind Systeme, die als nicht fest eingebaut gelten. Sie gehen deshalb auch nicht in den Besitz des Hauseigentümers über. Man unterscheidet
— bedingt umsetzbare Trennwände. Bei der Demontage muß man Materialverluste und Nebenarbeiten in Kauf nehmen;
— umsetzbare Zwischenwände. Dies sind vorgefertigte Elemente, die sich ohne großen Aufwand demontieren lassen;
— bewegliche Trennwände für die ständige oder vorübergehende Aufteilung von Räumen, wie z.B. Falt- oder Harmonikatüren, Schrankwände.

Zwischenwände in Leichtbauweise

Leichte Trennwände haben keine statische Funktion. Ihre Oberflächen können deshalb aus dünnen Schalen bestehen, sollen aber ausreichend biege-, zug- und stoßfest ausgebildet sein. Nachträglich eingezogene leichte Trennwände können im allgemeinen auf jede vorhandene Decke gestellt werden. Bei Dachgeschoßausbauten werden an die Feuerwiderstandsdauer leichter Trennwände bestimmte Anforderungen gestellt.

Umsetzbare Trennwände gibt es serienmäßig. Dabei können auch Elemente mit Durchgangstüren und Innenfenstern enthalten sein. Spezialisten liefern diese Wände und bauen sie auch ein. Sie haben allerdings ihren Preis.

Für die einfache Raumunterteilung genügen indessen schon großflächige, etwa 40 mm starke Span- oder Tischlerplatten; sie brauchen lediglich am Boden und an der Decke mit Begrenzungsleisten gehalten zu werden.

Zweischalige Trennwände werden meist aus Gründen des Schallschutzes ausgeführt. Sie bestehen aus Ständern (Holzrahmen, Leichtmetallstützen), die auf beiden Seiten bekleidet sind. Der Hohlraum ist mit Mineralfasermatten oder -platten ausgefüllt.

Bei Einfachwänden, bei denen die Ständer direkt verkleidet sind, kann ein Schalldämm-Maß von 37 bis 50 dB erreicht werden. Werden dagegen zwei gegeneinander versetzte Ständerreihen ausgeführt, betragen die erzielbaren Schalldämm-Maße 45 bis höchstens 55 dB.

Zur Verkleidung nachträglich eingezogener Trennwände eignen sich die unterschiedlichsten Materialien, wie z.B. Spanplatten, Gipskartonplatten, Profilbretter, Platten aus Holzwerkstoffen oder Asbestzement meist mit fertigen Oberflächen.

Für Trennwände, bei denen feststeht, daß sie wieder ausgebaut werden müssen, empfiehlt sich ein umlaufender Grundrahmen. Eine Ausführungsmöglichkeit ist in Abbildung 40 dargestellt. Dabei sind nur wenige Dübelbefestigungen an den Wänden und an der Decke erforderlich. Bei Raumbreiten bis etwa 4 m genügt der Reibungswiderstand der Hartgummi-Noppenplatten (17). Beschädigungen des Bodens, z.B. durch Dübelschrauben, sollten tunlichst vermieden werden, es sei denn, die beanspruchte Stelle kann auf einfache Art ausgebessert werden. Bei dem vorgeschlagenen Grundrahmen werden auch Schallübertragungen über die angrenzenden Wände, die Decke und den Fußboden vermieden.

Bewegliche Trennwände

Damit können Räume aller Art, den wechselnden Raumfunktionen entsprechend, abgeteilt werden. Damit die Bodenfläche des Normalraumes nicht durchschnitten wirkt, sind Konstruktionen vorteilhaft, die keine untere Bodenführung, sondern nur eine obere Laufschiene (Abb. 39) benötigen. Faltwände haben außerdem den Vorteil, daß sie auch einem gekrümmten Grundriß folgen können.

Mit Hilfe dieser Raumteiler, die selbst keinen nennenswerten Dämmwert besitzen, kann der Heizenergieverbrauch trotzdem herabgesetzt werden. So wird z.B. bei der Aufteilung eines großen Raumes (Abb. 41) zu der Außenwand hin eine beruhigte Zone geschaffen. Der abgeteilte innere Raum liegt dann im geschützten Bereich.

Schrankwände

Die gebräuchlichsten Schrankwände setzen sich aus serienmäßigen Einzelteilen zusammen. Durch Kombination von Grund- und Anbauelementen kann jedes Maß bis auf etwa 10 cm genau eingehalten werden. Zu ergänzen bzw. anzupassen sind lediglich die seitlichen und oberen Anschlüsse (Paßstücke, Blenden).

Der Einbau von Durchgangstüren und Durchreichen ist möglich.

Werden die Anschlußstellen durch Zwischenlage von Filz oder Papierstreifen abgedeckt, kann die Schrankwand wie jedes Möbelstück auch beim Auszug aus der Wohnung abgebaut und mitgenommen werden.

Neben der Raumtrennung ergibt sich ein wertvoller zusätzlicher Schrankraum, der sowohl von der einen als auch von der anderen Seite oder abwechselnd beidseitig genutzt werden kann.

Schrankwände haben darüber hinaus den Vorteil, daß sie bei einer Änderung oder Wiederaufstellung an einem anderen Ort auf mehrere Plätze aufgeteilt werden können.

Der mittlere Schalldämmwert wird für einen leeren Schrank mit etwa 40 dB, für einen mit Akten oder Büchern gefüllten Schrank mit 43 dB angegeben. Noch bessere Werte erreicht man, wenn die Schrankwände mit Kleidern und Wäsche möglichst vollständig gefüllt sind.

Mit zusätzlichen Verkleidungen an der Rückwand kann die Schalldämmung auf etwa 50 dB angehoben werden (Abb. 42).

Schrankwände können aber auch zur Verbesserung des Schallschutzes bei bestehenden Zwischenwänden eingesetzt werden. Das Beispiel Abbildung 42/1 zeigt eine Schrankwand im Schlafzimmer gegen einen daneben liegenden lauten Raum.

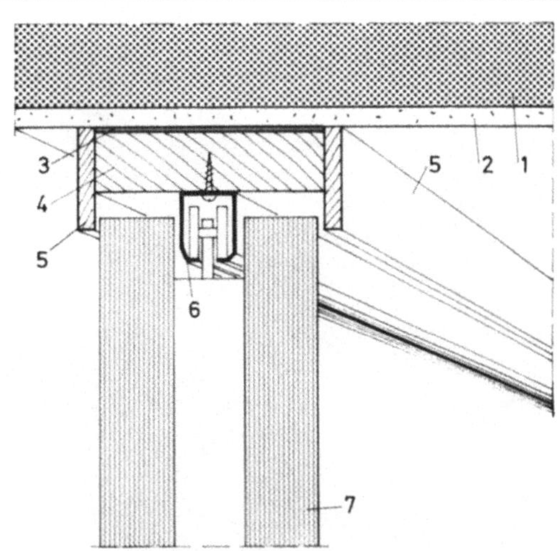

1 Unterkonstruktion für eine Faltwand

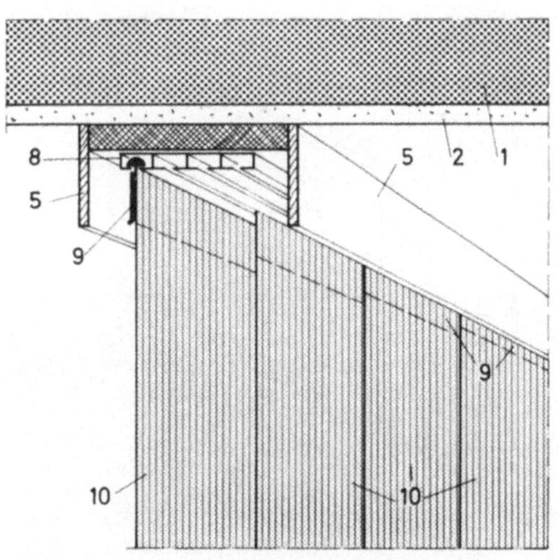

2 Vorhangleiste für Schiebe-Vorhänge

1 Stahlbetondecke	**6** Laufschiene
2 Deckenputz	**7** Faltwand (Schema)
3 Trennschicht z.B. Filzstreifen	**8** mehrläufige Vorhangschiene
4 Deckenbohle als Grundrahmen — mit Dübelschrauben befestigt	**9** Gleitschienen mit Haftbändern
5 Zierblenden	**10** gerade Stoffbahnen

39 Laufschienen an der Decke

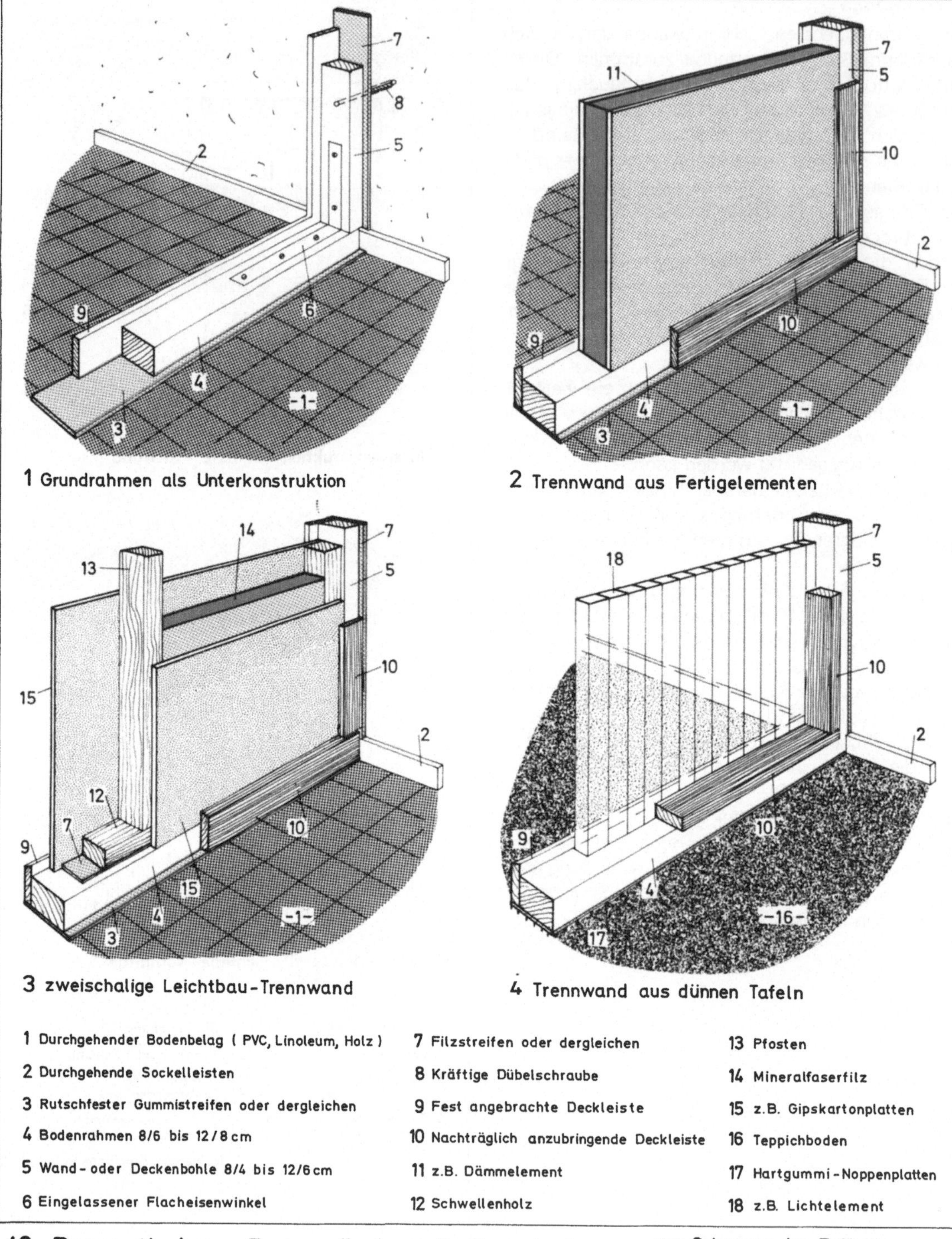

1 Grundrahmen als Unterkonstruktion

2 Trennwand aus Fertigelementen

3 zweischalige Leichtbau-Trennwand

4 Trennwand aus dünnen Tafeln

1 Durchgehender Bodenbelag (PVC, Linoleum, Holz)	**7** Filzstreifen oder dergleichen	**13** Pfosten
2 Durchgehende Sockelleisten	**8** Kräftige Dübelschraube	**14** Mineralfaserfilz
3 Rutschfester Gummistreifen oder dergleichen	**9** Fest angebrachte Deckleiste	**15** z.B. Gipskartonplatten
4 Bodenrahmen 8/6 bis 12/8 cm	**10** Nachträglich anzubringende Deckleiste	**16** Teppichboden
5 Wand- oder Deckenbohle 8/4 bis 12/6 cm	**11** z.B. Dämmelement	**17** Hartgummi-Noppenplatten
6 Eingelassener Flacheisenwinkel	**12** Schwellenholz	**18** z.B. Lichtelement

40 Demontierbare Trennwände mit Grundrahmen zur Schonung des Fußbodens, der Wände und der Decke

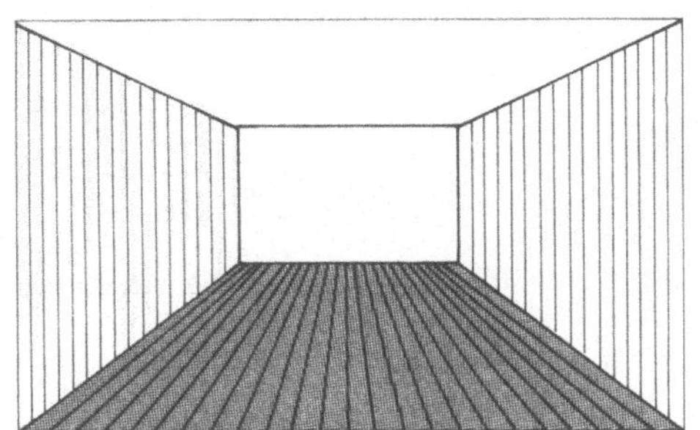

1 Der große lange Raum soll unterteilt werden
Welche Möglichkeiten gibt es ? →

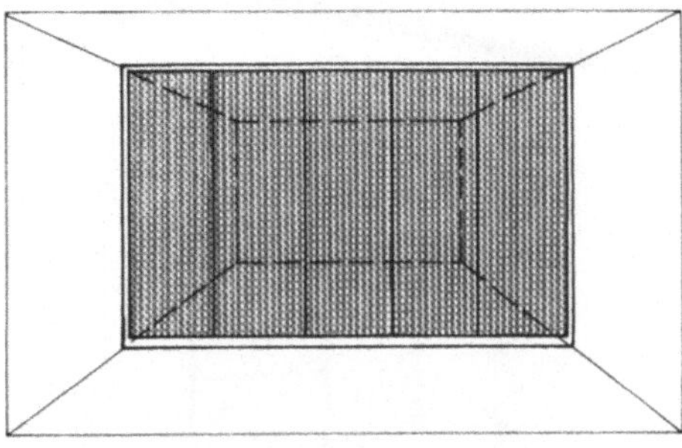

2 Geschlossene Trennwand mit Grundrahmen
Ausführung gemäß Abbildung 40/2+3 oder als
Lichtwand nach 40/4

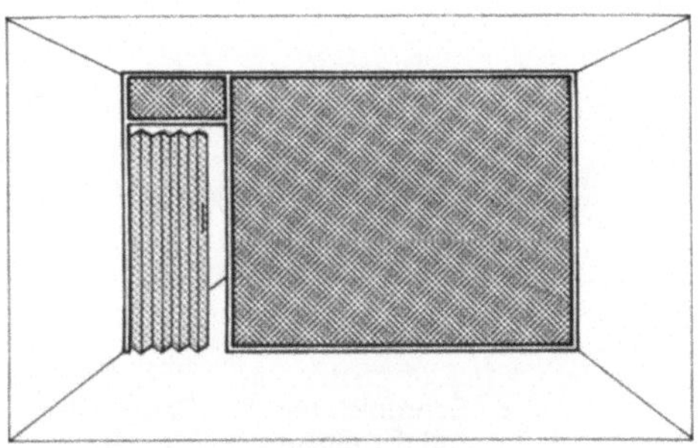

3 Trennwand mit Durchgang
Ausführung wie Abb. 2 mit leichter Falttür

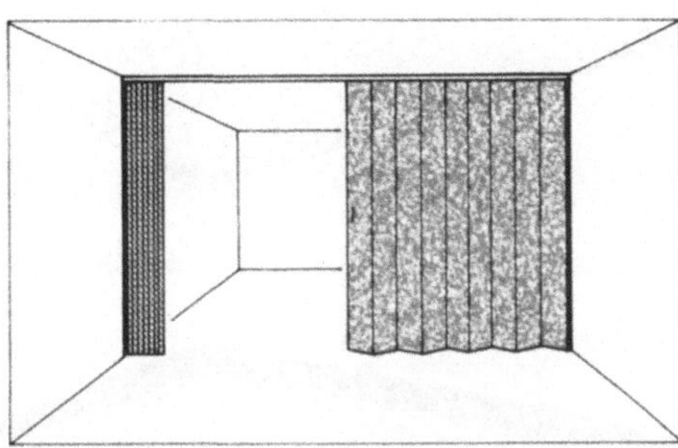

4 Faltwand als beweglicher Raumteiler
Mit Deckenführung – ohne Bodenschiene

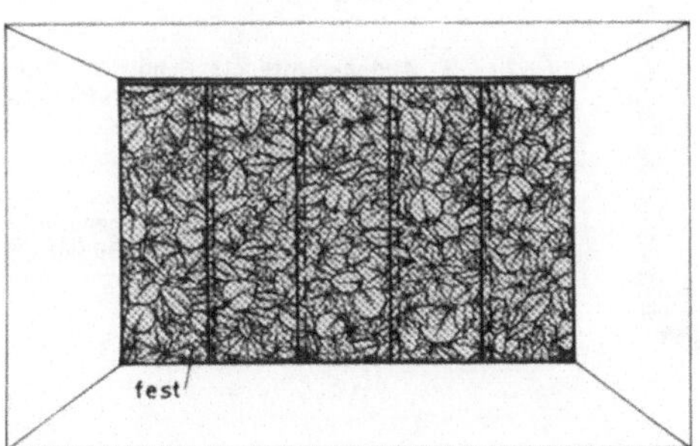

5 Schiebevorhang als leichter Raumteiler
Gerade Stoffbahnen an Gleitschienen in mehrläufiger
Vorhangleiste

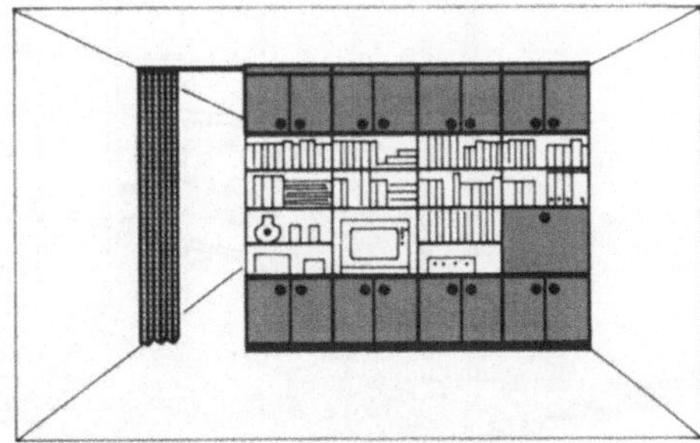

6 Schrankwand als Raumteiler
Durchgang z.B. mit schwerem Vorhang

41 Demontierbare Trennwände oder Raumteiler zur Unterteilung eines großen Raumes

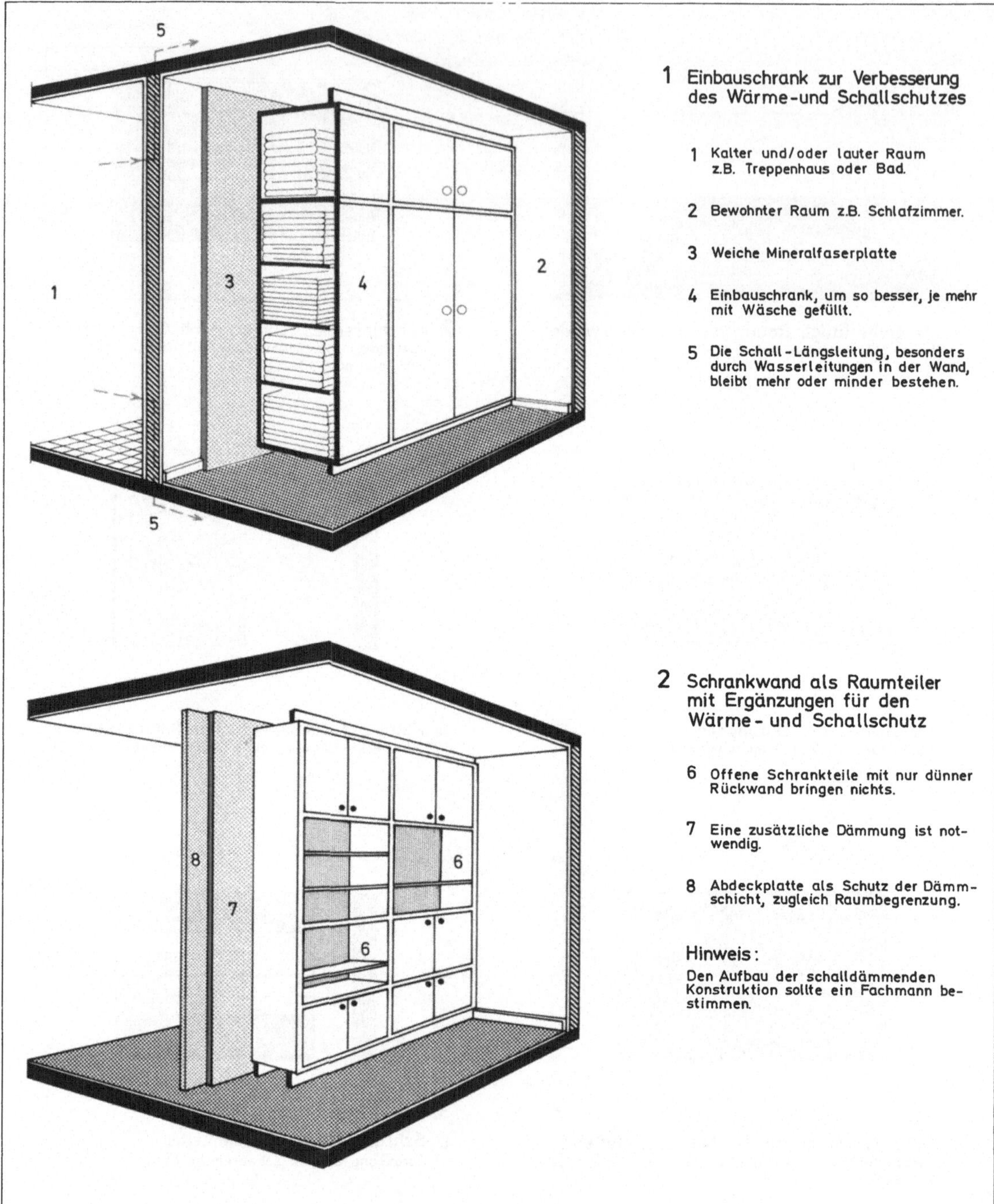

1 Einbauschrank zur Verbesserung des Wärme-und Schallschutzes

1 Kalter und/oder lauter Raum z.B. Treppenhaus oder Bad.

2 Bewohnter Raum z.B. Schlafzimmer.

3 Weiche Mineralfaserplatte

4 Einbauschrank, um so besser, je mehr mit Wäsche gefüllt.

5 Die Schall-Längsleitung, besonders durch Wasserleitungen in der Wand, bleibt mehr oder minder bestehen.

2 Schrankwand als Raumteiler mit Ergänzungen für den Wärme- und Schallschutz

6 Offene Schrankteile mit nur dünner Rückwand bringen nichts.

7 Eine zusätzliche Dämmung ist notwendig.

8 Abdeckplatte als Schutz der Dämmschicht, zugleich Raumbegrenzung.

Hinweis:
Den Aufbau der schalldämmenden Konstruktion sollte ein Fachmann bestimmen.

42 Schrankwände für den Wärme-und Schallschutz an der Wand oder freistehend

Decken

Die Forderungen an den Wärmeschutz von Kellerdecken und Decken über Durchfahrten sind ausreichend. Bei Decken unter nicht ausgebauten Dachgeschossen wird sogar eher zu viel verlangt. Dagegen sind die Ansprüche an den Wärmeschutz bei Geschoßdecken sehr niedrig gehalten. Um diese zu erfüllen, genügen oft dünne Dämmschichten von etwa 10 mm Dicke. Bei schwimmenden Estrichen ergeben sich diese zwangsläufig durch die dort notwendigen Dämmstoff-Unterlagen.

Werden die Räume aber ober- und unterhalb einer Geschoßdecke unterschiedlich beheizt, dann kann es zu einem merklichen Wärmeabfluß von der warmen zur kalten Wohnung kommen. Die geringen Ansprüche an Geschoßdecken hängen damit zusammen, daß bei Wärmeverlustberechnungen die Nachbarräume mit 15 °C Raumtemperatur angenommen werden dürfen. Steht aber im kalten Winter eine unbeheizte Wohnung längere Zeit leer, so geht diese Temperatur bis auf 0 °C und noch weiter herunter. Dagegen können bei Geschoßdecken die Mindestforderungen an den Schallschutz — bei normaler Benutzung — als ausreichend angesehen werden. Zur Abwehr lauter Geräusche, wie z.B. Klavierspielen und laute Radiomusik, sind jedoch Verbesserungen erforderlich. Zur Einstufung der vorhandenen Decken bezüglich des Luftschallschutzes kann die Hörtest-Tabelle auf Seite 20 dienen.

Kellerdecken

In Wohngebäuden, die bis etwa 1975 errichtet wurden, sind die Kellerdecken im allgemeinen nicht anders beschaffen als die Geschoßdecken, also mit einem völlig ungenügenden Wärmeschutz. Eine wirksame und auch recht preisgünstige Verbesserung des Wärmeschutzes erreicht man durch nachträglich an der Unterseite der Kellerdecke angebrachte Dämmplatten. Hierzu werden 4 cm dicke Polystyrol-Hartschaumplatten im Format 50 x 50 cm angeboten, die mit einem geeignetem Baukleber direkt an der Decke angebracht werden können. Die Dämmplatten sind schwer entflammbar. Auf eine Oberflächenbehandlung kann bei einfachen Kellerräumen verzichtet werden.

In Tabelle 44 auf Seite 68 bezieht sich die Amortisationszeit bei der Preisgruppe I durchweg auf diese einfache Verkleidung der Deckenuntersicht.

Ist dieses Verfahren nicht möglich, z.B. weil es der Hausbesitzer nicht erlaubt oder es sich um zahlreiche Einzelkeller verschiedener Mieter handelt, dann kann der Wärmeschutz der Kellerdecken nur noch von oben her verbessert werden, z.B. durch Teppichböden.

Eine nachträgliche Verbesserung mit Teppichböden oder höchstens 5 mm dicken Schaumstoffunterlagen bei vorhandenen Teppichen ist nicht so wirkungsvoll, wie im allgemeinen angenommen wird. Das nachträgliche Auflegen von Teppichböden oder Teppichfliesen auf vorhandene normale Gehbeläge hebt aber die Wohnbehaglichkeit und verbessert die Schallschluckung. Außerdem können Teppichböden bei entsprechender Verlegung beim Auszug wieder mitgenommen werden. So kann auch ein nachträglich verlegter Teppichboden selbst bei langen Amortisationszeiten eine sinnvolle Geldausgabe darstellen.

Decken über offenen Durchfahrten

Decken, die Aufenthaltsräume nach unten gegen die Außenluft abgrenzen — wie es offiziell heißt — gehören zu den stärksten Abkühlungsflächen eines Gebäudes. Zu diesen exponierten Bauteilen zählen auch die Unterseiten von auskragenden oder frei stehenden Gebäudeteilen sowie Decken über kalten Garagen oder Durchfahrten. Der geforderte Wärmeschutz — entsprechend einem k-Wert 0,45 W/m²K — war schon immer recht hoch angesetzt, praktisch bei allen nach dem Krieg errichteten Gebäuden.

Aber wie so oft wurden diese Forderungen nicht immer eingehalten. Außerdem können beim Neubau ausreichend ausgeführte Maßnahmen im Laufe der Zeit ihre Dämmwirkung mehr oder minder verloren haben.

Der Mieter kann diese Decken eigentlich nur von der Wohnung aus zusätzlich dämmen. Dabei ist ein Dämm-Gleichwert von höchstens 10 mm zu erzielen. Nimmt man an, daß z.B. die vorhandene Decke einen k-Wert von 0,58 aufweist, erbringt eine Verbesserung, die 10 mm Dämmdicke entspricht, eine jährliche Energieeinsparung von nur DM 0,30/m².

Decken unter nicht ausgebautem Dachgeschoß

Wenn dazu die Möglichkeit besteht, ist es ausführungsmäßig am günstigsten, die zusätzliche Dämmschicht auf der Oberseite der Decke aufzulegen, also im Bereich des Dachgeschosses. Massivdecken bleiben dann als wertvoller Wärmespeicher für die darunterliegenden Räume erhalten. Außerdem dürfte dies auch die preisgünstigste Methode sein, einen zusätzlichen Wärmeschutz zu schaffen. Eine begehbare Abdeckung oder einzelne Laufbohlen sind bei einer entsprechenden Nutzung des Dachraumes notwendig.

Aus Tabelle 45 auf Seite 69 ist klar zu erkennen, daß die Verbesserung des Wärmeschutzes durch die oberseitige Aufbringung von Dämmplatten gemäß Preisgruppe I eine außerordentlich günstige Angelegenheit ist. Bei der oberseitigen Dämmung sollte man Dämmplatten mit mindestens 50 mm Dicke vorsehen. Auch Preisgruppe II für einfache Dämmungen unterhalb der Decke bzw. geringe zusätzliche Abdeckungen bei oberseitigen Dämmungen hält sich hinsichtlich der Amortisationszeit in Grenzen, die auch ein Mieter verantworten kann. Ist die oberseitige Dämmung nicht möglich, verbleibt nur noch eine Dämmung der Deckenunterseite. Hierüber wird beim Kapitel Deckenverkleidungen auf Seite 70 gesprochen.

Wegen der Einschätzung der vorhandenen Decken unter einem nicht ausgebauten Dachgeschoß gilt die Übersicht Abb. 43 auf Seite 67 sinngemäß. Wie weit bereits Dämm-Maßnahmen an der zu beurteilenden Decke ausgeführt sind, ist jeweils festzustellen. Erst dann wird die Einstufung in eine Dämmgruppe der Tabellen 44 und 45 möglich sein.

Fußböden auf Erdreich

Die nachträgliche Verbesserung des Wärmeschutzes kann nur an der Fußbodenoberfläche erfolgen. Hierzu können praktisch alle Beläge verwendet werden, die für die Fußbodenverbesserung vorgesehen sind.

Allerdings können zusätzliche Maßnahmen erforderlich werden, wenn ein Feuchtigkeitsnachschub aus dem Erdreich zu befürchten ist. In diesem Falle sollte man einen Fachmann zu Rate ziehen.

Massivdecken

Decken sind meist mehrschichtige Bauteile. Sie lassen sich deshalb nicht so einfach einstufen wie z.B. die bereits behandelten Außen- und Innenwände. Die im Wohnungsbau am häufigsten vorkommenden Deckenarten werden in der nebenstehenden Übersicht Abb. 43 anhand von einfachen Querschnitten dargestellt. Die Numerierung (D 1, D 2 usw.) ist notwendig, um die gezeigten Decken in die beiden Tabellen auf Seite 68 und 69 einordnen zu können. Die wichtigsten Merkmale von Massivdecken, besonders soweit es den Schallschutz betrifft, werden anschließend kurz beschrieben.

► Bei einschaligen Stahlbetondecken — Stahlbetonplatten — (D 1 und D 4) ab 14 cm Dicke ist die Luftschalldämmung wegen des hohen Flächengewichtes im allgemeinen ausreichend. Auch hier gilt: Je dicker, desto besser.

► Massivdecken mit größeren Hohlräumen, z.B. mit Deckenfüllkörpern (D 5 und D 8) oder Stahlbetonrippendecken (D 9 und D 10), sind wegen ihres geringeren Eigengewichtes und der ungleichmäßigen Verteilung der Schwerbetonmassen schalltechnisch weniger günstig. Infolge der eingeschlossenen Luft ist dagegen ihr Wärmedämmwert besser als der von Massivplatten.

► Die Luftschalldämmung von Massivdecken aller Art kann verbessert werden, indem man an ihrer Unterseite eine Verkleidung anbringt. Diese muß jedoch von der Decke durch einen Lufthohlraum oder eine weichfedernde Dämmschicht getrennt sein.

► Der notwendige Trittschallschutz für eine normale Benutzung wird bei Massivdecken im allgemeinen durch einen sachgemäß ausgeführten schwimmenden Estrich erreicht. Verbesserungen lassen sich durch das Auflegen von elastischen und dämpfenden Fußbodenbelägen, wie z.B. Teppichböden oder PVC-Böden mit Filz- oder Schaumstoffunterlagen, erzielen.

Die Verbesserung der Schalldämmung bei Holzbalkendecken ist eine recht komplizierte Angelegenheit. Hier sollte man stets einen Fachmann einschalten.

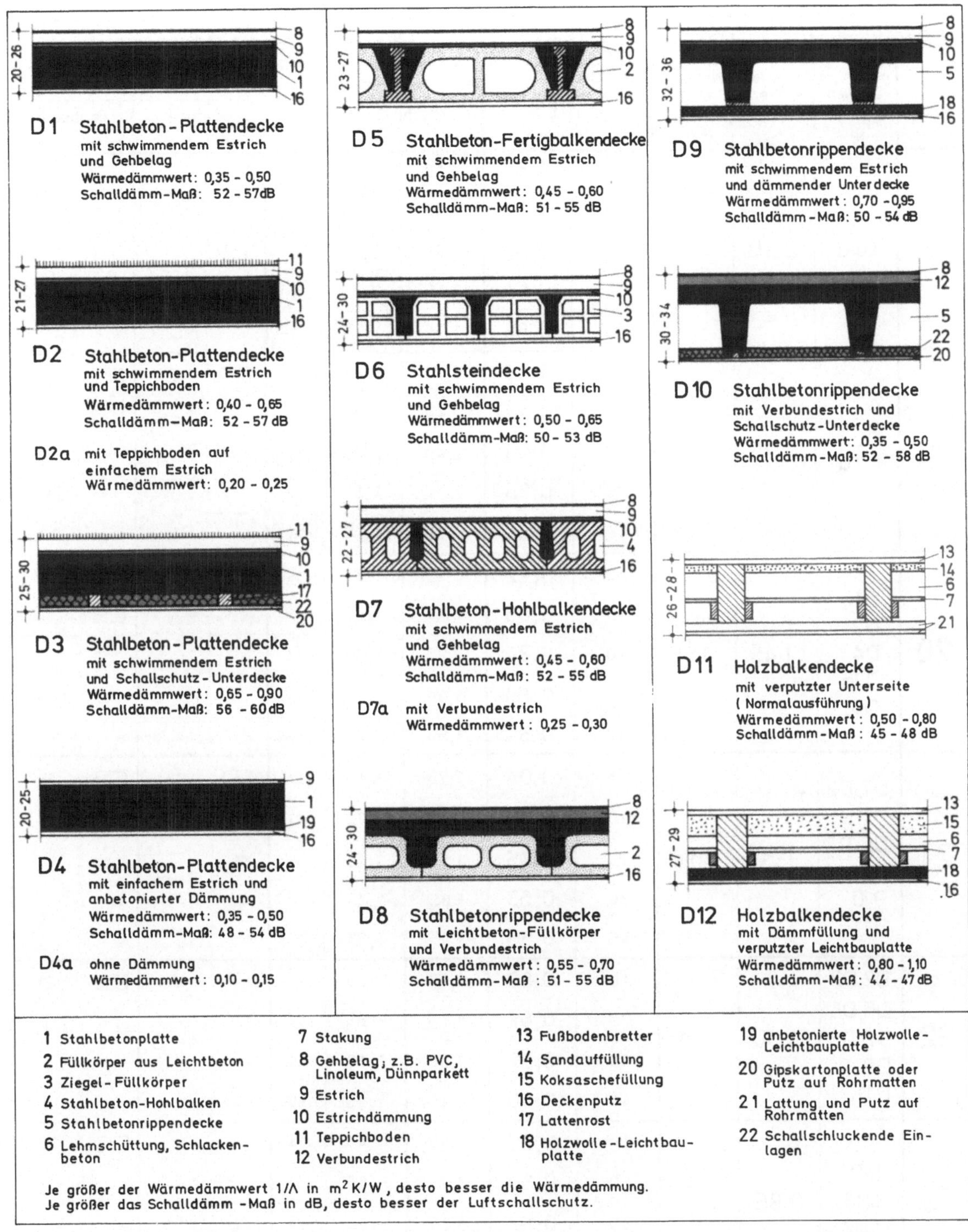

Je größer der Wärmedämmwert $1/\Lambda$ in $m^2 K/W$, desto besser die Wärmedämmung.
Je größer das Schalldämm-Maß in dB, desto besser der Luftschallschutz.

43 Im Wohnungsbau übliche Geschoßdecken (Auswahl) — Schema-Querschnitte

44 Kellerdecken und Decken über kalten Räumen mit verbessertem Wärmeschutz

Dämm-gruppe	hierfür die Decken Nr.	mittlerer k-Wert W/m²K	Jährliche Heizkosten DM/m²	Dicke der Dämmung (Gleichwert) mm	neuer mittlerer k-Wert W/m²K	Nunmehrige jährl. Heizkosten Verbrauch DM/m²	Einsparung DM/m²	Einsparung %	Amortisation Gruppe I bei DM	Gruppe I Jahre	Gruppe II bei DM	Gruppe II Jahre
18	D4a	2,10	5,50	5	1,64	4,30	1,20	22	4,50	4	6,50	6
				10	1,37	3,55	1,95	35	2,40	Fußbodendämmung	10,50	
				20	1,02	2,65	2,85	52	3,60	1—2	7,60	2—3
				30	0,81	2,15	3,35	61	4,80		8,80	
				40	0,68	1,75	3,75	68	6.—		10.—	
19	D2a D7a	1,75	4,55	5	1,53	3,70	—.85	19	4,50	6	6,50	8
				10	1,22	3,20	1,35	30	2,40		10,50	8
				20	0,93	2,40	2,15	47	3,60	2	7,60	
				30	0,76	2.—	2,55	56	4,80		8,80	3—4
				40	0,64	1,65	2,90	64	6.—		10.—	
20	D1 D2 D4 D7a D10	1,45	3,80	5	1,22	3,20	—.60	16	4,50	8	6,50	11
				10	1,06	2,75	1,05	28	2,40		10,50	10
				20	0,84	2,20	1,60	42	3,60	2—3	7,60	
				30	0,69	1,80	2.—	53	4,80		8,80	4—5
				40	0,59	1,55	2,25	59	6.—		10.—	
21	D1, D2 D4, D5 D6, D7 D8 D10 D11	1,20	3,10	5	1,04	2,70	—.40	13	4,50	12	6,50	16
				10	0,93	2,40	—.70	23	2,40		10,50	16
				20	0,75	1,95	1,15	37	3,60	3—4	7,60	7
				30	0,63	1,65	1,45	47	4,80		8,80	
				40	0,55	1,45	1,65	53	6.—		10.—	6
22	D2, D3 D5, D6 D7, D8 D9 D11	1,00	2,60	10	0,80	2,10	—.50	19	2,40		10,50	21
				20	0,67	1,75	—.85	33	3,60	4—5	7,60	9
				30	0,57	1,50	1,10	43	4,80		8,80	8
				40	0,50	1,30	1,30	50	6.—		10.—	8
23	D9 D11 D12	0,85	2,20	10	0,70	1,80	—.40	18	2,40		10,50	26
				20	0,60	1,55	—.65	29	3,60	6	7,60	12
				30	0,52	1,35	—.85	38	4,80		8,80	11
				40	0,46	1,20	1.—	45	6.—		10.—	10

45 Decken unter nicht ausgebautem Dachgeschoß mit verbessertem Wärmeschutz

Dämm-gruppe Nr.	hier für die Decken Nr.	mittlerer k-Wert W/m²K	Jährliche Heizkosten DM/m²	Dicke der Dämmung (Gleichwert) mm	neuer mittlerer k-Wert W/m²K	Nunmehrige jährl. Heizkosten Verbrauch DM/m²	Einsparung DM/m²	%	Amortisation der Dämmung Gruppe I bei DM	Gruppe I Jahre	Gruppe II bei DM	Gruppe II Jahre
24	D4a	3,00	12,90	5	2,17	9,35	3,55	27	2,50			
				10	1,72	7,40	5,50	42	3,10			
				20	1,20	5,20	7,70	59	4,30	1	8.—	
				30	0,93	4.—	8,90	68	5,50		9,20	1—2
				50	0,63	2,70	10,20	79	8.—		11.—	
				80	0,43	1,85	11,05	85	11.—		14.—	
25	D7a	2,10	9,05	5	1,64	7,05	2.—	22	2,50			
				10	1,37	5,90	3,15	34	3,10			
				20	1,02	4,40	4,65	51	4,30	1—2	8.—	
				30	0,81	3,50	5,55	61	5,50		9,20	2
				50	0,58	2,50	6,55	72	8.—		11.—	
				80	0,40	1,75	7,30	80	11.—		14.—	
26	D1 D4 D5 D7 D10	1,65	7,10	5	1,35	5,80	1,30	18	2,50			
				10	1,16	5.—	2,10	29	3,10			
				20	0,90	3,90	3,20	45	4,30	2	8 —	
				30	0,74	3,20	3,90	54	5,50		9,20	2—3
				50	0,54	2,35	4,75	66	8.—		11.—	
				80	0,38	1,65	5,45	76	11.—		14.—	
27	D1,D4 D5,D6 D7,D8 D10 D11	1,35	5,80	10	1,01	4,35	1,45	25	3,10			
				20	0,81	3,50	2,30	39	4,30		8 —	
				30	0,67	2,90	2,90	50	5,50	2—3	9,20	3—4
				50	0,50	2,15	3,65	62	8.—		11.—	
				80	0,36	1,55	4,25	73	11.—		14.—	
28	D6 D8 D9 D11 D12	1,10	4,75	10	0,86	3,70	1,05	22	3,10			
				20	0,71	3,05	1,70	35	4,30		8 —	
				30	0,60	2,60	2,15	45	5,50	3	9,20	4—5
				50	0,46	1,95	2,80	58	8.—		11.—	
				80	0,34	1,50	3,25	68	11.—		14.—	

Dämmung über der Decke

Deckenverkleidungen

Es muß festgelegt werden, ob nur der Wärmeschutz oder nur der Schallschutz oder aber beides verbessert werden soll.

▶ Für die Anhebung des Wärmeschutzes allein genügen an die Decke angeklebte Dämmplatten mit Sicht-Oberflächen, einfache Dämmplatten oder Untertapeten, die anschließend tapeziert und gestrichen werden, praktisch alle Verkleidungen mit Dämmeigenschaften. Forderungen hinsichtlich der Befestigung werden nicht gestellt.

▶ Zur Verbesserung der Luftschalldämmung dürften die Verkleidungen nicht starr an der Decke befestigt werden. Vorteilhaft ist außerdem die Hinterfüllung derartiger Verkleidungen mit porösem Schallschluckmaterial, wie z.B. Mineralfaserfilz.

▶ Schallschluckende Deckenverkleidungen verbessern die Raumakustik. Dabei kann es sich um direkt angeklebte Schallschluckplatten handeln. Wirkungsvoller sind aber abgehängte Schallschluckdecken. Bei allen Schallschluckverkleidungen ergibt sich zugleich auch eine Anhebung des Wärmeschutzes.

▶ Mit abgehängten Decken oder sachgemäß angebrachten Unterdecken kann in begrenztem Maße der Trittschallschutz der darüberliegenden Geschoßdecke verbessert werden.

Für Maßnahmen des Wärmeschutzes allein gibt es preisgünstige Deckenplatten aus formgeschäumtem Polystyrol-Hartschaum in etwa 10 mm Dicke, 50 x 50 cm groß. Sie besitzen eine leicht strukturierte Sicht-Oberfläche und werden direkt auf die vorhandene und verputzte Decke aufgeklebt. Zur weiteren Erhöhung des Wärmeschutzes können zuvor normale Dämmplatten angebracht werden. Angeboten werden derartige Decken-Dämmplatten auch mit aufkaschierten Furnierschichten.

Die einschlägige Industrie hat sich inzwischen auf die gehobenen Dämmansprüche eingestellt und bringt diese Sichtplatten nunmehr auch in 40 mm Dicke heraus. Sie sind 100 x 50 cm groß und besitzen ringsum einen Stufenfalz.

Mit abgehängten Decken kann man hohe Räume auf die gewünschte Raumhöhe bringen.

Demontierbare Deckenverkleidungen (Abb. 47)

Diese Methode wird schon länger praktiziert, z.B. bei Zwischendecken, hinter denen Leitungen gut zugänglich sein müssen. Die hierfür angebotenen Programme kann man auch im Wohnungsbau einsetzen. Demontierbar sind praktisch alle Unterkonstruktionen für abgehängte Decken, sofern die Aufhänger mit Dübelschrauben befestigt wurden. Dabei muß man allerdings eine mehr oder minder starke Zerstörung der Verkleidungsplatten in Kauf nehmen (Abb. 46/6).

Decken mit „Holzbalken" (Abb. 48)

Mitunter besteht das Bedürfnis, einen Raum rustikal auszustatten. Hierzu werden Profilbretter aus Naturholz angeboten, die zu kastenförmigen Balkenquerschnitten zusammengesetzt werden können. In die Deckenfelder zwischen den Balken können Tafeln mit fertiger Oberfläche eingelegt werden (Naturholzfurnier, Textilbeschichtungen). Eine weitere Möglichkeit sind Spachtel- oder Reibeputze sowie Tapeten aller Art.

Angeboten werden auch „Deckenbalken" aus Strukturschaum. Sie sind im Erscheinungsbild von rohen Holzbalken kaum zu unterscheiden. Wegen ihres geringen Eigengewichts können sie angeklebt werden — auch auf die Wärmedämmung.

Spanndecken (Abb. 49)

Es handelt sich um ca. 0,2 mm dicke Spezialfolien aus modifiziertem, schwer entflammbarem PVC mit einer mattweißen, reflexfreien Oberfläche. Damit kann unter der vorhandenen Decke eine neue und saubere Deckenansicht geschaffen werden. Es ist vorteilhaft, damit gleichzeitig den Wärmeschutz zu verbessern. Zur Dämmung genügen die allereinfachsten Hartschaumplatten.

Spanndecken werden auf Maß vorgefertigt. Nach der Montage der Wandleisten werden sie in wenigen Minuten eingehängt. Freie Spannweiten bis 10 m sind möglich. Nachdem kaum Schmutz anfällt, ist ein Umstellen der Möbel oft nicht erforderlich. Die Demontage der Spanndecke ist ebenso einfach wie ihre Montage. Laut Herstellerangabe sind Spanndecken dieser Art alterungsbeständig und verändern ihr Aussehen durch die Einwirkung von Dämpfen und Feuchtigkeit nicht. Daher sind sie auch in Küchen und Bädern möglich.

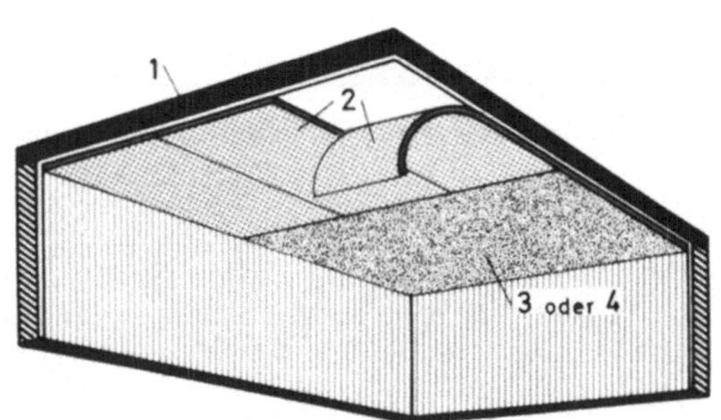

1 Untertapete mit Rauhfasertapete
- für den Wärmeschutz -

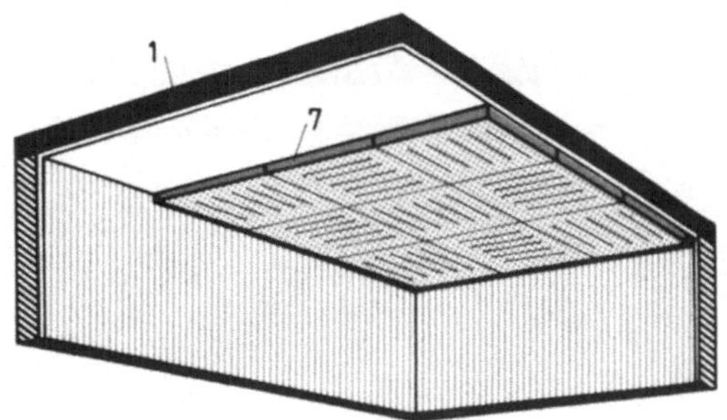

4 Angeklebte Schallschluckplatten
- für den Wärmeschutz und die Schallschluckung -

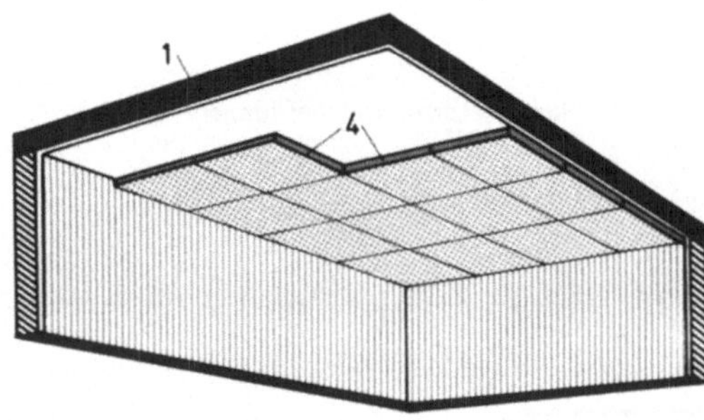

2 Decken-Sichtplatten aus Hartschaum
- für den Wärmeschutz -

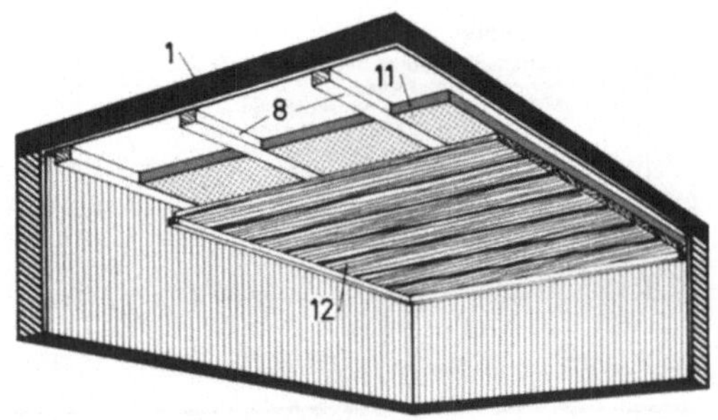

5 Schallschluckdecke auf Lattenrost
- für den Wärme-und Schallschutz+Schallschluckung-

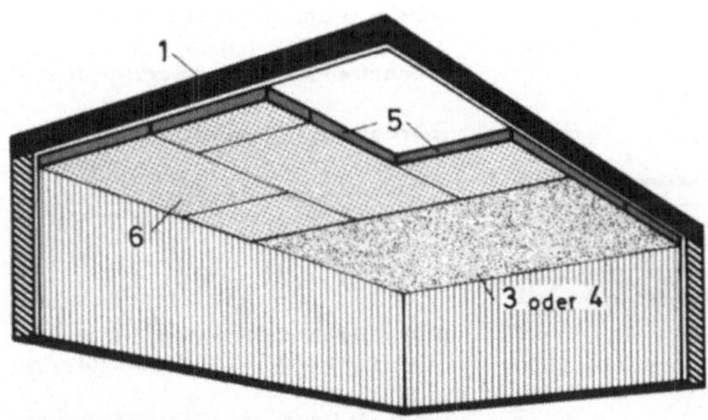

3 Dämmplatten mit Rauhfasertapete
- für den Wärmeschutz -

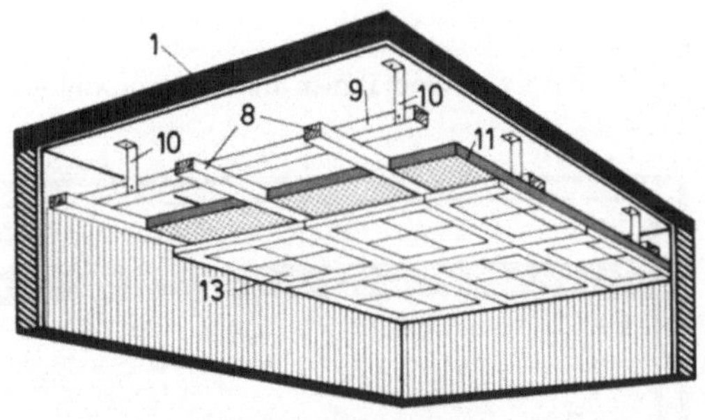

6 Abgehängte Schallschluckdecke
- für den Wärme- und Schallschutz + Schallschluckung -

1 Vorhandene Geschoßdecke

2 5 mm Untertapete

3 z.B. Rauhfasertapete, auch Schmucktapete

4 10 mm Decken-Sichtplatten, angeklebt

5 20 bis 40 mm Hartschaumplatten, angeklebt

6 Untersicht ggf. ausgespachtelt

7 20 bis 30 mm Schallschluckplatten, angeklebt

8 Lattenrost

9 Traglatten

10 Deckenaufhängungen

11 Mineralfaserfilz mit Rieselschutz

12 z.B. Verkleidungsbretter mit offenen Fugen

13 z.B. Kassettenplatten mit Schallschlucköffnungen

46 Verbesserung des Wärmeschutzes durch Maßnahmen an der Deckenuntersicht

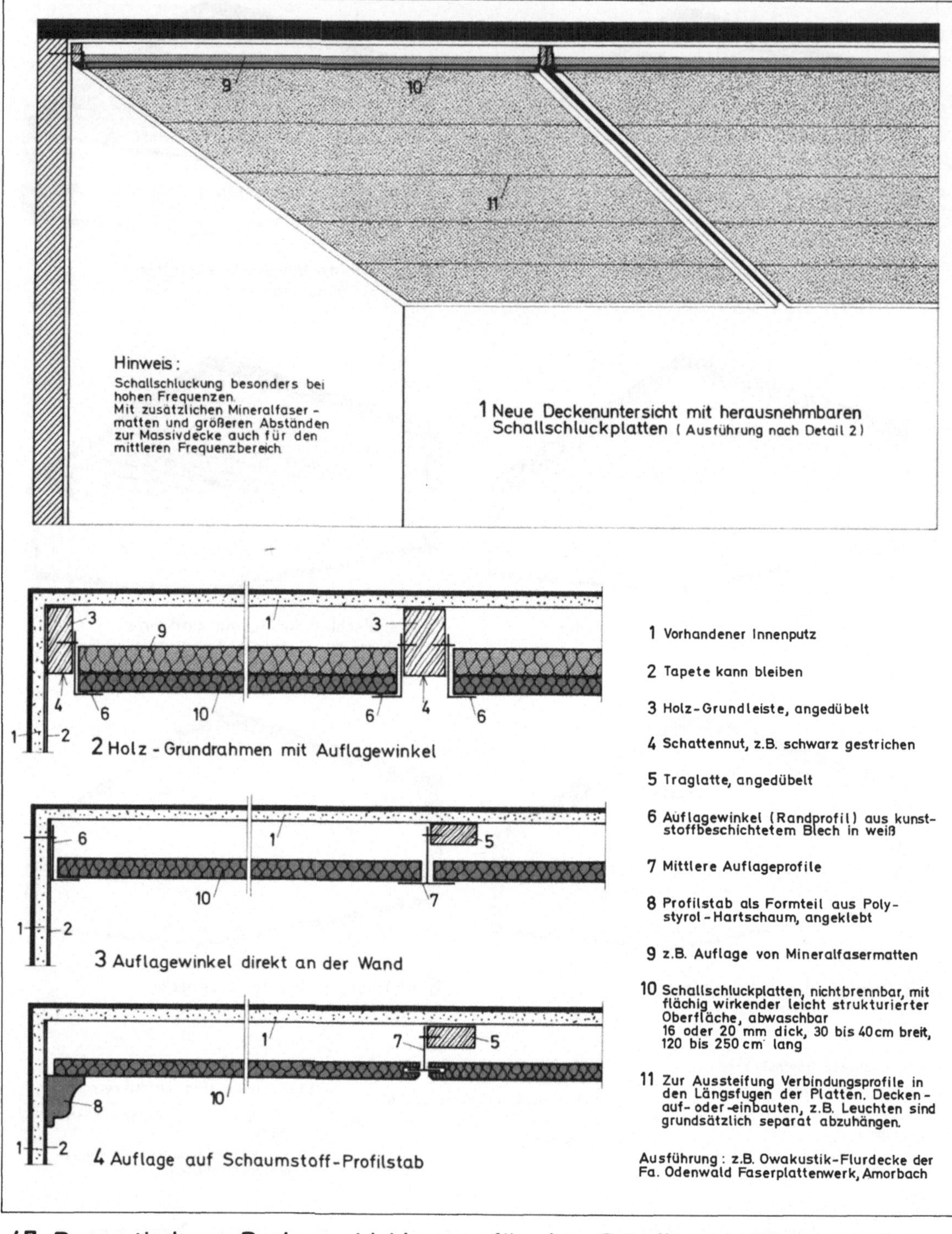

47 Demontierbare Deckenverkleidungen für den Schall-und Wärmeschutz

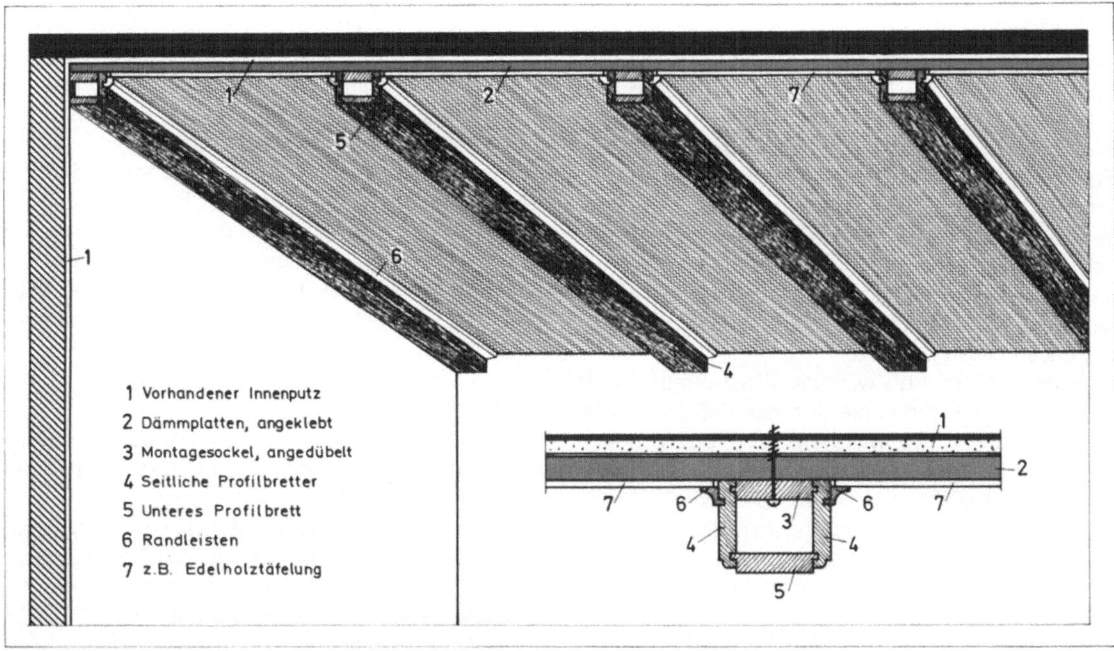

48 Dämmung der Deckenuntersicht hinter einer „Holzbalken-Verkleidung"

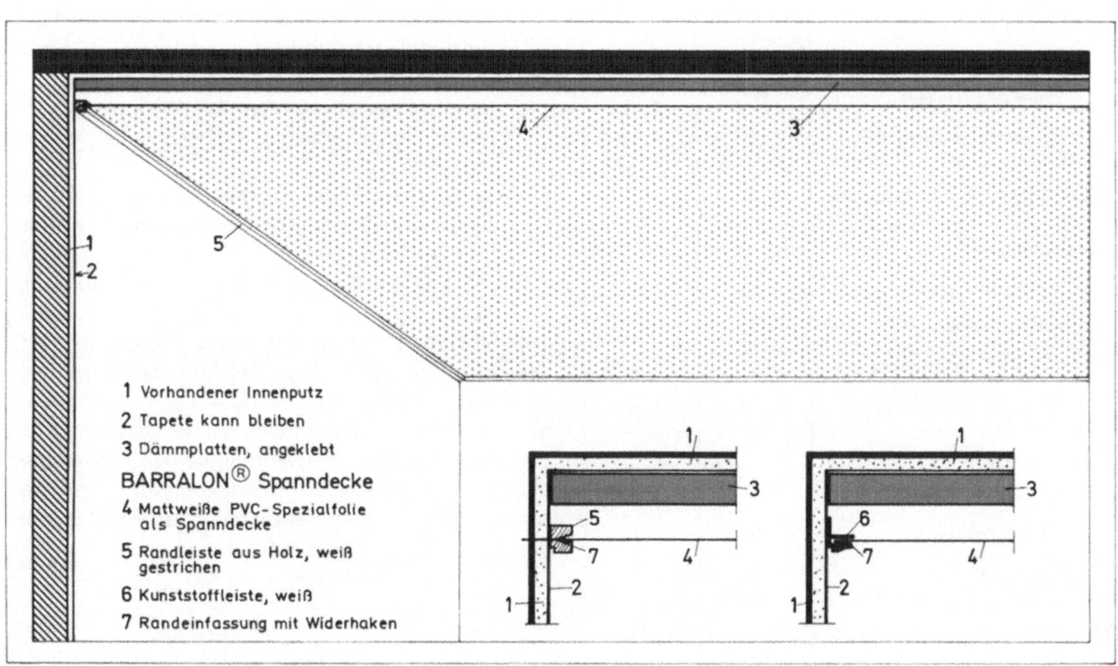

49 Dämmung der Deckenuntersicht hinter einer Spanndecke

Fußböden

Der Fußboden in einer Wohnung ist ein sehr wichtiges Raumelement. Im Gegensatz zu den übrigen Raumbegrenzungen steht der Mensch mit dem Fußboden in ständigem Kontakt. Dafür werden an Fußböden auch vielfältige Forderungen gestellt. Eine wichtige Voraussetzung für angenehmes Wohnen ist die Fußwärme. Kalte Füße werden bekanntlich als außerordentlich unbehaglich empfunden. Bei der Beurteilung der Fußböden ist zu unterscheiden, ob der Boden mit nackten oder bekleideten Füßen begangen wird.

▶ Beim nackten Fuß wird die Wärmeempfindung vornehmlich durch die Art des Fußbodenbelages bestimmt. So wirkt z.B. ein Teppichboden sehr angenehm, da er dem nackten Fuß kaum Wärme entzieht. Ein Steinboden wird dagegen als unangenehm kalt empfunden, da dem nackten Fuß viel Wärme entzogen wird.

▶ Werden dagegen Schuhe getragen, spielt die Bodentemperatur und vor allem die Lufttemperatur in Bodennähe die entscheidende Rolle.

Mit geeigneten Bodenbelägen kann man auch den Trittschallschutz einer Decke nachträglich verbessern. Der Grad dieser Verbesserung wird durch das Verbesserungsmaß VM in dB ausgedrückt. Je größer VM, desto günstiger die Verbesserung. Die einzelnen Werte können zu einem Gesamt-VM addiert werden. Aus Tabelle 50 ersieht man deutlich, daß Teppichböden die besten Ergebnisse erbringen.

Teppichböden

Teppichböden haben die hervorragende Eigenschaft, daß sie den Wärme- und Schallschutz in einer Wohnung gleichzeitig verbessern.

▶ Der zu erzielende *Wärmeschutz* ist abhängig von der Struktur und der Menge des Fasermaterials — je dicker um so besser. Dazu kommt noch der Dämmwert zusätzlicher Unterlagen.

▶ Hinsichtlich des *Schallschutzes* haben Teppichböden

1. eine *schallschluckende* Wirkung, da der auftreffende Luftschall nur noch zu einem Bruchteil reflektiert wird. Durch die Schallschluckung wird die Nachhallzeit verkürzt und die empfundene Lautstärke im Raum vermindert;

2. eine *„gehschallmindernde"* Wirkung, da der beim Gehen erzeugte Luftschall kaum noch zu hören ist;

3. eine *trittschalldämmende* Wirkung, da der beim Gehen erzeugte Körperschall wesentlich gedämpft wird und nur noch stark gemindert in die darunterliegenden Räume gelangt.

Teppichböden sind für die Bewohner oft die einzige Möglichkeit, kalte Bodenflächen über Durchfahrten und Kellergeschossen oder bei Fußböden im nicht unterkellerten Bereich zu verbessern. Dabei kann es mitunter notwendig werden, über einen bereits vorhandenen Bodenbelag mit gewissen Dämmeigenschaften Teppiche aufzulegen, besonders dort, wo man sich aufhält.

Bodenbelag	entspricht Dämmdicke (Gleichwert)	Trittschall-verbesserungs-maße VM
	mm	dB
Vorhandene Beläge		
— Fliesen auf Mörtel	0	+ 2
— PVC–Beläge, einfach	0,5	+ 5
— PVC–Beläge mit Jutefilz	2	+ 13
Dämmunterlage für Teppichböden	5	+ 20
Teppichfliesen		
— Tufting, lose verlegt	6	+ 19
— Tufting, selbstliegend	5	+ 19
— Nadelvlies, selbstliegend	5	+ 16
— Nadelvlies, selbstklebend	4	+ 15
Teppichböden		
— Tufting, Schlinge	6	+ 24
— Tufting, Velours	5	+ 22
— Nadelvlies	5	+ 18

50 Verbesserung von Bodenbelägen

Für den im Verlegen von Teppichböden weniger geübten Heimwerker sind *Teppichfliesen* das Gegebene zum Selbstverlegen. Man unterscheidet
– selbstliegende Teppichfliesen mit rutschfester Unterseite;
– selbstklebende Teppichfliesen, die rückseitig mit einer Klebeschicht versehen sind.

Beide Arten können auf jedem in sich festen, trokkenen und ebenen Untergrund verlegt werden, also auch auf vorhandene Beläge aus PVC oder Linoleum, wie auch auf Holz- und Steinböden.

Für die Verwendung in Naßräumen, z.B. im Badezimmer, gibt es vollsynthetische Spezialteppiche mit rutschfestem Rücken und in waschfester Ausführung. Diese besonders strapazierbaren Teppiche lassen sich auch lose verlegen.

Neben der Verwendung selbstliegender oder selbstklebender Teppichfliesen gibt es noch weitere Möglichkeiten, Teppichböden so zu verlegen, daß sie beim Auszug wieder mitgenommen werden können, wie z.B. durch
– Zwischenlage einer trocken aufgelegten Trägerbahn, z.B. Filzpappe. Dies ist besonders geeignet für selbstklebende Teppichfliesen. Sie können dann beim Auszug einschließlich Unterlage aufgerollt werden;
– Verwendung doppelseitig selbstklebender Bänder, besonders bei Belägen, die bahnenweise verlegt werden;
– Verlegung mit sogenannten Wiederaufnahmeklebern auf Dispersionsbasis. Beim Ablösen wird weder der Teppich selbst noch der Unterboden beschädigt;
– Unterlagen aus netzartigen Bahnen, die mit einem besonders eingestellten Klebstoff getränkt sind. Der Verklebungseffekt tritt durch Druckbelastung ein. Es erfolgt eine ausreichende aber nicht unlösbare Verbindung zwischen Teppich und Unterboden (Lok-Lift, Fa. Roberts, Sulzbach/Taunus).

Abschließend noch ein Hinweis: Bei zusätzlichen Teppichbelägen müssen einwärts gehende Zimmertüren entweder gekürzt – oder aber, was einfacher ist – mit Türhebern ausgestattet werden.

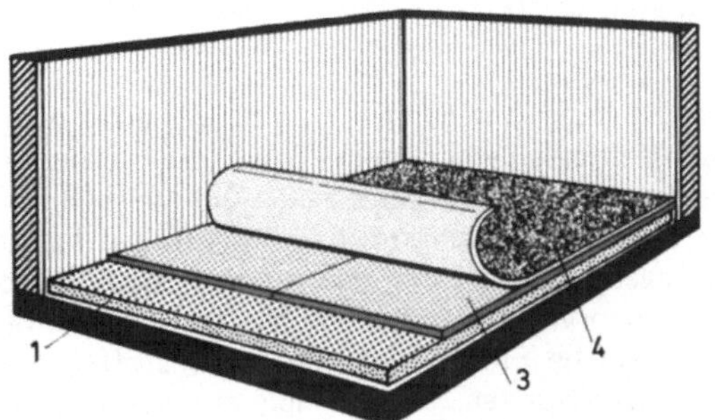

1 Dämmunterlage unter vorhandenem Teppichboden

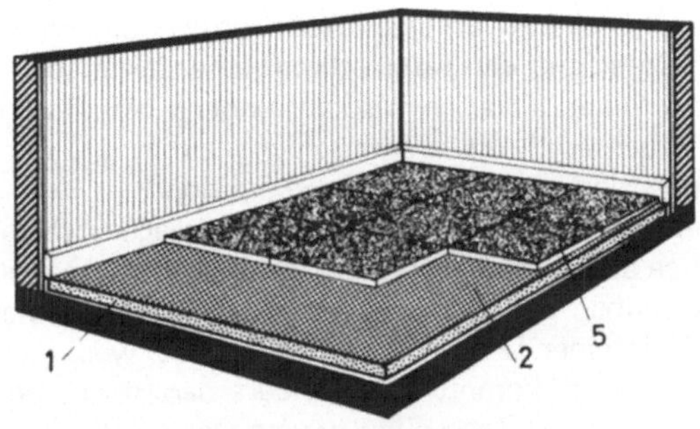

2 Teppichfliesen auf vorhandenem Bodenbelag

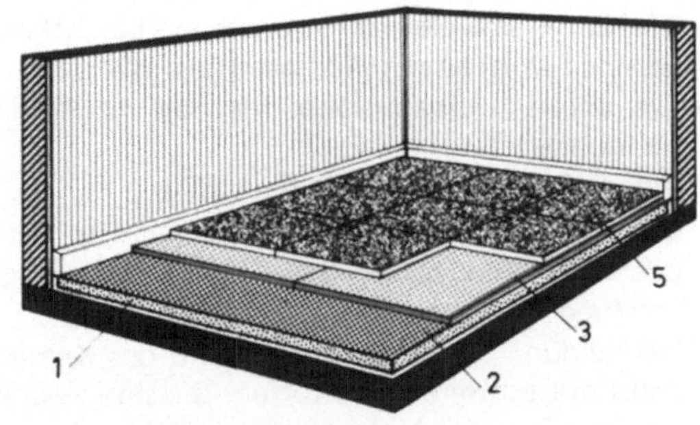

3 Teppichfliesen mit Dämmunterlage auf vorhandenem Bodenbelag

1 schwimmender Estrich

2 z.B. PVC-Belag oder Linoleum

3 5 mm Dämmunterlage

4 vorhandener Teppichboden

5 selbstklebende Teppichfliesen

Alle Bodenbeläge für den Wärmeschutz und die Schallschluckung

51 Verbesserter Wärmeschutz bei Fußböden

Ausgebaute Dachgeschosse

Hierzu einige Anregungen, wie bereits ausgebaute Dachgeschosse von ihrem Bewohner verbessert werden können. Es handelt sich um Maßnahmen, die sich vom Innenraum her durchführen lassen. Selbstverständlich kann man das Wärmeschutzproblem auch von außen her lösen, so z.B. durch das nachträgliche Einschieben von Dämmstoffen zwischen den Sparren. Hierzu muß aber der Hauseigentümer seine Zustimmung geben. Die nachträgliche Anhebung des Winter-Wärmeschutzes ist bei einem Dachgeschoß relativ einfach. Hier genügt es, die schon vorhandenen Dämmstoffe auf 10 bis 12 cm Dicke zu bringen. Wenn notwendig, ist an der Unterseite der Dämmschicht eine Dampfsperre anzuordnen. Dadurch wird verhindert, daß Raumluftfeuchte in die Dämmschicht eindringt, dort kondensiert und den Dämmwert mindert.

Mehr Schwierigkeiten bereitet es dagegen, Dachräume auch für den Sommerzustand einigermaßen bewohnbar zu machen. Wer den heißen Sommer 1976 in einer Dachwohnung erlebt hat, weiß dies. Im Sommer kommt es besonders darauf an, den Durchgang der Tageshitze zu verzögern. Außerdem ist ein ausreichendes Wärmespeichervermögen der Raumumfassungen erforderlich. Die größten Außenflächen eines Dachraumes — Dachschrägen und Kehlgebälk — sind aber ausgesprochene Leichtkonstruktionen mit einem nur geringen Wärmespeichervermögen. Deshalb sollte man die folgenden Hinweise beachten.

- ▶ Innenwände aus schweren Baustoffen.
- ▶ Gemauerte Abseitenwände mit einer dahinter oder im gegenüberliegenden Dachgebälk angebrachten Wärmedämmung.
- ▶ Verkleidung der Dachschrägen und des Kehlgebälks mit schweren Baustoffen. Sie sind zweckmäßig mit einer Holzverkleidung abzudecken. Das Holz leitet dann die aufgenommene Wärme in den dahinter liegenden Wärmespeicher.
- ▶ Wirksamer Sonnenschutz vor den Fenstern.
- ▶ Ausreichende Durchlüftung während der kühlen Nachtzeit — am günstigsten als Querlüftung.
- ▶ Abdeckung einer eventuell unter den Ziegeln eingebauten Dämmschicht mit einer aluminiumbeschichteten Folie. Die aufgestrahlte Sonnenwärme wird dann bereits an der Dachaußenseite mehr oder minder zurückgeworfen.

Was vor Kälte schützt, hilft nicht immer bei Hitze.

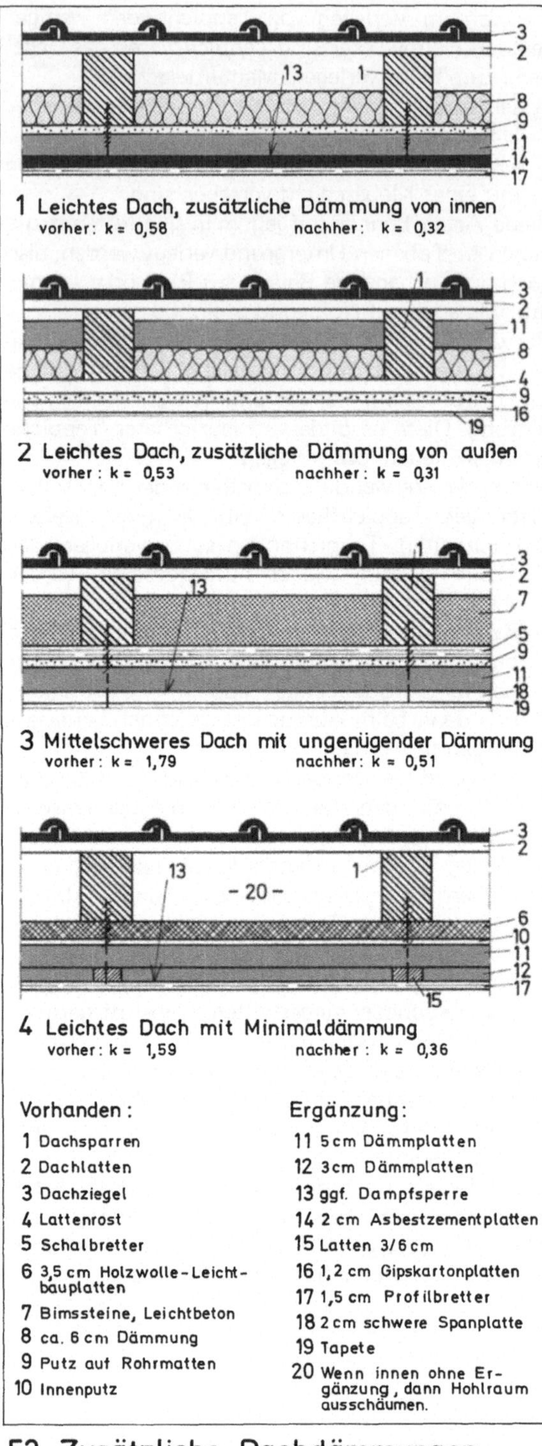

1 Leichtes Dach, zusätzliche Dämmung von innen
vorher: k = 0,58   nachher: k = 0,32

2 Leichtes Dach, zusätzliche Dämmung von außen
vorher: k = 0,53   nachher: k = 0,31

3 Mittelschweres Dach mit ungenügender Dämmung
vorher: k = 1,79   nachher: k = 0,51

4 Leichtes Dach mit Minimaldämmung
vorher: k = 1,59   nachher: k = 0,36

Vorhanden:

1 Dachsparren
2 Dachlatten
3 Dachziegel
4 Lattenrost
5 Schalbretter
6 3,5 cm Holzwolle-Leichtbauplatten
7 Bimssteine, Leichtbeton
8 ca. 6 cm Dämmung
9 Putz auf Rohrmatten
10 Innenputz

Ergänzung:

11 5 cm Dämmplatten
12 3 cm Dämmplatten
13 ggf. Dampfsperre
14 2 cm Asbestzementplatten
15 Latten 3/6 cm
16 1,2 cm Gipskartonplatten
17 1,5 cm Profilbretter
18 2 cm schwere Spanplatte
19 Tapete
20 Wenn innen ohne Ergänzung, dann Hohlraum ausschäumen.

52 Zusätzliche Dachdämmungen

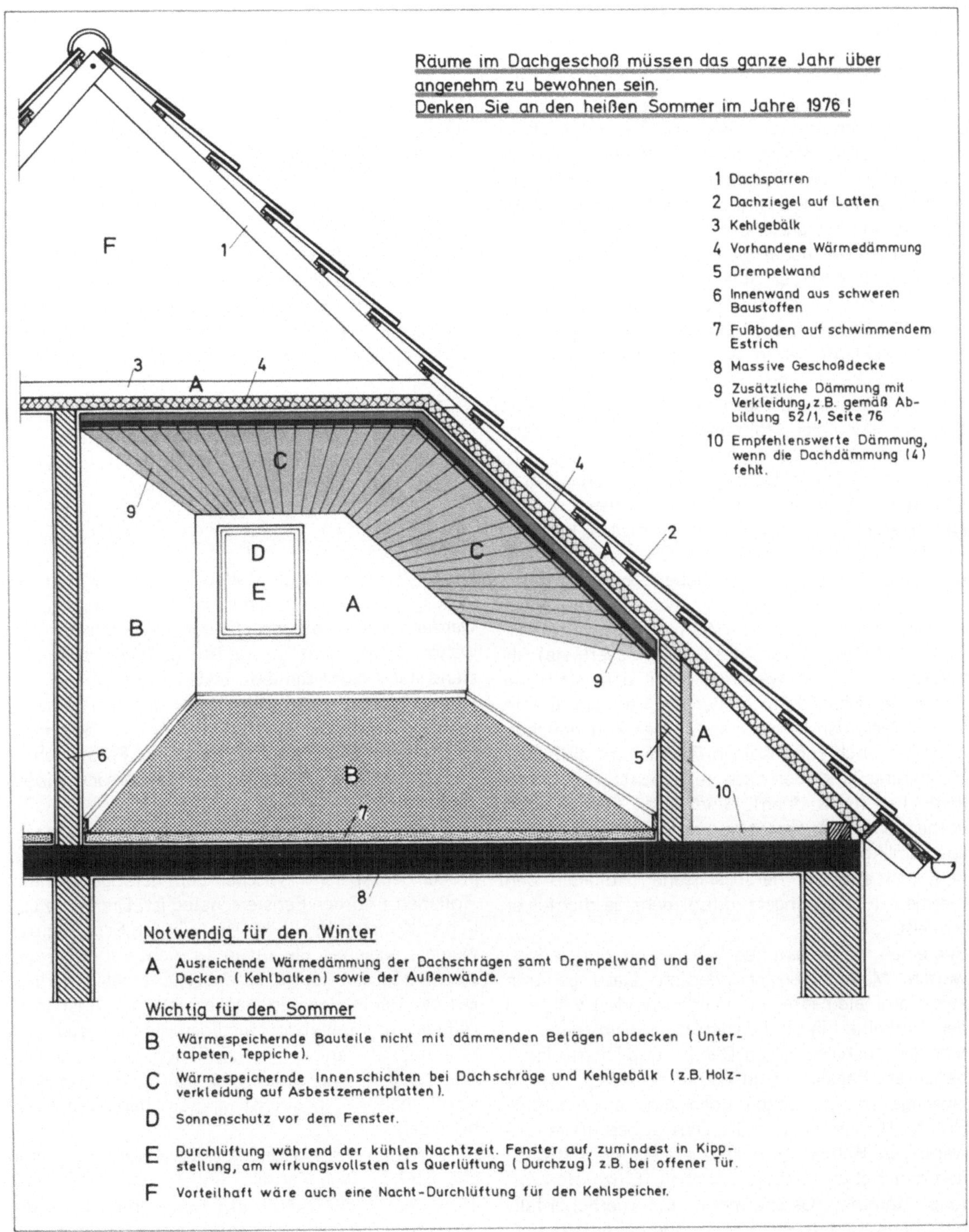

53 Ausgebaute Dachgeschosse — Worauf es im Winter und im Sommer ankommt

Fenster

Fenster sind sowohl für den Wärmeschutz als auch den Schallschutz nach wie vor das schwächste Glied in der Außenwand. Dies gilt auch — wenn auch mit gewissen Einschränkungen — für die heute vorgeschriebenen und dicht schließenden Fenster mit Isolierverglasungen.

Für den Einbau neuer wärme- und schalldämmender Fenster gibt der Staat gegenwärtig noch Zuschüsse oder er gewährt Steuervergünstigungen. Diese Vergünstigungen kann — vorerst noch — nur der Hauseigentümer in Anspruch nehmen. Dieser wiederum kann nicht gezwungen werden, neue Fenster einzubauen. Bei dieser Regelung verbleibt dem Inhaber einer Wohnung nur die Möglichkeit, vertretbare Maßnahmen am Fenster auf seine Kosten durchzuführen. Dabei gibt es recht preisgünstige und auch sehr wirkungsvolle Methoden.

Um eine erste Einschätzung vornehmen zu können, werden in der nebenstehenden Übersicht Abb. 54 drei Fensterarten mit zusätzlichen Verbesserungen gezeigt. Zur Verdeutlichung werden bei jedem Schema-Fensterschnitt die Wärmeverluste über die Fensterscheiben (Transmissionswärmeverluste) als roter, nach außen weisender Pfeil dargestellt. Je dicker der Pfeil, desto größer die Verluste. Die in vielen Gegenden Deutschlands lange Zeit üblichen und dort auch zugelassenen Fenster mit einfacher Verglasung sind demnach regelrechte Wärmeverlustlöcher (links oben). Sind keine Fensterläden vorhanden, dann findet der enorme Wärmeentzug auch am Abend statt. Aus der Übersicht wird deutlich, daß aber ein herabgelassener Rolladen den Wärmeverlust verringert, umso mehr, je dichter er schließt.

Für einen wirkungsvollen Wärmestop sind jedoch weitere Maßnahmen erforderlich. Dazu gehören z.B. Dämmelemente, die man zumindest während der Dunkelheit in die Fensteröffnung einstellt.

Vor der Ausführung von Dämm- und Dichtungsarbeiten am Fenster ist unbedingt zu klären, ob der jeweilige Raum danach noch eine ausreichende Frischluftversorgung erhält. Dies ist besonders notwendig in Räumen mit Heizgeräten, die selbst einen sehr hohen Luftbedarf haben (Einzelöfen, offene Kamine, Gasthermen). Erforderlichenfalls muß dann die Luftversorgung anderweitig gesichert werden.

Weitere Ausführungen hierzu im Kapitel Lüftung auf Seite 112.

Auf das Fenster beziehen sich noch weitere Ausführungen:
— Fensterbrüstungen als Heizkörpernischen, Seite 44/45
— Übersicht: Das Fenster auf einen Blick, Seite 80
— Wärmebrücken um das Fenster, Seite 105 + 109

Innerhalb einer Wohnung dürfte es kaum ein weiteres Bauteil geben, bei dem hinsichtlich des Wärme- und Schallschutzes so viele Einzelheiten zu beachten sind.

Auf keinen Fall die Raumtemperatur mit dem Fenster „regeln"!

Rolläden

Durch herabgelassene Rolläden kann der Wärmeverlust bei einem Fenster spürbar eingeschränkt werden. Voraussetzung ist, daß der Rolladen einwandfrei eingebaut ist und im herabgelassenen Zustand auch dicht schließt. Dabei ist es weniger der Eigendämmwert des Rolladens, der den Wärmeschutz verbessert; es ist vielmehr die beruhigte Luftschicht zwischen Rolladen und Fensterscheibe, die für einen günstigen Wärmeübergangswiderstand sorgt.

Rolläden können aber auch eine Verbesserung der Luftschalldämmung erbringen. Um so mehr, je größer der Abstand zwischen dem herabgelassenem Rolladen und der Fensterscheibe ist. Die heute üblichen Kunststoffrolläden sind für den Schallschutz weniger geeignet. Sie sitzen zu dicht vor dem Fenster. Außerdem ist ihr Eigengewicht viel zu gering. Bei der Bedienung verursachen jedoch Kunststoffrolläden mit Schiebeprofilstäben die wenigsten Geräusche. Bei älteren Holzrolläden kann die Geräuschbelästigung wesentlich verringert werden, wenn man sie möglichst langsam herabläßt bzw. hochzieht.

Bei Fenstern ohne Rolläden dürfte der nachträgliche Einbau sogenannter Mini-Rolläden für einen Wohnungsinhaber kaum in Frage kommen. Derartige Einzelmaßnahmen würden das Bild der Hausfassade zu sehr stören.

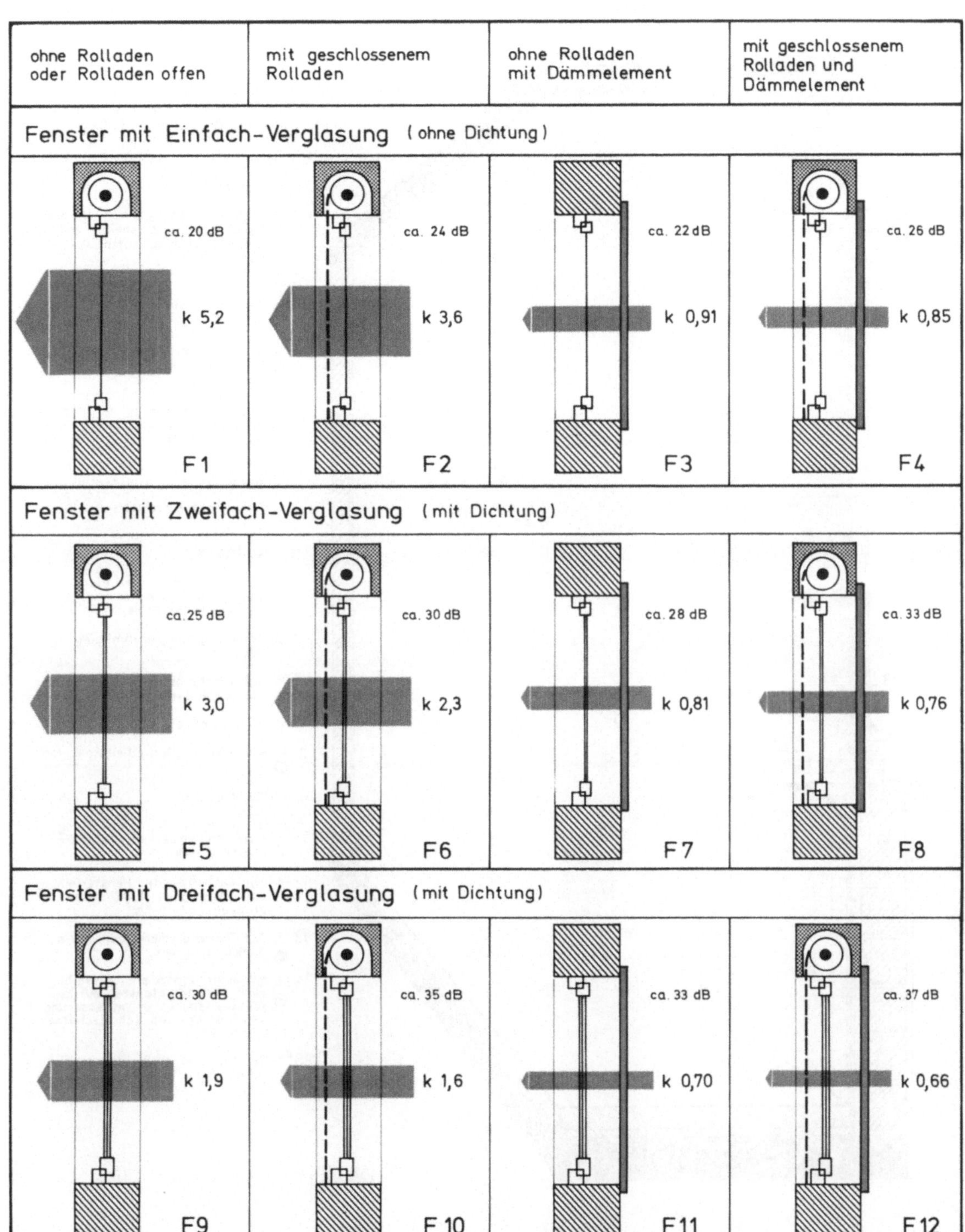

54 Fenster mit unterschiedlicher Verglasung und zusätzlichen Dämmeinrichtungen

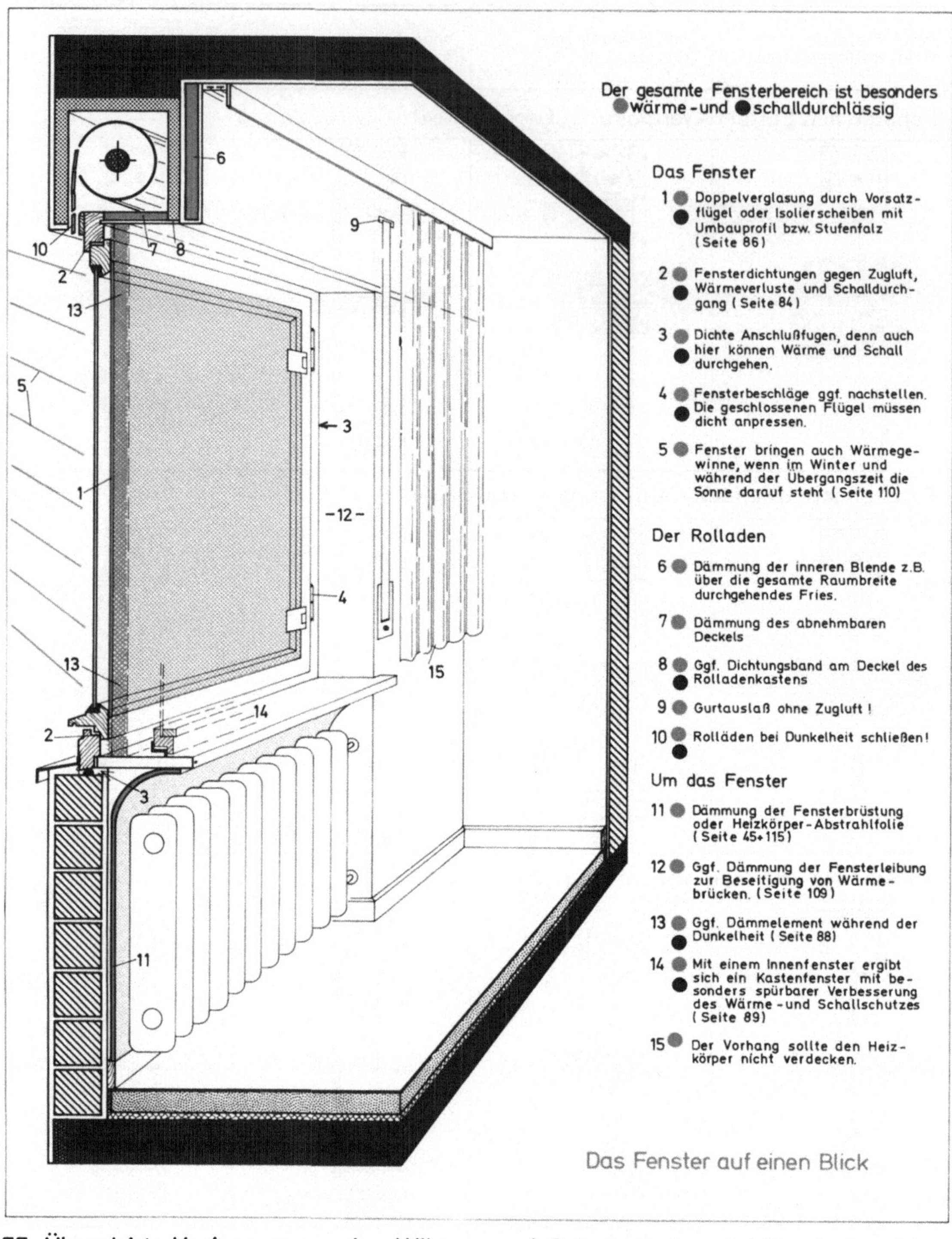

55 Übersicht: Verbesserung des Wärme-und Schallschutzes im Fensterbereich

Erläuterungen zur Fenstertabelle
(Abb. 56, Seite 83)

Bei den massiven Bauteilen ist der k-Wert der alleinige bauteilbezogene Maßstab für die Berechnung der winterlichen Wärmeverluste. Bei den öffenbaren Fenstern kommt jedoch noch der Wärmeverlust über die Fugen hinzu. Oder wie es der Fachmann ausdrückt:

— Der *Transmissionswärmeverlust* (k-Wert) ist die Wärmemenge, die aufgrund unterschiedlicher Temperaturen zwischen außen und innen über die Fläche des Fensters (Glas und Rahmen) hindurchwandert (Seite 11).

— Der *Lüftungswärmebedarf* (a-Wert) ist der Energiebedarf, der benötigt wird, um die durch die Fugen von außen eindringende Kaltluft auf die entsprechende Raumtemperatur zu erwärmen. Der a-Wert ist der Fugendurchgang für Luft in Kubikmeter pro Stunde bei einem vorgegebenen Druckunterschied, bezogen auf einen Meter Falzlänge; er wird kurz mit m^3/hm bezeichnet.

Die Fugendurchlässigkeit — und somit der a-Wert — ist weitgehend von der Rahmensteifigkeit sowie vom Einbau zusätzlicher Dichtungen abhängig. Die Fugendurchlässigkeit beeinflußt auch in starkem Maße die Luftschalldämmung des Fensters. Je größer der a-Wert, um so mehr Schall wird hindurch gelassen.

Zur Einstufung der a-Werte dienen folgende Hinweise:

— a-Werte unter 1 nur bei Fenstern mit guten Dichtungen

— a-Werte von 1,5 bis 2 bei einwandfrei gefertigten Fenstern ohne Dichtung

— a-Werte von 2 bis 3 bei älteren und schon etwas abgenutzten, aber sonst noch intakten Fenstern

— a-Werte von 3 bis 4 bei verzogenen Fenstern mit gelockerten Beschlägen (die Flügel werden nicht mehr kräftig genug angepreßt)

— a-Werte um 5 und darüber bei sehr schlecht schließenden Fenstern (dabei ergibt sich ein starker Zugluftanfall)

Für Neubauten, deren Pläne nach dem 1. November 1977 eingereicht wurden, gelten die Vorschriften der Wärmeschutzverordnung; bei Gebäuden bis zu 2 Vollgeschossen ein a-Wert von höchstens 2,0, bei höheren Gebäuden ein a-Wert von höchstens 1,0.

In der Fenstertabelle wird von zwei verschiedenen Fensterarten ausgegangen:

1. Alte, aber noch brauchbare Fenster mit einfacher Verglasung, wie sie lange Zeit im Wohnungsbau üblich waren;

2. neue Fenster mit zweifacher Verglasung entsprechend dem heutigen Standard. Bei einem a-Wert 1,0 sind zusätzliche Abdichtungsmaßnahmen nicht erforderlich.

Als weitere Grundlagen dienen die folgenden Annahmen:

— Eingebaute Wohnung, z.B. in einem Mehrfamilienhaus, in normaler Lage und windschwacher Gegend.

— Eine Temperaturdifferenz mit 32 K (°C) bei einer Innentemperatur mit +20 °C und einer Außentemperatur mit −12 °C.

— Für die Berechnung der Wärmeverluste über die Fensterfugen werden 3 m Falzlänge pro m^2 Fensterfläche angenommen, bei einem a-Wert wie in der Tabelle angegeben.

— Für die Ermittlung der jährlichen Heizkosten gelten die gleichen Grundlagen wie bei den übrigen Bauteilen (Außenwände, Innenwände, Decken, Dächer). Bei 32 K (°C) Temperaturdifferenz zwischen innen und außen betragen die Heizkosten für einen k-Wert 1,0 = DM 5,50/m^2.

Bei den vorgeschlagenen kombinierten Maßnahmen werden für den k-Wert, den a-Wert sowie das Schalldämm-Maß jeweils zwei Werte angegeben. Über dem Bruchstrich stehen die Werte für die Tagzeit, unter dem Bruchstrich die Werte für das während der Dunkelheit eingestellte Dämmelement bzw. das herabgelassene Rollo einschließlich Dämmelement. Den darauf abgestimmten Berechnungen liegen 12 Stunden Tagzeit und 12 Stunden Nachtzeit zugrunde.

In der Fenstertabelle ist die wärme- und schalldämmende Wirkung eines herabgelassenen Rolladens nicht berücksichtigt. Es ist aber erwiesen, daß Rolläden den Wärme- und Schalldämmwert eines Fensters um so mehr verbessern, je geringer die Eigenwerte des Fensters selbst sind, wie z.B. bei einem alten Fenster mit einfacher Verglasung. Eine Einstufung der Wirkung herabgelassener Rolläden erfolgt in der Übersicht Abb. 54 auf Seite 79.

**Vorgeschlagene Verbesserungsmaßnahmen
am Fenster**

In der Fenstertabelle werden die Verbesserungsmaßnahmen mit großen Buchstaben bezeichnet.
Mitunter werden zwei oder sogar drei Maßnahmen
an ein und demselben Fenster vorgeschlagen. Die
unten angegebenen Richtpreise können nur als gro-
ber Anhalt angesehen werden. Gegenüber massiven
Bauteilen einschließlich deren Verkleidungen,
kommt es bei den Fenstern vielmehr auf ihre äußeren Abmessungen an, nicht nur auf den Flächenin-
halt allein. Außerdem ist bei vorhandenen Fenstern deren Zustand zu berücksichtigen.

A Das vorhandene alte Fenster ist ringsum sorgfältig abzudichten. Bei alten Fenstern grundsätzlich die erste und wichtigste Maßnahme. Hierfür
ein guter mittlerer Materialpreis (ohne Montage) mit DM 8,–/m².

B Bespannung des alten Fensters mit einer 0,1 mm
dicken klardurchsichtigen Kunststoff-Folie.
Materialpreis für die Folie einschließlich Selbstklebeband DM 13,–/m², jedoch ohne die Kosten für die Anbringung.

C Vorsatzflügel einschließlich des leichten Rah-
mens, geliefert und fertig montiert mit DM
180,–/m². Vorsatzflügel aus Sicherheitsglas
dürften geringfügig teurer sein. Der Austausch
der Einfachscheibe gegen zweifaches Isolierglas kostet je nach Fenstergröße DM 180,– bis
DM 250,–/m².

D Das Innenfenster (Abb. 64) mit einem angenommenen Preis von DM 550,–/m² für Lieferung und Montage ist eine recht teure Angelegenheit. Die Verbesserung des Schalldämmwer-
tes ist jedoch beachtlich.

E Flexibles Dämmelement, das während der Dunkelheit auf der Raumseite vor der Fensternische
angebracht oder in sie eingestellt wird. Im Materialpreis mit DM 32,–/m² sind die Kosten für
die 50 mm dicken harten Dämmplatten, die
beidseitige einfache Beschichtungsbahn sowie
die notwendigen Randprofile enthalten.

F Einfaches Springrollo aus Baumwollgewebe (oh-
ne Montage) einschließlich eines 50 mm dicken
Dämmelementes mit einfachster Beschichtung.
Für diese Kombination werden DM 76,–/m²
Materialkosten angenommen.

**Die Wirtschaftlichkeit der
Verbesserungsmaßnahmen**

Bei alten Fenstern sind besonders wirtschaftlich
▶ zusätzliche Abdichtungen (Nr. 1);
▶ zusätzliche Abdichtungen in Verbindung mit ei-
ner Fensterfolie (Nr. 2).
Diese Maßnahmen amortisieren sich bereits in einer Heizperiode.
Die Amortisation der Materialkosten für die folgenden Maßnahmen erfolgt innerhalb von zwei
Heizperioden.
▶ Flexible Dämmelemente, während der Dunkelheit in das abgedichtete Fenster eingestellt
(Nr. 5);
▶ Kombination von Fensterdichtung, Folienbespannung und Dämmelement (Nr. 7).
In einer Mietwohnung lassen sich aus finanziellen
Gründen auch noch die folgenden Ausführungen
vertreten:
▶ Rollo mit einfachem Dämmelement bei abge-
dichtetem Fenster (Nr. 6);
▶ das gleiche Fenster mit Folienbespannung, wo-
bei auch tagsüber der Wärmedämmwert verbes-
sert wird (Nr. 8).
Die flexiblen Dämmelemente und auch die Rollos
können beim Umzug mitgenommen werden.
Vorsatzflügel aus Glas erfordern eine weit höhere
Amortisationszeit (Nr. 3 und 9).
Das zusätzliche Innenfenster lohnt sich nur, wenn
man neben dem Wärmegewinn die erhebliche Verbesserung der Schalldämmung zu schätzen weiß
(Nr. 4 und 10).
Die heutigen Fenster mit zweifacher Verglasung
besitzen bereits recht günstige k-Werte und a-Werte.
Gegenüber dem wärme- und schalldurchlässigen
Einfachfenster sind hier zusätzliche Maßnahmen
weniger rentabel. Als brauchbare Lösungen können angesehen werden
▶ eine innere Folienbespannung (Nr. 11);
▶ das während der Dunkelheit vor das Fenster ge-
stellte Dämmelement (Nr. 14);
▶ die Kombination von Fensterfolie und Dämmelement (Nr. 16).
Ein Vorsatzflügel (Nr. 12) und noch mehr ein zu-
sätzliches Innenfenster (Nr. 13 und 17) zahlen sich
nicht aus. Dagegen kann ein Innenrollo mit einfachem Dämmelement (Nr. 15) noch einen Sinn haben, besonders wenn man das herabgelassene
Rollo als zusätzlichen Raumschmuck betrachtet.

56 Vorhandene Fenster mit verbessertem Wärme-und Schallschutz

Vorhandenes Fenster		Verbessertes Fenster					Nunmehrige jährl. Heizkosten			Amortisation der Verbesserungsmaßnahmen	
Art	Bewertung	lfd. Nr.	Verbesserungsmaßnahmen	k-Wert W/m²K	a-Wert m³/hm	Schalldämm Maß dB	Verbrauch DM/m²	Einsparung DM/m²	%	bei DM	Jahre
Altes Fenster mit einfacher Verglasung	k-Wert 5,2 W/m²K a-Wert 3,0 m³/hm Schalldämm-Maß 20 dB Jährliche Heizkosten k: 28,60 a: 21,90 zus.: 50,50 DM/m²	1	A	5,2	1,5	24	k 28,60 / a 10,90 / zus. 39,50	11.—	22	8.—	unter 1
		2	A+B	3,3	1,5	24	k 18,10 / a 10,90 / zus. 29,00	21,50	43	21.—	1
		3	A+C	3,0	1,5	25	k 16,50 / a 10,90 / zus. 27,40	23,10	46	188.—	8
		4	A+D	2,6	0,8	40	k 14,30 / a 5,80 / zus. 20,10	30,40	60	558.—	18
		5	A+E	$\frac{5,2}{0,65}$ Tag/Nacht $\frac{1,5}{1,0}$		$\frac{24}{27}$	k 16,10 / a 9,10 / zus. 25,20	25,30	50	40.—	unter 2
		6	A+F	$\frac{5,2}{0,60}$	$\frac{1,5}{1,0}$	$\frac{24}{30}$	k 15,95 / a 9,10 / zus. 25,05	25,45	50	84.—	unter 4
		7	A+B+E	$\frac{3,3}{0,60}$	$\frac{1,5}{1,0}$	$\frac{24}{27}$	k 10,70 / a 9,10 / zus. 19,80	30,70	61	53.—	unter 2
		8	A+B+F	$\frac{3,3}{0,58}$	$\frac{1,5}{1,0}$	$\frac{24}{32}$	k 10,65 / a 9,10 / zus. 19,75	30,75	61	97.—	unter 4
		9	A+C+E	$\frac{3,0}{0,57}$	$\frac{1,5}{1,0}$	$\frac{25}{28}$	k 9,80 / a 9,10 / zus. 18,90	31,60	63	220.—	7
		10	A+D+E	$\frac{2,6}{0,55}$	$\frac{0,8}{0,6}$	$\frac{40}{45}$	k 8,65 / a 5,10 / zus. 13,75	36,75	73	590.—	16
Neues Fenster mit zweifacher Verglasung	k-Wert 3,0 W/m²K a-Wert 1,0 m³/hm Schalldämm-Maß 25 dB Jährliche Heizkosten k: 16,50 a: 7,30 zus.: 23,80 DM/m²	11	B	2,1	1,0	25	k 11,50 / a 7,30 / zus. 18,80	5,00	21	13.—	unter 3
		12	C	1,9	1,0	30	k 10,50 / a 7,30 / zus. 17,80	6,00	25	180.—	30
		13	D	1,8	0,6	42	k 9,90 / a 4,40 / zus. 14,30	9,50	40	550.—	58
		14	E	$\frac{3,0}{0,57}$ Tag/Nacht $\frac{1,0}{0,6}$		$\frac{25}{28}$	k 9,80 / a 5,85 / zus. 15,65	8,15	34	32.—	4
		15	F	$\frac{3,0}{0,56}$	$\frac{1,0}{0,6}$	$\frac{25}{32}$	k 9,80 / a 5,85 / zus. 15,65	8,15	34	76.—	10
		16	B+E	$\frac{2,1}{0,52}$	$\frac{1,0}{0,6}$	$\frac{25}{28}$	k 7,20 / a 5,85 / zus. 13,05	10,75	45	45.—	unter 5
		17	D+E	$\frac{1,8}{0,51}$	$\frac{0,6}{0,5}$	$\frac{42}{46}$	k 6,35 / a 4,05 / zus. 10,40	13,40	56	582.—	44

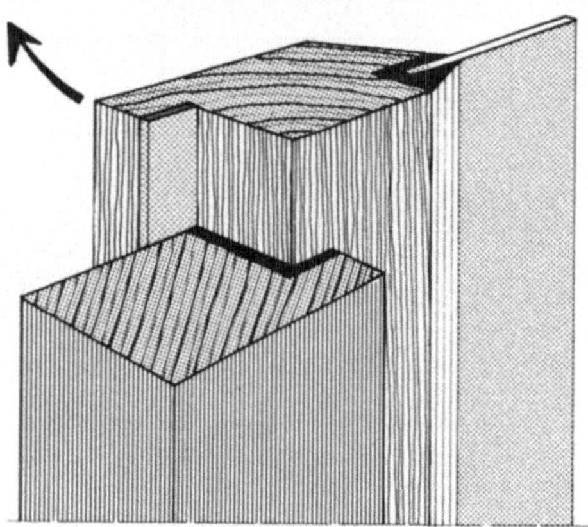

1 Dichtungsband im inneren Falz

2 Dichtungsband am Fensterflügel

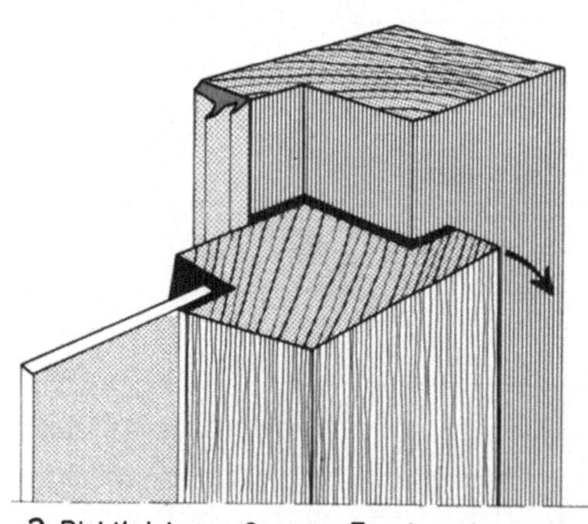

3 Dichtleisten außen am Fensterrahmen

57 Fensterfugen, Dichtungsbänder oder Dichtleisten

Abdichtung der Fensterfugen

Die heutigen Fenster enthalten durchweg ausreichende Dichtungseinlagen. Diese sind innerhalb des Falzbereiches eingebaut.

Dagegen sind viele der vorhandenen Fenster mehr oder minder undicht. Die Flügel sind oft stark verzogen oder hängen ab. Dabei kann der Wärmeverlust über die Fensterfugen (a-Wert) größer sein als der direkte Wärmedurchgang durch die Scheiben (k-Wert). Bevor man weitere Maßnahmen am Fenster ergreift, sollten deshalb zuerst die Fugen nachgedichtet werden. Hierzu gibt es verschiedene Möglichkeiten:

- Einkleben eines Elastikbandes. Wie bereits auf Seite 34 ausgeführt wurde, kann dies bei ungleicher Anpressung oft mehr schaden als nützen (Abb. 57/1 + 2).
- Anschrauben von Abdichtungsleisten. Eine Maßnahme ohne aufwendige Stemm- oder Fräsarbeiten. Bei einer Innenanbringung kann der Fensterflügel ringsum mit diesen Profilen ausgestattet werden. Werden dagegen die Leisten lediglich außen vorgesehen, ist für den unteren Falzbereich wegen der Verkröpfungen am Wetterschenkel bzw. der Regenschutzschiene ein Dichtungsband oder ein Ausspritzen mit Dichtungsmasse notwendig (Abb. 57/3).
  Die größte Wirkung erzielt man, wenn man die Dichtungsleisten innen und außen anbringt. Dadurch ergibt sich im inneren Falzbereich ein eingeschlossener kleiner Luft-Hohlraum.
- Dichtmassen für den inneren Falzbereich. Damit lassen sich insbesondere unregelmäßige Spaltbreiten ausfüllen. Die Verarbeitung dieser Dichtmassen aus Silikonkautschuk erfordert einige Sorgfalt. Die Verarbeitungshinweise der Hersteller sind unbedingt zu beachten, besonders was die Vorbereitung des Untergrundes betrifft (Abb. 58).

Vor der Durchführung von Dichtungsmaßnahmen sind die Fensterbeschläge gründlich zu überprüfen und ggf. nachzustellen.

Die Fugen zwischen Fensterrahmen und Mauerwerk können im Laufe der Zeit ebenfalls undicht
werden. Jedes kräftige Öffnen und Schließen des
Fensters beansprucht diesen Anschlußbereich. Zusätzlich gefährdet sind Fenster, auf die ständig me-
chanische Schwingungen einwirken, wie z.B. an
Straßen mit starkem LKW-Verkehr. Undichte Stellen beim Fenster lassen nicht nur Wind und Regen
herein, sondern auch den Außenlärm.
Derartige Fehlstellen sind mit Mineralwolle nach-
zustopfen oder auszuschäumen. Der gesamte Fu-
genbereich ist mit einer dauerelastischen Dichtungsmasse zu schließen, z.B. mit dem oben genannten
Silikonkautschuk.

Rolladenkasten

Der Rolladenkasten ist eine weitere Schwachstelle
im Fensterbereich. Kälte und Außenlärm können
ziemlich ungehindert in den Kasten eindringen. Die
oft nur dünnen Innenwandungen behindern den
Wärmeentzug kaum. Der Lärm gelangt fast unge-
mindert in den Raum.
Eine Verbesserung des Wärmeschutzes ist deshalb
vornehmlich bei der inneren senkrechten Blende
(Kasten-Innenschürze) sowie beim Rolladendeckel
erforderlich. Bei dem meist sehr knapp bemessenen Aufrollraum reicht es gerade noch, um den unteren abnehmbaren Deckel mit etwa 2 cm dicken
Dämmplatten zu belegen. Die zusätzliche Wärmedämmschicht für die senkrechte Blende muß dagegen auf der Raumseite angebracht werden (siehe
auch Abb. 55).
Bei starkem Windanfall kann sogar die kleine Öff-
nung für den Gurtdurchlaß einen unangenehmen
Kaltluftstrom hereinlassen. Gurtdurchlässe mit
Dichtungsbürsten verhindern dieses Übel.
Eine Verbesserung des Schallschutzes beim Roll-
ladenkasten gestaltet sich noch schwieriger. Mög-
lich ist die Einbringung von schallschluckendem
Material im Hohlraum, soweit dieser vom aufge-
rolltem Rolladenpanzer nicht·beansprucht wird.
Außerdem sollte man die Fugen des abnehmbaren
Deckels gut abdichten, z.B. mit aufgeklebten
Schaumstoffstreifen.

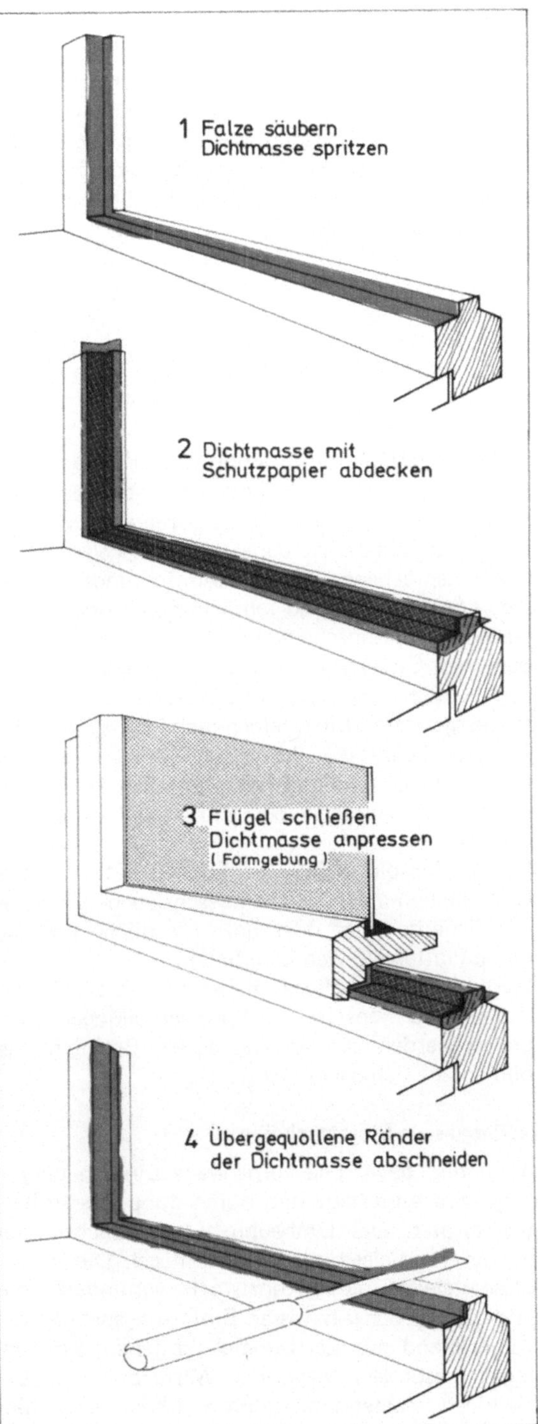

58 Abdichten von Fensterfugen mit Dichtmassen

Doppelfenster durch Vorsatzflügel

Die vorhandenen Fenster müssen vor allem das Gewicht der zusätzlichen Scheibe tragen können. Der Fensterflügel darf auch nicht zu stark verzogen sein, damit der Vorsatzflügel ringsum gut anliegt. Es besteht sonst die Gefahr, daß Raumluft zwischen die Scheiben gelangt und die Innenseite der äußeren Scheibe beschlägt.

Abbildung 59/1 Die Zusatzscheibe wird ringsum durch ein PVC-Profil eingefaßt, das auf der Fensterseite als Schlauchdichtung ausgebildet ist. Das durchgehende Scharnier auf der Bandseite ist in das PVC-Profil eingearbeitet. Der geschlossene Vorsatzflügel wird durch mehrere Verschlußknöpfe angedrückt.

Abbildung 59/2 Das Grundprofil aus Leichtmetall wird unter Zwischenlegung von Dichtungsmasse am Fensterrahmen befestigt. Der Flügelrahmen mit der Zusatzscheibe ist daran angeschlagen und besitzt entsprechende Verschlußeinrichtungen.

Abbildung 59/3 Diese rahmenlosen Vorsatzflügel bestehen aus Einscheiben-Sicherheitsglas. Sie werden von Glaserfirmen oder Glasgroßhandlungen nach Maß gefertigt und mit Bändern und Verschlüssen ausgestattet. Einscheiben-Sicherheitsglas ist besonders belastbar, erhöht temperaturbeständig sowie schlag- und stoßfest. Aus diesem Material werden z.B. Autoscheiben und Ganzglastüren hergestellt.

Bei den Beispielen 59/1 + 2 können statt normaler Glasscheiben auch das oben beschriebene Einscheiben-Sicherheitsglas oder unzerbrechliche Polycarbonat-Platten Verwendung finden.

Sämtliche Vorsatzflügel haben den Vorteil, daß sie auch bei Fenstern mit Sprossenteilungen angebracht werden können. Das äußere Erscheinungsbild ändert sich dabei nicht.

Isolierglas als Einsatzscheibe

Abbildung 59/4 Die vorhandene Einfach-Verglasung wird ausgebaut und durch doppeltes Isolierglas ersetzt. Das Umbauprofil aus Leichtmetall stabilisiert zugleich den Fensterflügel. Die innere Glashalteleiste aus Kunststoff verhindert die Bildung von Schwitzwasser. Einfassungsprofile, die durchgehend aus Leichtmetall bestehen, sind dagegen besonders wirksame Wärmebrücken. Bei niedrigen Außentemperaturen bildet sich hier Schwitzwasser, während Rahmen und Scheibe trocken bleiben. Es gibt aber auch Methoden, Isolierverglasungen ohne zusätzliche Profile einzubauen.

Weitere Wärmeschutzvorrichtungen für das Fenster

Springrollos haben den Vorteil, daß sie fest montiert sind und nur geöffnet oder geschlossen werden müssen. Der Rollvorhang selbst hat zwar einen nur geringen Dämmwert. Bei einer ringsum sachgemäßen Abdichtung ergibt sich jedoch bei einem einigermaßen luftdichten Rollvorhang wie beim Kastenfenster ein Luftpolster. Zur weiteren wirkungsvollen Verbesserung des Wärmeschutzes kann hinter dem Rollvorhang ein einfaches Dämmelement, z.B. eine harte, unverkleidete Dämmplatte in die Fensternische eingestellt werden. Das herabgelassene Rollo braucht dann nicht mehr dicht anzuliegen.

Schallschutzrollos bestehen aus einem sehr schweren biegeweichen Spezialgewebe und bewirken eine Verbesserung der Luftschalldämmung um etwa 15 dB. Die seitliche Abdichtung erfolgt mittels Magnetbandverschluß. Außerdem ergibt sich eine Verbesserung des Wärmeschutzes so wie beim Springrollo beschrieben. Die nach Maß gelieferten Schallschutzrollos können in Eigenhilfe montiert werden. (Phomaroll der Firma Optac, Ober-Roden)

Wärmeschutzrollos sind mit einer besonderen Reflektorbahn für den Wärme- und Sonnenschutz zugleich ausgestattet. Das Trägerprofil mit freitragender Rohrwelle besitzt nur geringe Abmessungen und wird am oberen Teil des Fensterflügels befestigt. Die Betätigung der Reflektorbahn kann manuell oder vollelektronisch steuerbar erfolgen. Die AGERO-Wärmeschutzanlage wird nach örtlichem Aufmaß für jedes Fenster passend gefertigt. (Ingenieurbüro Lenze, Salzböden)

Wärmeschutz-Jalousien werden auf der Raumseite direkt vor der Fensternische angebracht. Dadurch ergibt sich eine beruhigte Luftschicht zwischen Fensterscheibe und Jalousie. Die einzelnen Lamellen sind einseitig mit einer Spezialbeschichtung versehen, die die Wärmestrahlung zum Fenster hin reflektiert. Dadurch wird die Wärmedämmwirkung der stehenden Luftschicht entsprechend verbessert. Für den sommerlichen Wärmeschutz können die Lamellen gewendet werden, so daß die Spezialbeschichtung zum Raum hin zeigt. (Luxaflex der Firma Hunter Douglas GmbH, Düsseldorf)

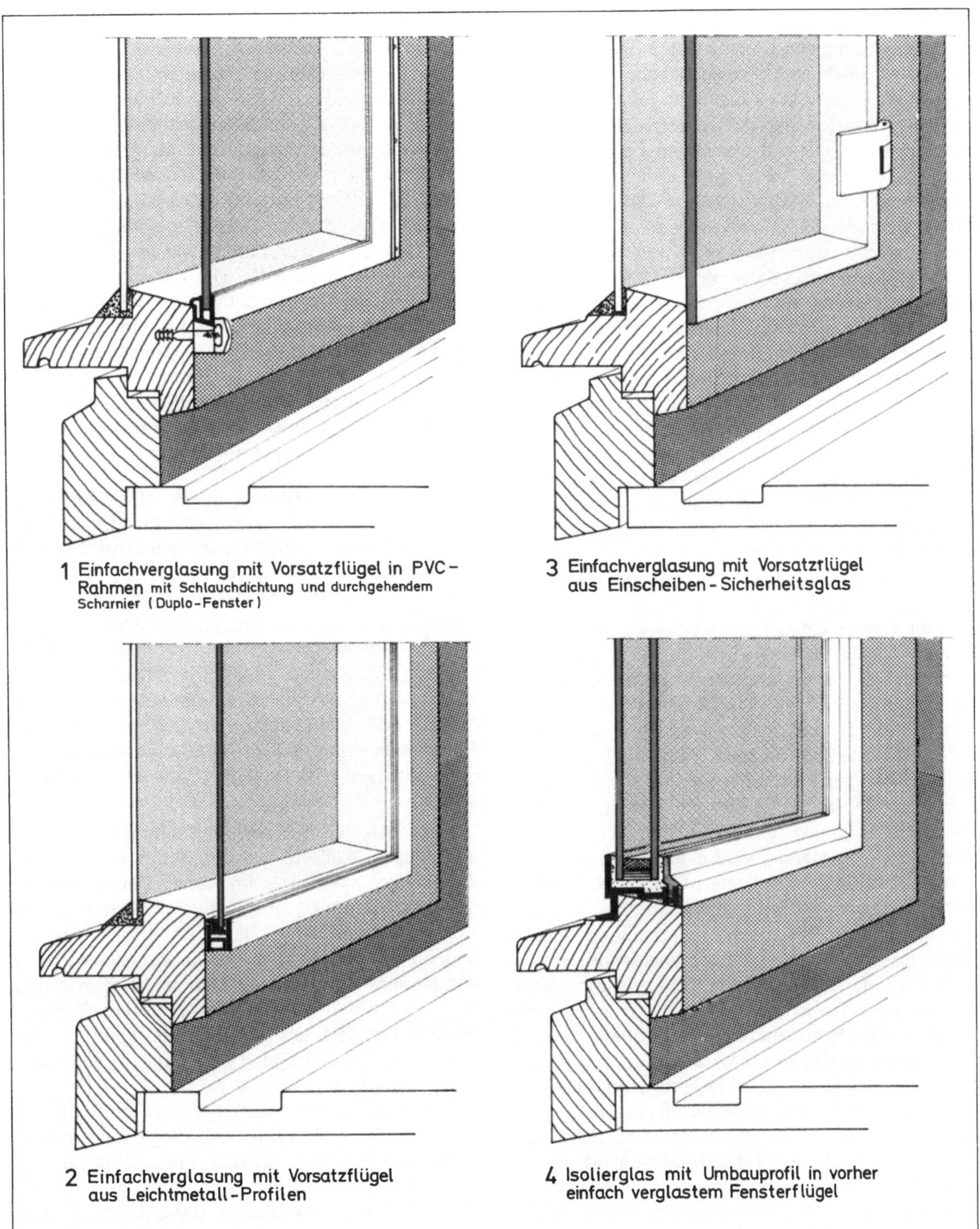

59 Nachträgliche Doppelverglasung von bisherigen Einfachfenstern

Vorhandene Fenster mit Folie bespannen

Die Verwendung von Klarsichtfolien ist zwar keine neue, aber doch recht wenig bekannte Methode, um den Wärmeschutz vorhandener Fenster auf eine besonders preisgünstige Art zu verbessern. Wie aus der Fenstertabelle mit vorausgehender Beschreibung (Seite 82/83) hervorgeht, dürfte die Folienbespannung mit einem während der Dunkelheit einzustellenden Dämmelement oder herabgelassenem Innenrollo ein Optimum an Maßnahmen darstellen, die auch ein Mieter verwirklichen kann.

Die Verbesserung des k-Wertes ergibt sich durch die Schaffung einer ruhenden Luftschicht von 2 bis 3 cm Dicke. Eine direkt auf die Glasscheibe aufgeklebte Folie bringt dagegen keine Verbesserung.

Wegen ihres außerordentlich niedrigen Gewichts haben Folien den Vorteil, daß sie auch auf alten Fenstern geringer Güte aufgebracht werden können. An verzogenen Fensterflügeln müssen keine Egalisierungsarbeiten durchgeführt werden, so wie z.B. bei starren Vorsatzflügeln.

Mit der Entwicklung von Folienfenstern haben sich schon einige Erfinder beschäftigt. Dabei haben sie den erneut gebrachten Vorschlag, aus einem Einfach-Fenster durch Aufspannen einer glasklaren Kunststoff-Folie ein preisgünstiges Doppelfenster zu machen, als bekannte Maßnahme genannt. Bei einem Fenster, bei dem zwischen äußerer und innerer Fensterscheibe mehrere sehr dünne Polyester-Folien gespannt waren, sollen sich im Laufe von 6 Jahren (ab 1955) an den Folien keinerlei Alterserscheinungen gezeigt haben. Die Folien seien durch die ständig eindringende Sonnen- und Himmelsstrahlung weder gefärbt noch trüb, weniger transparent oder gar faltig geworden.

Für die vorgeschlagene Folienbespannung — auch wenn sie nur als guter Behelf angesehen wird — ist nicht jede handelsübliche Folie geeignet. Nach den vorliegenden Erkenntnissen trifft die Eignung für die nachstehend beschriebenen Folienarten zu:

— *Polyester-Folien* mit glasklarer Durchsicht, zug- und einreißfest, abriebfest, maßbeständig, sehr steif (ähnlich dünnem Zelluloid), klebbar.

— *Polycarbonat-Folien* mit guter Durchsicht, sehr hoher Einreiß- und Weiterreißfestigkeit, bruch- und splitterfest, hoher Steifigkeit, klebbar.

Beide Folienarten sind beständig gegen Waschmittel, Öle und Fette und zahlreiche weitere Einwirkungen, die aber im Haushalt kaum vorkommen.

Zum Aufbringen der Folienbespannungen auf die Fensterrahmen eignen sich handelsübliche doppelseitige Klebebänder. Bei sogenannten trägerlosen Selbstklebebändern wird die auf einem Silikonpapier haftende farblose Klebeschicht auf den Fensterrahmen übertragen und dann die Folie satt aufgeklebt. Sehr gut geeignet ist das neue 3M-Haftband. Es besitzt auf der Rückseite (gegen das Fenster) eine übliche Selbstklebeschicht und auf der Vorderseite (zur Folie) eine besondere Haftschicht (ohne Klebstoff). Die darauf angedrückte Folie kann leicht und ohne Beschädigung wieder abgenommen werden; laut Prospekt: immer wieder, jahrelang. Dadurch wird die gelegentliche Abnahme der Folie, z.B. zur Reinigung sowie zum Putzen der Glasscheibe, wesentlich erleichtert und die Verwendung einer 0,1 mm dicken Folie über mehrere Jahre hinweg ermöglicht.

Das 3M-Dauerhaftband gibt es auch auf einer Kunststoff-Folie als Trägerschicht. Es ist gut durchscheinend, so daß die aufgebrachte Folie an ihren Rändern kaum zu erkennen ist. Der Farbton des Fensterrahmens bleibt dadurch erhalten.

Während der Sommerzeit ist das 3M-Dauerhaftband bei abgenommener Folie mit einer Schutzabdeckung zu versehen. Dies ist vor allem notwendig, um die Dauerhaftschicht vor der Einwirkung von Wasser und Waschzuständen zu schützen. Als Schutzabdeckung genügt eine sehr dünne klare Folie, das als preisgünstiges Folienband geliefert wird.

Die sogenannten Fensterfolien sind etwas dampfdurchlässig. Außerdem kann durch kleinere Undichtheiten, besonders im kalten Winter mit der warmen Raumluft, auch etwas Feuchte in den Hohlraum zwischen Scheibe und Folie gelangen und im unteren Bereich der kalten Außenscheibe kondensieren. Es handelt sich um eine Wirkung, die man bei den herkömmlichen Verbundfenstern (Wagner-Fenster) seit vielen Jahren kennt. Als erhebliche Beeinträchtigung wurde dies bisher jedoch nicht angesehen.

Folienbespannungen von einer bestimmten Größe an können durch Wind und Sog leicht bewegt werden, z.B. beim Öffnen und Schließen der Zimmertür.

Bei einfallender künstlicher Beleuchtung können die Folien etwas spiegeln, sofern sie nicht hinter einem Vorhang verdeckt liegen.

Flexible Dämmelemente für Fenster

Darunter werden Wärmedämmelemente verstanden, die während der Dauer der Heizperiode als zusätzlicher Wärmeschutz nach Eintritt der Dunkelheit im Innenbereich des Fensters angebracht werden. Auf diese schon lange bekannte, sehr wirkungsvolle Maßnahme wird in Forschungsberichten und Empfehlungen zur Energieeinsparung verstärkt hingewiesen. Wenn man bedenkt, daß während der kalten Windernächte die Fenster 12 Stunden und mehr verdunkelt sind, dürfte diese Verbesserung des Wärmeschutzes unbestritten sein.

Die größtmögliche Energieeinsparung mit Hilfe dieser Dämmelemente ergibt sich bei Einfach-Verglasungen ohne Rolläden (Abb. Seite 79, Mitte oben). Aber auch bei Fenstern mit Rolläden und solchen mit zweifacher Isolierverglasung amortisieren sich die Aufwendungen für diese winterlichen Verbesserungen in einer annehmbaren Zeit (Tab. Seite 83).

Weitere Vorteile ergeben sich, wenn man die Dämmelemente

— auf der dem Fenster zugewandten Seite mit Schallschluckstoffen verkleidet und

— die zum Raum hin zeigende Seite mit wärmereflektierenden Stoffen beschichtet.

Bei der vorgesehenen Innenanbringung sind die Dämmelemente nicht der Witterung ausgesetzt. Außerdem erfährt die Gebäude-Außenansicht keine eventuell störende Veränderungen. Die innenseitige Abdeckung des Fensters schadet auch der Wärmespeicherung nicht, da Fenster ohnehin nicht zu den wärmespeicherfähigen Bauteilen gehören. Während strenger Wintertage kann es vorteilhaft sein, die Dämmelemente nach dem Durchlüften der Räume auch tagsüber am Fenster zu belassen. Selbstverständlich gilt dieser Hinweis nur für Räume, die nicht ständig genutzt werden, wie z. B. Schlafzimmer. Hinsichtlich des Energieverbrauches ist es günstiger, bei einem gelegentlichen Begehen eines solchen Raumes das Licht einzuschalten.

Bei kleinen und normalgroßen Fenstern können die Dämmelemente wegen ihres geringen Gewichts einstückig gefertigt werden. Bei großen Fenstern und Fenstertüren kann eine Aufteilung in mehrere Einzeltafeln oder stapelbare Pakete vorteilhaft sein.

Zusätzliches Innenfenster

Das zweite Fenster ist eine besonders wirkungsvolle Maßnahme, um bei einem vorhandenem Fenster den Wärme- und Schallschutz gleichzeitig zu verbessern. Man erhält dann ein Kastenfenster. Es muß gewährleistet sein, daß die Flügel der beiden Fenster nacheinander geöffnet werden können. Dieses Innenfenster ist aber keine billige Angelegenheit. Anfertigen kann es nur ein Fachbetrieb nach genauen Einbaumaßen.

Diese teuren Zusatzfenster wird man deshalb auf den Wohnraum beschränken. Nach ihrem Einbau wird die Wohnbehaglichkeit ganz erheblich angehoben, besonders wenn der Außenlärm sehr stark ist. Die sich beim Innenfenster ergebenden Vorteile:

Bei einem vorhandenen Einfach-Fenster wird der k-Wert von 5,2 auf 2,6 W/m^{2}K verbessert. Zum Vergleich: Ein neues Holz- oder Kunststoff-Fenster mit zweifacher Isolierverglasung hat einen k-Wert von 3,0. Es erfolgt eine besonders spürbare Verbesserung der Schalldämmung, je größer der Abstand zwischen den beiden Einzelfenstern ist und die Dicke der neuen Verglasung auf die vorhandene Scheibe des Außenfensters abgestimmt wird. Außerdem ist es vorteilhaft, die Leibung zwischen den beiden Fenstern mit Schallschluckstoffen auszukleiden.

Das Außenfenster bleibt unverändert und damit auch die Fassadengestaltung. Wenn notwendig, sind beim Außenfenster die bereits beschriebenen Dichtungsmaßnahmen durchzuführen.

Das Innenfenster unterliegt nicht den äußeren Witterungseinflüssen. Der Einsatz von einfachen Leichtmetall-Profilen ist deshalb möglich.

Weitere Einzelheiten sind aus Abb. 64 zu entnehmen. Die vorgeschlagene Konstruktion ist auf eine einfache Demontierbarkeit abgestimmt.

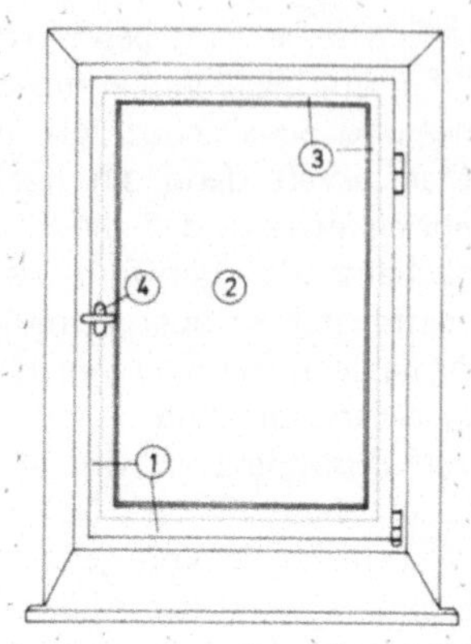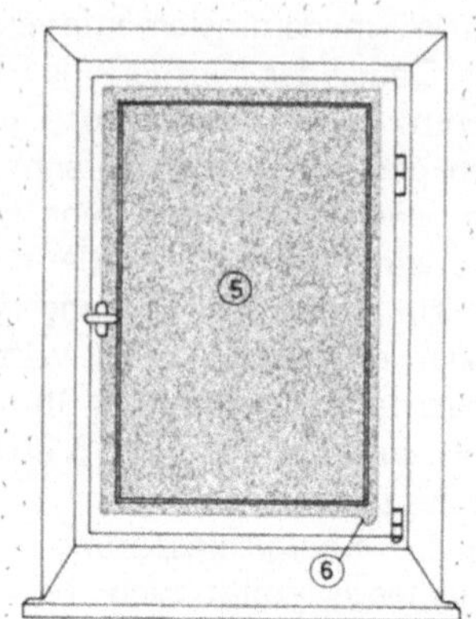

1 Folienbespannung anbringen

1. Fensterrahmen ① und Glasscheibe ② reinigen. Gut trocknen lassen. Ggf. nachhelfen, z.B. mit Fön. Holzfenster müssen gut durchgetrocknet und deckend gestrichen sein.

2. Selbstklebeband ③ in passende Streifen schneiden. Wenn erforderlich, Beschlagteile ④ aussparen. Unteres Schutzpapier abziehen. Selbstklebeband ringsumlaufend aufkleben und fest anpressen. Stöße und Ecken dicht gestoßen. Zweckmäßig sind sogenannte Überlappungsschnitte.

3. Folie ⑤ auf Format schneiden. Abmessung: Außenkanten der Selbstklebebänder ③. Aussparungen ④ am Folienrand ausschneiden. Überstand ⑥ zum Anfassen stehenlassen.

4. Beim Selbstklebeband ③ oberes Schutzpapier abziehen. Folie ⑤ durch 2 Personen anbringen. Eine hebt die Folie frei vor das Fenster, die andere fixiert das Folienblatt. Von der Mitte aus nach oben und unten faltenfrei andrücken. Befestigungsrand fest anreiben. Folie muß luftdicht aufliegen.

Reinigung der Folie am Fenster mit weichem Antistatiktuch. Gründliche Reinigung der abgenommenen Folie mit einem milden Haushaltsspülmittel.

Dabei weichen Schwamm und viel Wasser verwenden. Bei dieser Gelegenheit auch die Innenseite der Fensterscheibe reinigen und gut trocknen.

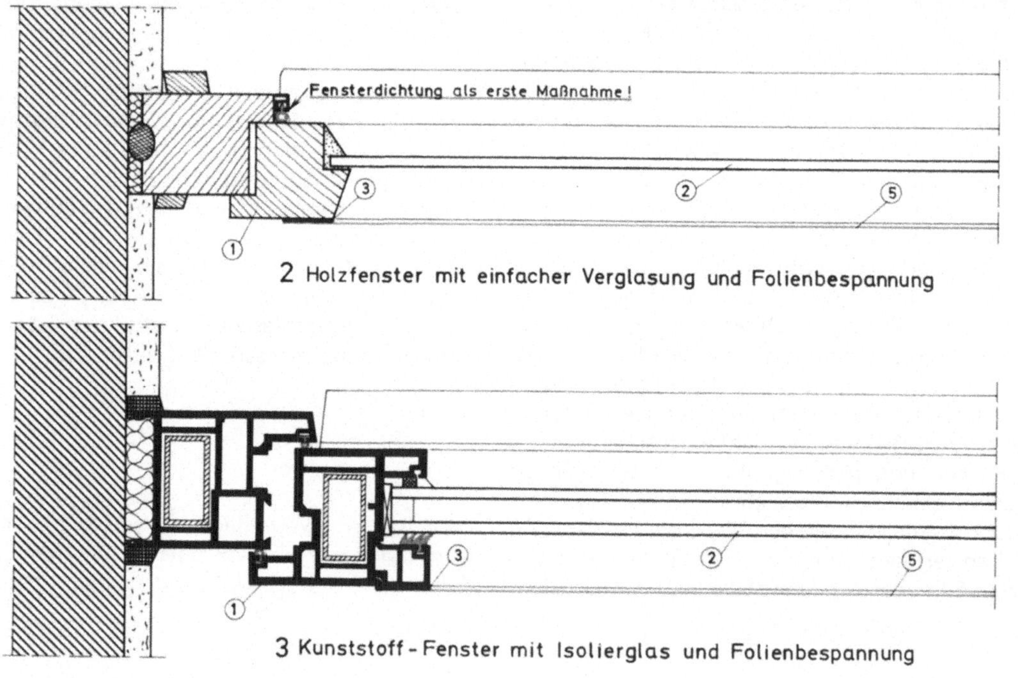

2 Holzfenster mit einfacher Verglasung und Folienbespannung

3 Kunststoff-Fenster mit Isolierglas und Folienbespannung

60 Fenster mit Folienbespannung - Ausführungshinweise

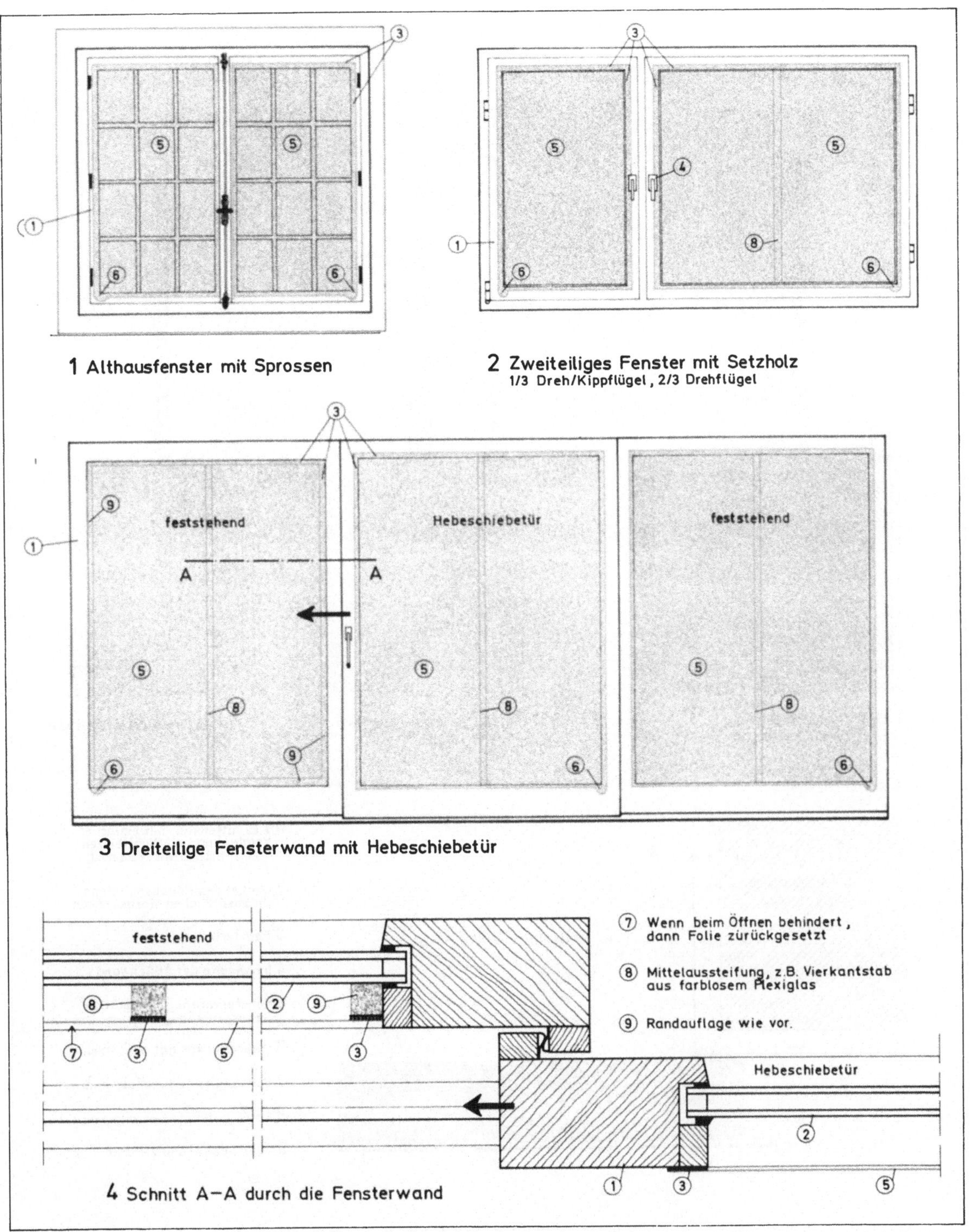

1 Althausfenster mit Sprossen

2 Zweiteiliges Fenster mit Setzholz
1/3 Dreh/Kippflügel, 2/3 Drehflügel

3 Dreiteilige Fensterwand mit Hebeschiebetür

4 Schnitt A–A durch die Fensterwand

⑦ Wenn beim Öffnen behindert,
dann Folie zürückgesetzt

⑧ Mittelaussteifung, z.B. Vierkantstab
aus farblosem Plexiglas

⑨ Randauflage wie vor.

61 Fenster und Fenstertüren mit Folienbespannung – Ausführungsbeispiele

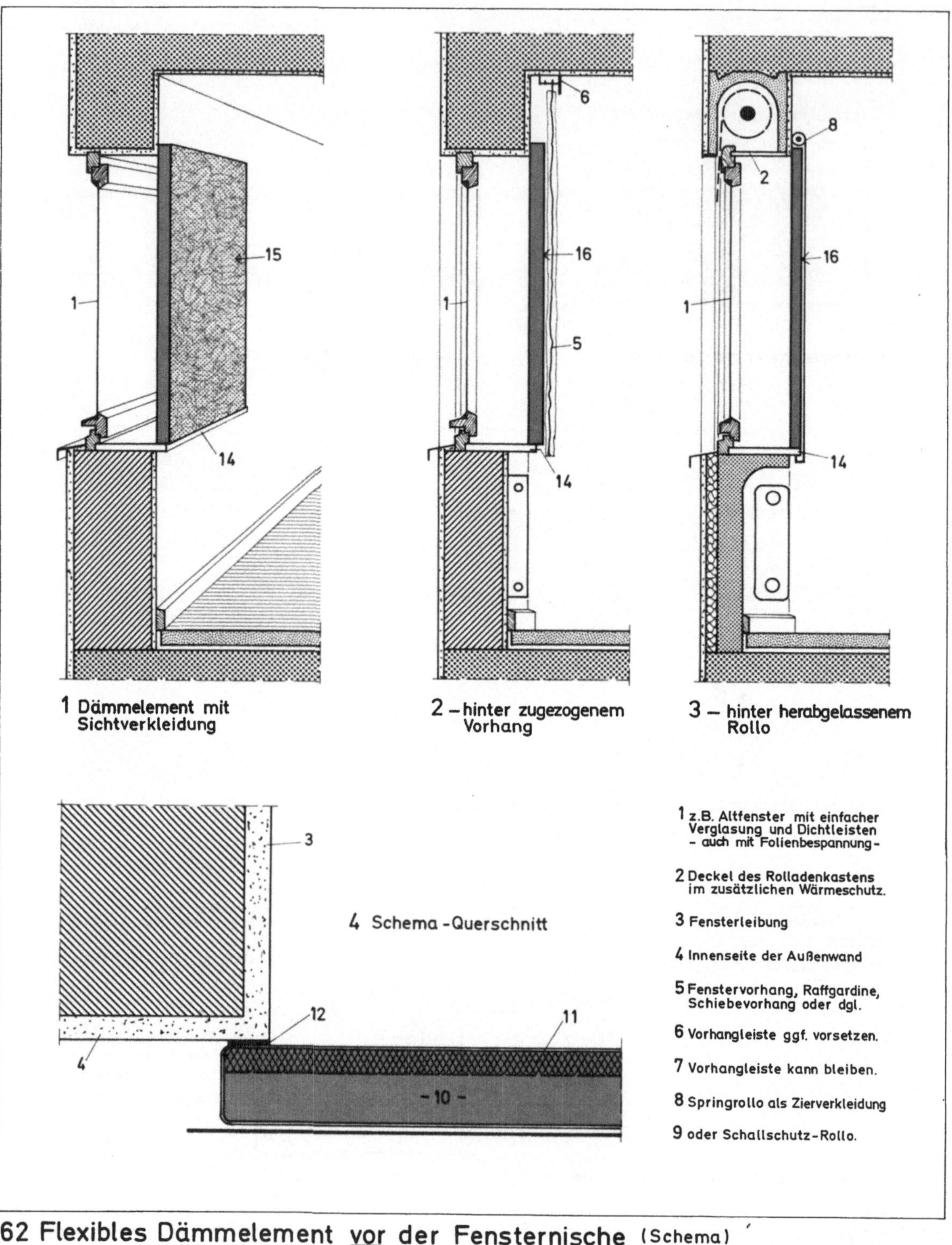

1 Dämmelement mit Sichtverkleidung

2 – hinter zugezogenem Vorhang

3 – hinter herabgelassenem Rollo

4 Schema -Querschnitt

1 z.B. Altfenster mit einfacher Verglasung und Dichtleisten – auch mit Folienbespannung –

2 Deckel des Rolladenkastens im zusätzlichen Wärmeschutz.

3 Fensterleibung

4 Innenseite der Außenwand

5 Fenstervorhang, Raffgardine, Schiebevorhang oder dgl.

6 Vorhangleiste ggf. vorsetzen.

7 Vorhangleiste kann bleiben.

8 Springrollo als Zierverkleidung

9 oder Schallschutz-Rollo.

62 Flexibles Dämmelement <u>vor</u> der Fensternische (Schema)

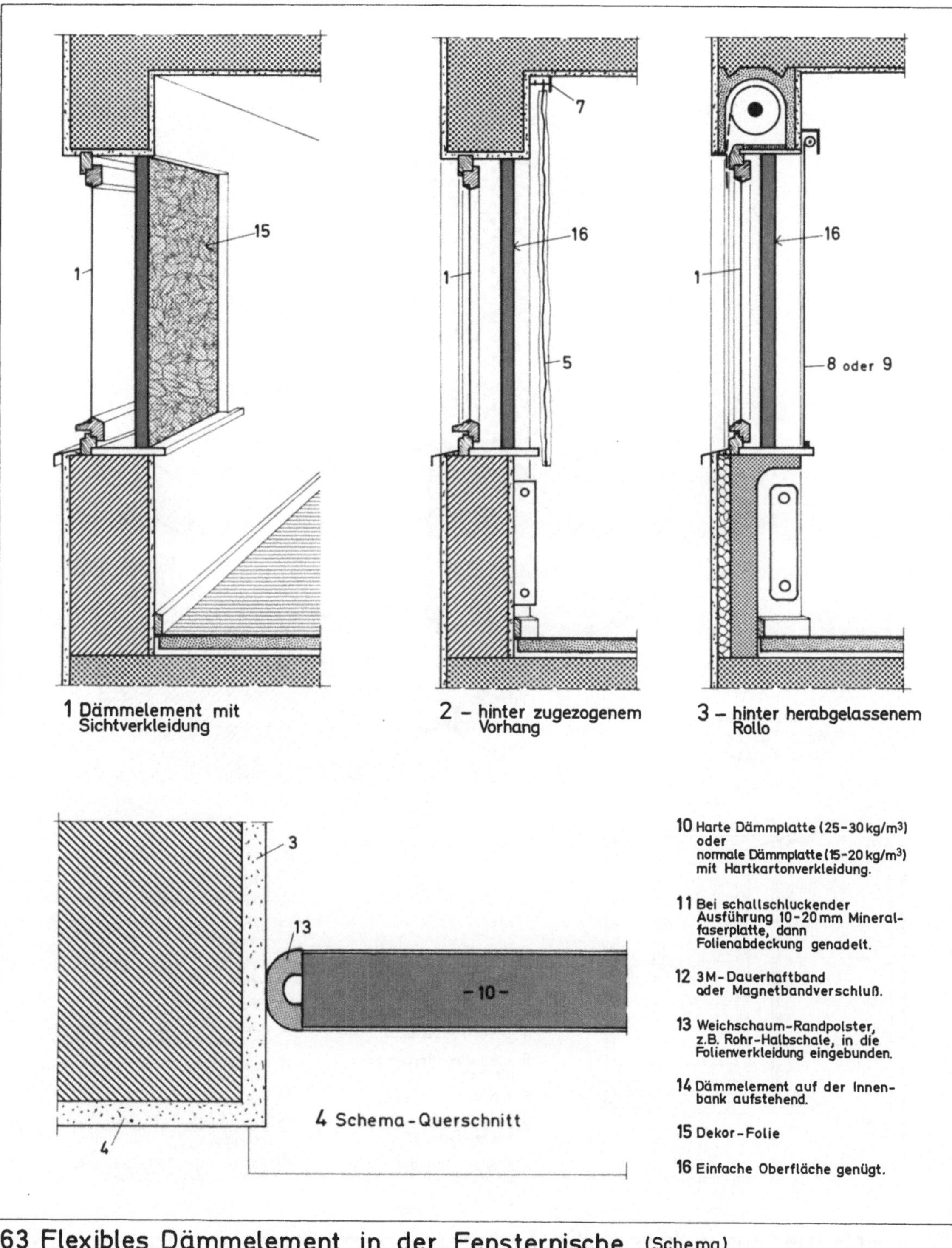

63 Flexibles Dämmelement _in_ der Fensternische (Schema)

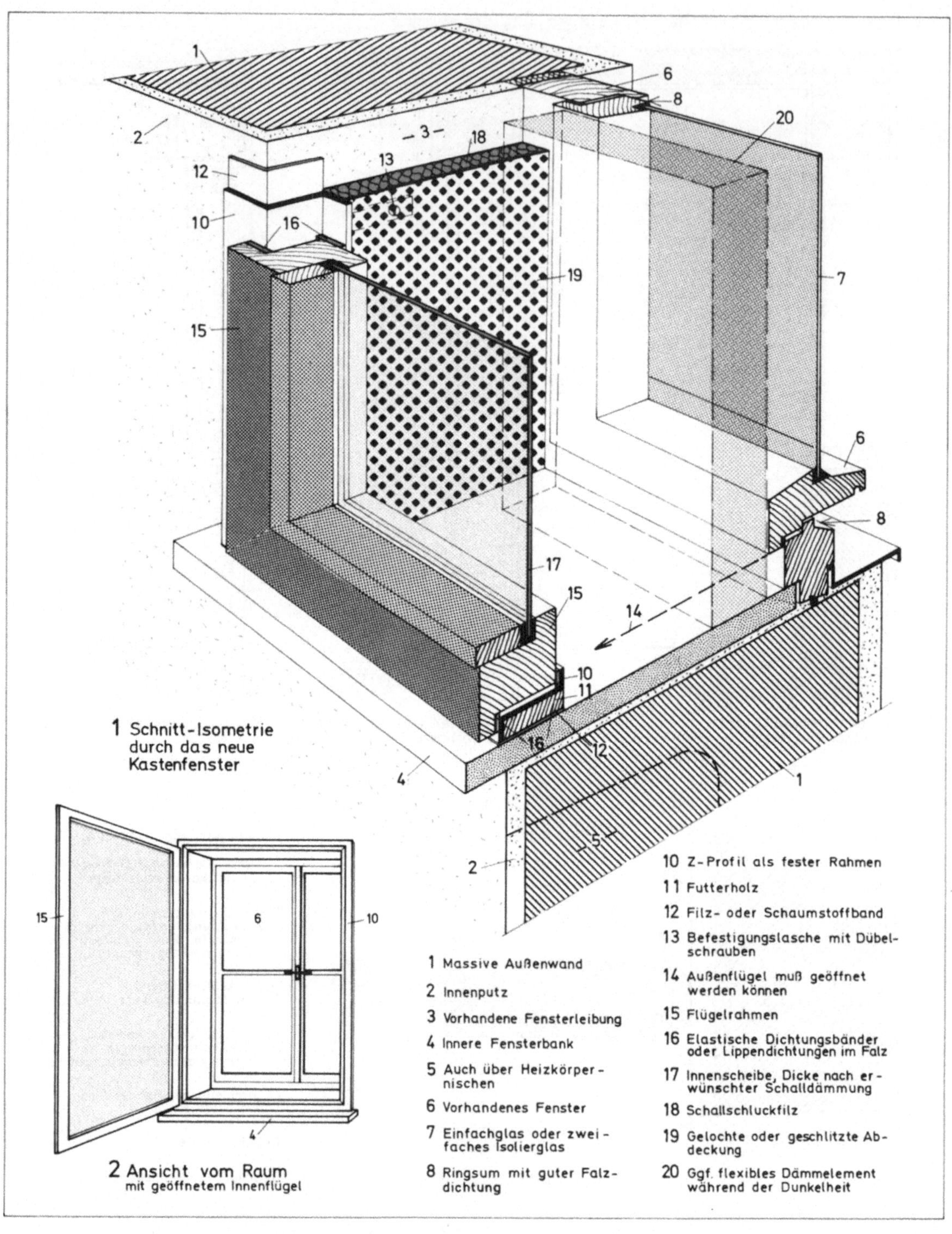

64 Innenfenster zur wirkungsvollen Verbesserung des Schall-und Wärmeschutzes

Loggien und Balkone

Ausreichend bemessene Loggien und Balkone —
eine beliebte Erweiterung der Wohnung — lassen
sich in vielen Fällen jedoch nur bedingt nutzen.
Oft liegen sie an der sonnenarmen Seite oder sind
starkem Außenlärm ausgesetzt. Bei Balkonen und
Loggien, die stärkerer Lärmbelastung unterliegen,
kann die Schallabstrahlung der Wände und Decken
stärker wirken als die direkte Schalleinstrahlung.
Der Schall sollte deshalb an den Abstrahlflächen
gedämpft werden. Hierfür gibt es schallschluckende Verkleidungen in wetterfester Ausführung, wie
z.B.

— Mineralfaser-Akustikplatten mit strukturierten
  Oberflächen, 15 bis 25 mm dick, geeignet für
  die Schallschluckung von hohen Tönen;
— Akustik-Leichtbauplatten aus gebundener Holzwolle mit gleichmäßiger Feinstruktur, 25, 35
  und 50 mm dick, geeignet für die Schallschluk-
  kung von mittleren und hohen Tönen;
— Schaumstoff-Pyramidenplatten mit einer gegenüber der Grundfläche dreimal größeren schallschluckenden Oberfläche, für erhöhte Schallschluckung im gesamten Frequenzbereich.

Die Loggia kann am besten abgeschirmt werden.
Hier stehen nicht nur die Deckenflächen, sondern
auch die seitlichen Wandflächen für das Anbringen
von Schallschluckstoffen zur Verfügung. Bei Loggien ist zuweilen auch eine Verbesserung des Tritt-
schallschutzes erforderlich, wenn sich unter ihnen
bewohnte Räume befinden. Ein nachträglich auf-
gelegter wetterfester Balkonteppich kann hier Abhilfe schaffen.

Zur Verbesserung des winterlichen Wärmeschutzes
für die an die Loggia angrenzenden Räume ist es
vorteilhaft, die Außenöffnung oberhalb der ge-
schlossenen Brüstung während der kalten Jahreszeit zu verglasen, wozu selbstverständlich die Zustimmung des Hauseigentümers erforderlich ist.
Wir kennen das von den früheren Wintergärten. Sie
waren während der warmen Jahreszeit offen und
wurden im Winter dicht gemacht. Dadurch entsteht eine sehr vorteilhafte „Pufferzone". Die kalten Außentemperaturen gelangen dann wesentlich
gemindert an die Raumbegrenzungen, bei denen
bekanntlich die Fenster besonders wärmedurchläs-
sig sind.

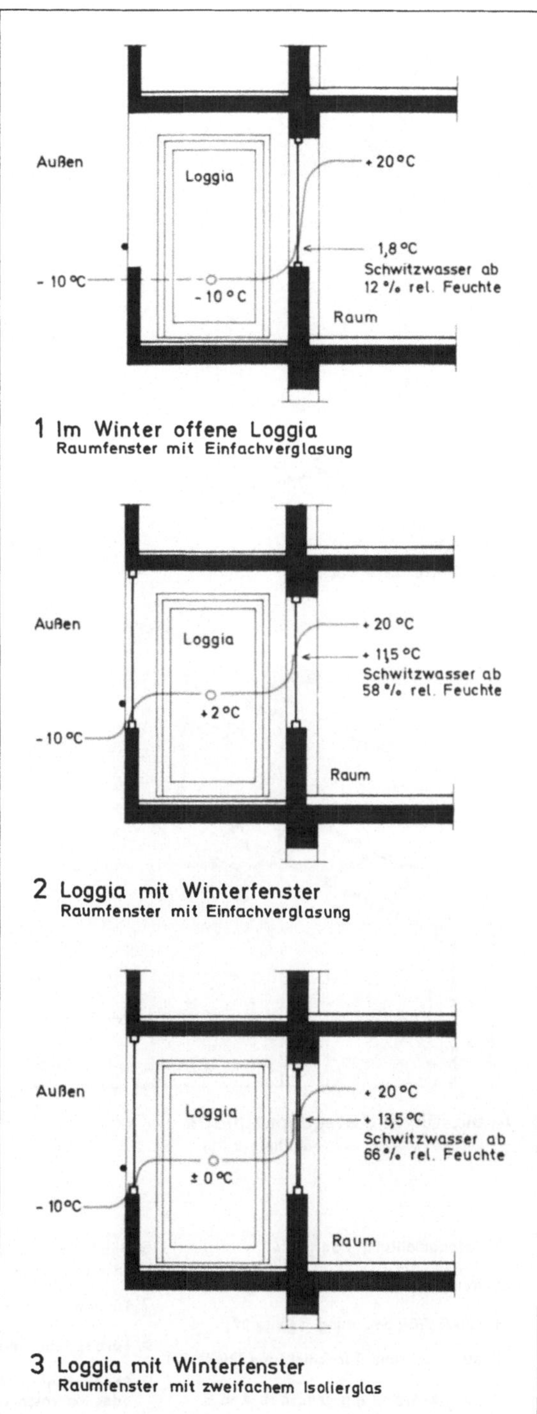

1 Im Winter offene Loggia
Raumfenster mit Einfachverglasung

2 Loggia mit Winterfenster
Raumfenster mit Einfachverglasung

3 Loggia mit Winterfenster
Raumfenster mit zweifachem Isolierglas

65 Wärmeschutz bei Loggien

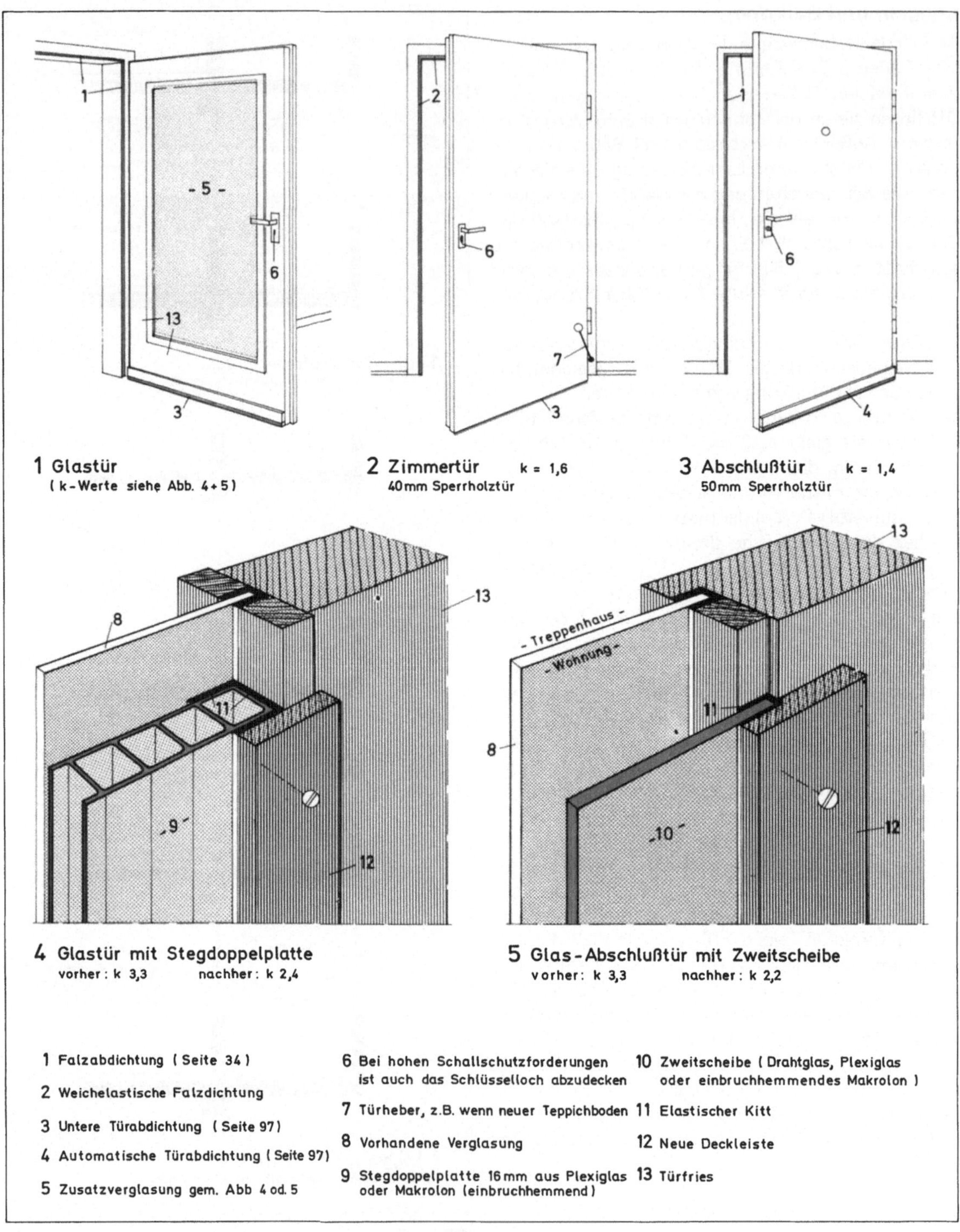

1 Glastür (k-Werte siehe Abb. 4+5)

2 Zimmertür k = 1,6 40mm Sperrholztür

3 Abschlußtür k = 1,4 50mm Sperrholztür

4 Glastür mit Stegdoppelplatte vorher: k 3,3 nachher: k 2,4

5 Glas-Abschlußtür mit Zweitscheibe vorher: k 3,3 nachher: k 2,2

1 Falzabdichtung (Seite 34)

2 Weichelastische Falzdichtung

3 Untere Türabdichtung (Seite 97)

4 Automatische Türabdichtung (Seite 97)

5 Zusatzverglasung gem. Abb 4 od. 5

6 Bei hohen Schallschutzforderungen ist auch das Schlüsselloch abzudecken

7 Türheber, z.B. wenn neuer Teppichboden

8 Vorhandene Verglasung

9 Stegdoppelplatte 16 mm aus Plexiglas oder Makrolon (einbruchhemmend)

10 Zweitscheibe (Drahtglas, Plexiglas oder einbruchhemmendes Makrolon)

11 Elastischer Kitt

12 Neue Deckleiste

13 Türfries

66 Verbesserung des Wärme-und Schallschutzes bei Innentüren

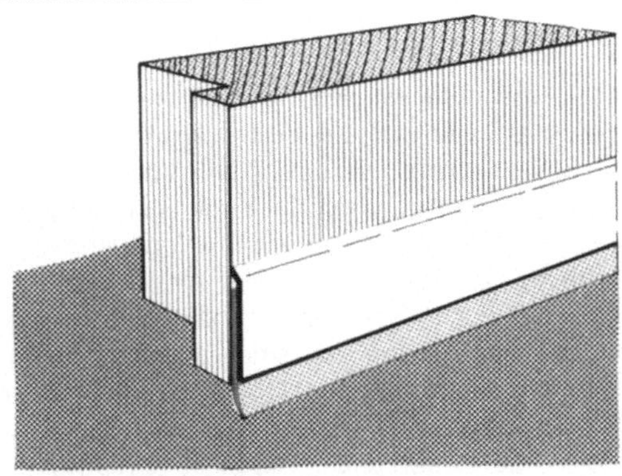

1 Fest eingebaute Schleifdichtung (athmer)
Kunststoffdichtung, angenagelt oder angeklebt

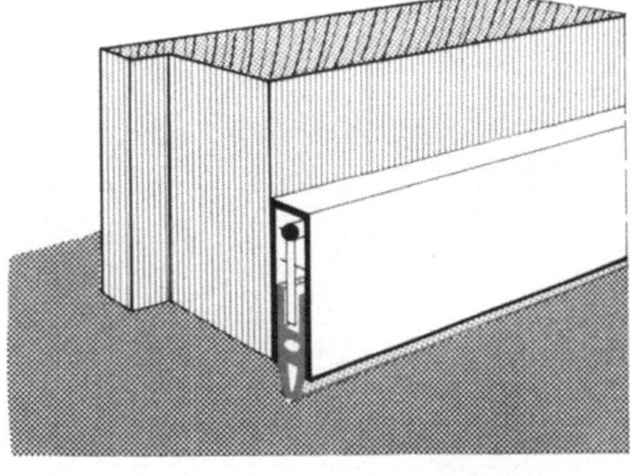

4 Automatische Türabdichtung (athmer)
Dichtungshohlprofil wird beim schließen der
Tür fest an den Boden gedrückt

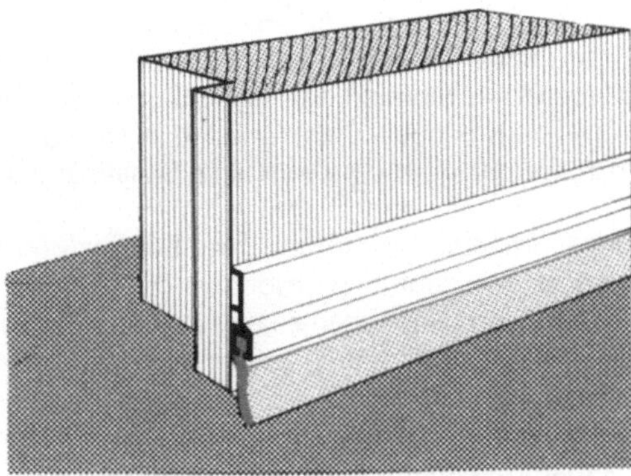

2 Türschwellenstreifen (kateka)
Trägerleiste mit beweglicher Schleifdichtung

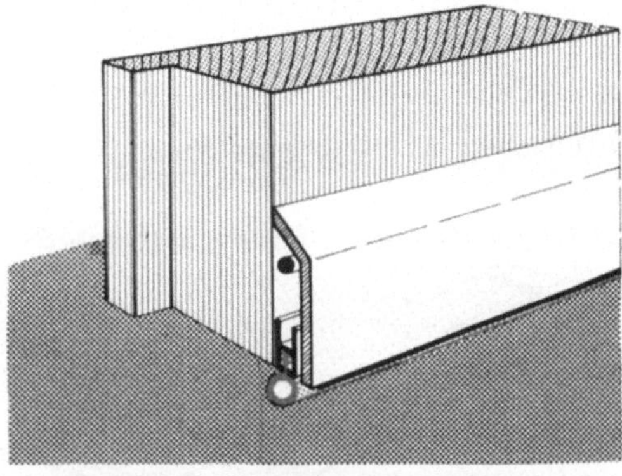

5 Automatische Türabdichtung (athmer)
zugl. Sockelleiste im Holzton, angeschraubt
Funktion wie bei 4

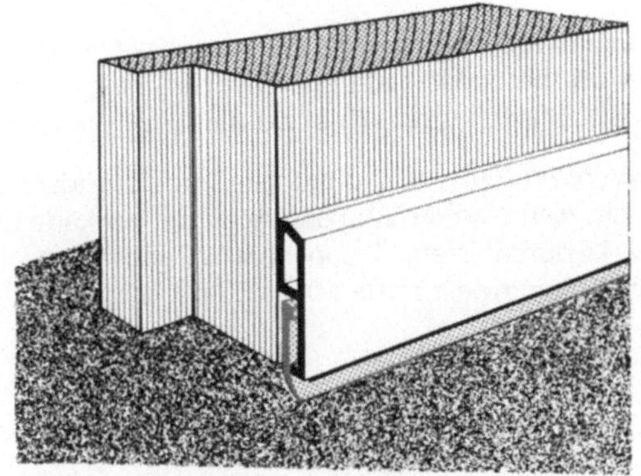

3 Heb-und senkbare Schleifdichtung (athmer)
Kunststoff- Trägerleiste, angeklebt

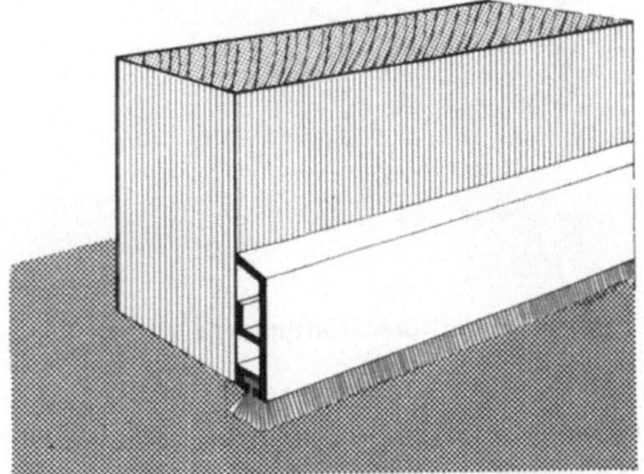

6 Bürstenabdichtung (Ellen)
Leichtmetall - Trägerleiste, angeschraubt
auch für Schiebetüren geeignet

67 Türabdichtungen für die untere Türkante (Auswahl) Abdichtungsprofile für den seitlichen und oberen Falzbereich Seite 34

Türen

Kurz besprochen werden hier Maßnahmen, die sich im wesentlichen auf die Verbesserung des Wärme- und Schallschutzes beziehen. Die Vorschläge können durchweg in Eigenhilfe ausgeführt werden. Es wird empfohlen, für bestimmte Maßnahmen die Zustimmung des Hausbesitzers einzuholen, denn Verbesserungsarbeiten nach einem etwaigen Ausbau der Dichtleisten etc. sind oft kaum möglich, besonders wenn das ursprüngliche Aussehen der Tür oder Zarge erhalten bleiben muß.

Eine wirksame und auch preisgünstige Methode zur Herabsetzung der Wärmeverluste und gleichzeitigen Verbesserung des Schallschutzes sind Dichtungsleisten. Eine Auswahl von geeigneten unteren Türdichtungen zeigt Abb. 67. Abdichtungen für die Türfalze finden Sie auf Seite 34. Bevor die Dichtungen angebracht werden, müssen abhängende und klemmende Türen zunächst in Ordnung gebracht werden. Für eine wirksame Schalldämmung sind die eingebauten Dichtungen ohne Unterbrechung um die gesamte Tür herumzuführen. Schwachstellen sind hier besonders die Ecken.

Bei Türen, von denen man eine besonders wirkungsvolle Luftschalldämmung erwartet, ist auch das Schlüsselloch abzudecken, z.B. mit einer wegschiebbaren Klappe. Geschieht dies nicht, kann sich das Schalldämm-Maß um etwa 3 dB vermindern.

Bei Zimmertüren ist zu beachten, daß sie heute auch Lüftungsöffnungen sind, besonders wenn die Fenster dicht schließen.

Außentüren werden wie Fenster abgedichtet. Dabei ist besonders auf den unteren waagerechten Spalt zu achten, denn hier zieht es am meisten.

Abschlußtüren von Wohnungen sind besonders kritisch, wenn sie an Laubengänge oder an kalte und stark durchlüftete Treppenhäuser angrenzen. Ihr Schalldämmwert sollte 40 bis 50 dB betragen.

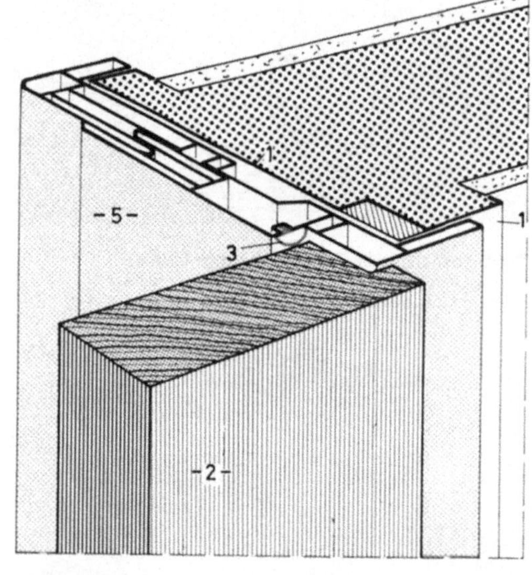

1 Futterbrett mit Abdichtungsprofil

2 Aufgesetzte Kunststofftürzarge

1 Vorhandene Stahltürzarge	**4** Futterbrett, z.B. beschichtete Spanplatte, angeklebt und/ oder angeschaubt.
2 Türblatt	**5** z.B. Marley-Kunststoff-Türzarge, zweiteilig, stufenlos verstellbar.
3 Abdichtungsprofil	

68 Verkleidung von Stahltürzargen

Zimmertüren von Wohn- und Schlafräumen besitzen im allgemeinen einen ausreichenden Wärmedämmwert. Er ist oft günstiger als der Dämmwert der umgebenden Zwischenwand. Das Schalldämm-Maß dieser Türen beträgt aber meist nur 19 bis 21 dB. Es sollte auf 30 bis 40 dB angehoben werden.

Zimmertüren gegen normalkalte Räume brauchen hinsichtlich des Wärmeschutzes ebenfalls keine Verbesserungen.

Zimmertüren von unbewohnten Räumen und Sanitärräumen kommen mit einem Schalldämm-Maß von 20 bis 30 dB aus. Dabei ist aber zu beachten, daß Lüftungsöffnungen in Türen von Sanitärräumen (Bad, WC) das Schalldämm-Maß um bis zu 18 dB herabsetzen.

Einfachverglaste Innentüren werden gebraucht, um z.B. den Flur zu belichten. Hier kann eine Verbesserung des Wärmeschutzes vorteilhaft sein. Die Einfachscheibe hat einen k-Wert, der wesentlich unter dem der benachbarten Wand liegt. Ausführung der Zusatzverglasung gemäß Abb. 66/4 + 5.

Ganzglastüren erhöhen den Wärmeschutz einer bereits vorhandenen Glastür, wenn sie als 2. Tür davorgesetzt werden. Zu beachten ist, daß die Türen dann nach 2 Richtungen aufgehen.

Falttüren in ein- und zweiteiliger Ausführung gibt es in Standardabmessungen von 80 bis 220 cm Breite. Sie lassen sich auf recht einfache Weise in vorhandene Türfutter oder in neu errichtete Leichtwände einbauen.

Stahltürzargen lassen sich in ihrem Aussehen wohnlicher gestalten, indem man eine zusätzliche Verkleidung aus edelholzfurnierten Spanplatten oder einbaufertigen Kunststoff-Profilen aufsetzt (Abb. 68).

Schwere Vorhänge sind eine altbewährte Methode, um den Wärme- und Schallschutz zu verbessern. In der Nähe des Wohnungseinganges angebracht, verhindern sie gleichzeitig die Einsicht in die Wohnung (Abb. 69).

Vorhänge vor vorhandenen Zimmertüren dienen ebenfalls einem zusätzlichen Wärme- und Schallschutz.

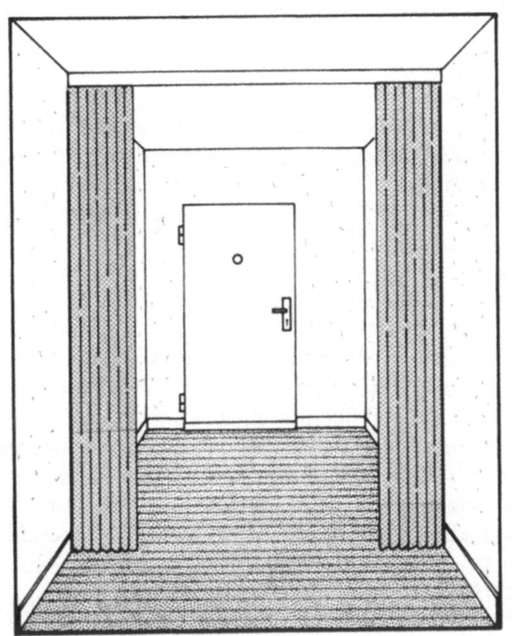

1 **Blick auf die geschlossene Abschlußtür bei geöffnetem Vorhang**

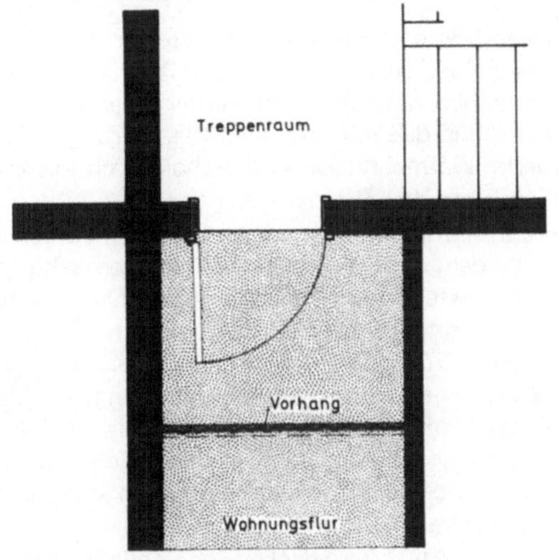

2 **Grundriß bei geöffneter Abschlußtür und geschlossenem Vorhang**

Der geschlossene schwere Vorhang ist ein sehr guter Schutz gegen Lärm und Kälte vom Treppenhaus her. Bei geöffneter Abschlußtür verhindert er die Einsicht in die Wohnung.

69 Vorhang im Wohnungsflur

Wärmebrücken und ihre Beseitigung

Im allgemeinen Sprachgebrauch werden Wärmebrücken oft als „Kältebrücken" bezeichnet. Dieser Ausdruck entspricht jedoch nicht dem physikalischen Ablauf. Die Wärme wandert aus dem Raum über diese „Brücke" nach außen und nicht umgekehrt die Kälte herein.

Wärmebrücken sind ungenügend gedämmte Bereiche in Bauteilen (Wände, Decken usw.). Dabei besitzt das Bauteil selbst meist einen ausreichenden Wärmeschutz. An den Wärmebrücken ergibt sich, verbunden mit herabgesetzten Oberflächentemperaturen auf der Raumseite, ein erhöhter Wärmeverlust. Besonders kritisch sind deshalb Wärmebrücken bei Außenbauteilen, weil sie den kalten Wintertemperaturen voll ausgesetzt sind. An der Wärmebrücke kann die Luftfeuchtigkeit kondensieren (zu Wasser werden). Die normalen Bauteiloberflächen bleiben dagegen trocken.

Feuchte Stellen ziehen bekanntlich den Staub an, so daß die Wärmebrücke sich abzeichnet. Zuerst sind es Nachdunkelungen, die immer schwärzer werden und dann Schimmel bzw. Pilzsporen ansetzen.

Wärmebrücken entstehen nicht immer durch ein Fehlverhalten bei der Planung und Ausführung. Sie können auch noch nach der Baufertigstellung auftreten, ohne daß man die Verschlechterung sofort bemerkt. Wärmebrücken sind deshalb auch in sonst gut gebauten Wohnhäusern anzutreffen.

Die am häufigsten vorkommenden Wärmebrücken sind in den nachfolgenden Abbildungen schematisch dargestellt und kurz beschrieben. Dazu weitere für notwendig erachtete Ausführungen.

Abbildung 70/1 Der Sichtbetongurt läßt die Anbringung einer ausreichenden Dämmung auf der Außenseite nicht zu. Es ergibt sich ein erhöhter Wärmeentzug, um so mehr, je dünner die Außenwand ist. Über den Sockelleisten zeigen sich Nachdunkelungen.

Abbildung 70/2 Massivdecken über Kellern können im Bereich der äußeren Auflager enorme Wärmebrücken sein. Besonders kritisch wird es, wenn der Fußbodenaufbau selbst nicht wärmedämmend ist, wie z.B. ein direkt auf die Decke aufgebrachter Fliesenbelag. Die Dämmschicht an der Kellerdecke unterstützt eher noch den Wärmeentzug.

Abbildung 70/3 Die sicherlich gut gemeinte Außendämmung muß weiter herabgeführt werden und auch noch den Sockelbereich einnehmen.

Abbildung 70/5 Unbeheizte Garagen und Durchfahrten — auch wenn sie mit Toren verschlossen sind — erreichen im kalten Winter Minustemperaturen, die nur wenige Grad über der Außentemperatur liegen. Die Raumwärme will dann zu dieser kälteren Seite wandern.

Abbildung 70/6 Auskragende Bauteile ohne äußere Dämmung sind enorme Kühlrippen. Sie entziehen besonders gierig die Raumwärme aus dem Sockelbereich des darüber liegenden Wohnraumes. Völlig ungenügend ist das Deckenauflager rechts im Bild. Liegt dahinter ein Wohnraum, kann sich in der oberen Raumecke Tauwasser bilden. Und das bereits bei Raumluftfeuchten ab etwa 40%.

Abbildung 71/1 Balkonplatten als auskragender Teil einer Geschoßdecke sind ganz erhebliche Wärmebrücken. Diese Kühlrippen entziehen besonders viel Raumwärme. Nachdunkelungen und mitunter auch Schimmelbildung in der oberen Raumecke sind die Folge, auch in sonst gut gepflegten Wohnungen.

Abbildung 71/3 Die Betonmasse der Sichtbeton-Attika unterliegt den wechselnden Temperaturen des Außenklimas. Dadurch kann es in der oberen Raumecke zu Abrissen kommen. Außerdem wird sehr viel Raumwärme entzogen. Da nützt auch eine noch so dicke Dämmung der Dachfläche nichts.

Abbildung 71/5 Eine sehr häufig vorkommende Wärmebrücke. Der Planer hat es zwar gut gemeint und eine Dämmplatte an der Außenseite der Betonteile vorgeschrieben. Eine gewisse Verbesserung tritt auch ein, verhindert den Wärmeentzug jedoch nur teilweise.

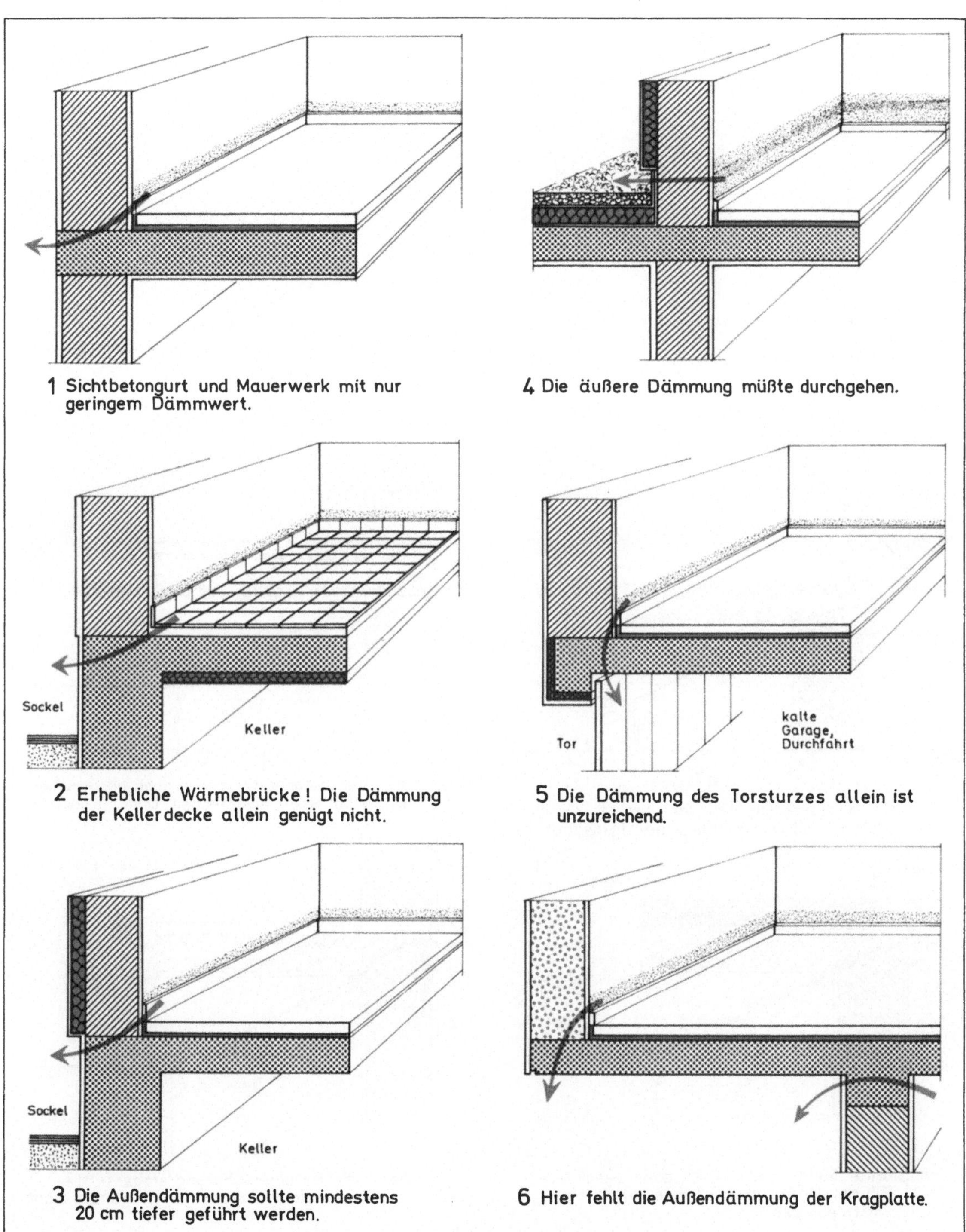

70 Wärmebrücken bei unteren Raumecken (Sockelbereich)

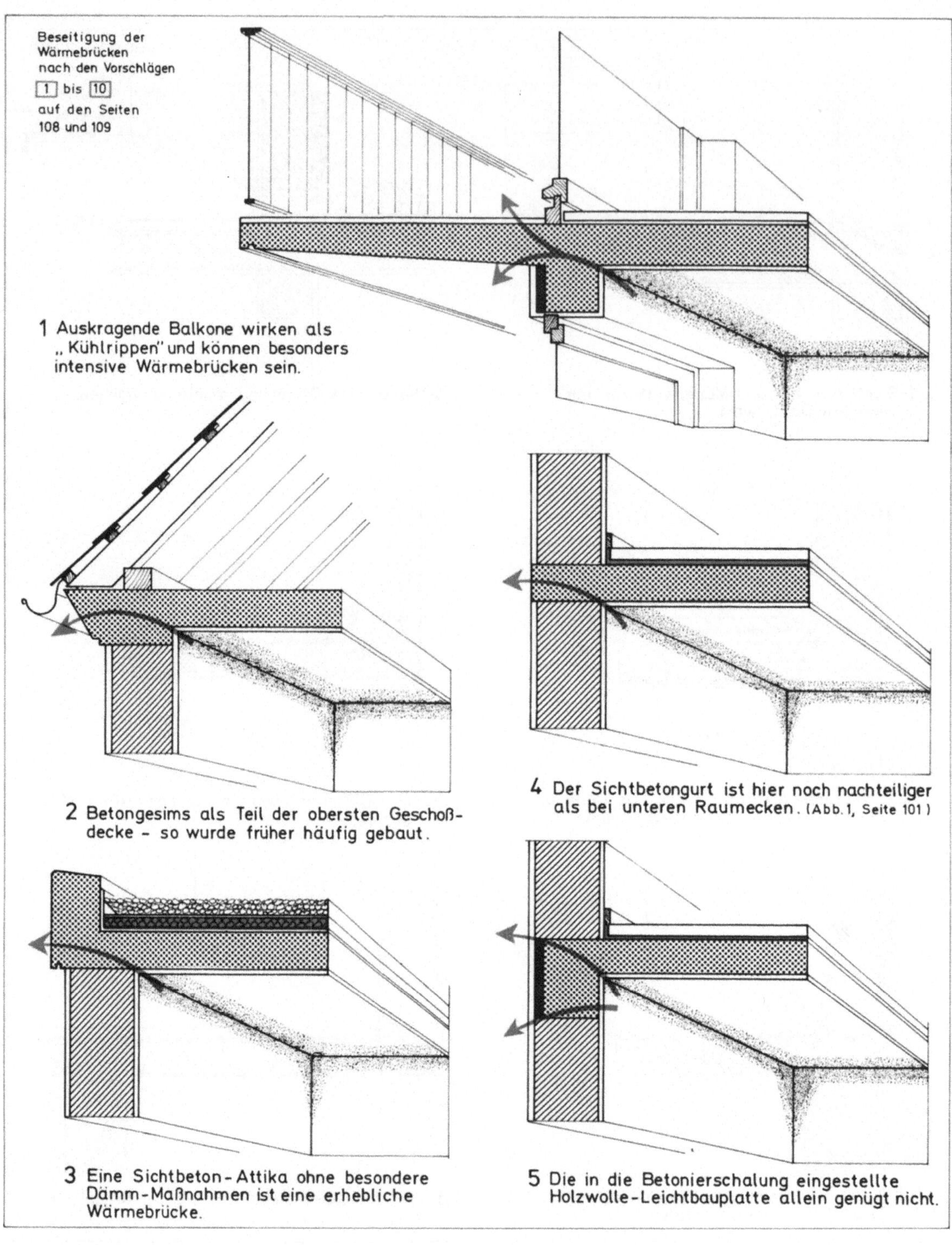

1 Auskragende Balkone wirken als „Kühlrippen" und können besonders intensive Wärmebrücken sein.

2 Betongesims als Teil der obersten Geschoßdecke – so wurde früher häufig gebaut.

3 Eine Sichtbeton-Attika ohne besondere Dämm-Maßnahmen ist eine erhebliche Wärmebrücke.

4 Der Sichtbetongurt ist hier noch nachteiliger als bei unteren Raumecken. (Abb.1, Seite 101)

5 Die in die Betonierschalung eingestellte Holzwolle-Leichtbauplatte allein genügt nicht.

71 Wärmebrücken bei oberen Raumecken (Deckenbereich)

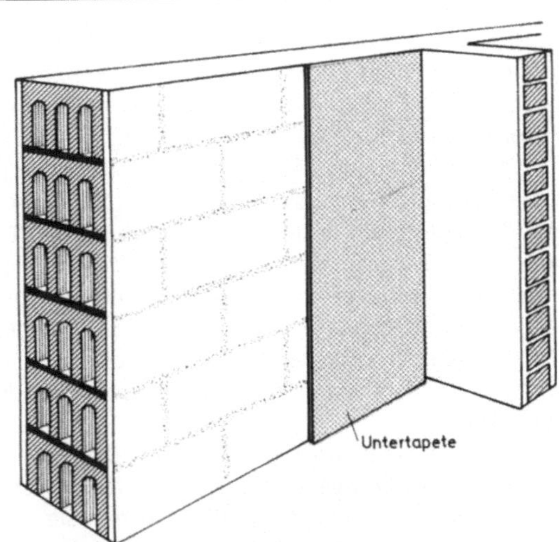

1 Staubfugen bei Leichtmauerwerk,

das mit normalem (schwerem) Mauermörtel erstellt ist.
Die Mörtelfugen sind Wärmebrücken.

Abhilfe:

Untertapete, möglichst 5 mm dick, über die gesamte
Wand oder eine Innendämmung.

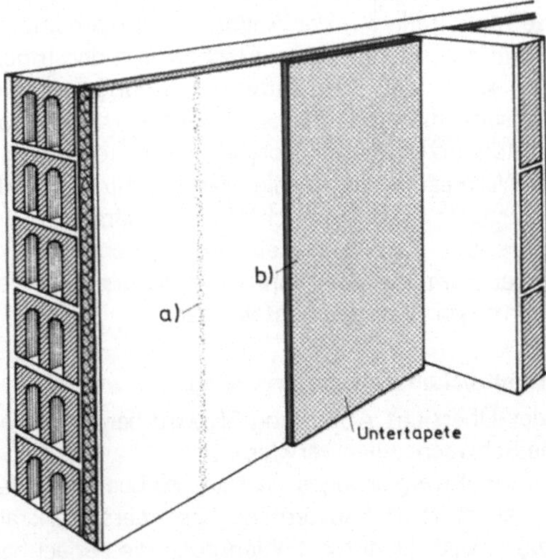

2 Staubfugen am Plattenstoß von Innendämmungen

Sie sind um so deutlicher, je breiter die Fuge in der Dämmschicht und je geringer der Dämmwert der Außenwand ist.

Abhilfe:

a) Fugen auskratzen, Luftspalt ausschäumen, Fugen zu-
spachteln und/oder

b) Untertapete, möglichst 5 mm dick, über die gesamte
Innendämmung.

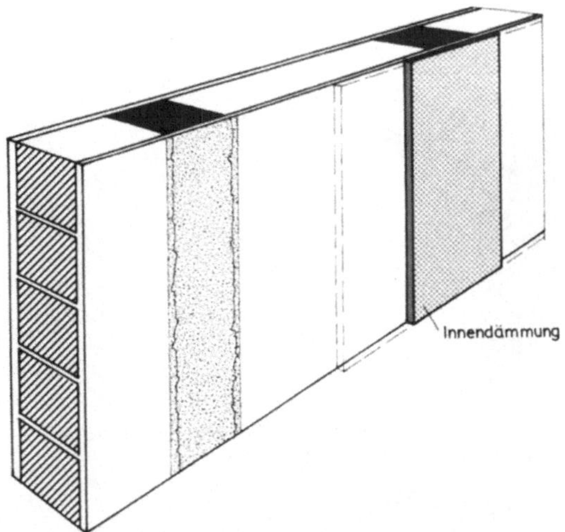

3 Ungedämmte Stahlbetonpfeiler als Wärmebrücken

Wegen der unterschiedlichen Ausdehnung von Beton und
Mauerwerk kommt es außerdem an den Anschlußstellen zu
Putzabrissen.

Abhilfe:

Beseitigung der Wärmebrücke durch eine Innendämmung. Als
Teildämmung muß sie mindestens 20 cm über die Pfeiler-
breite greifen.
Besser wäre eine Außendämmung, die gleichzeitig auch
die Rißgefahr beseitigt.

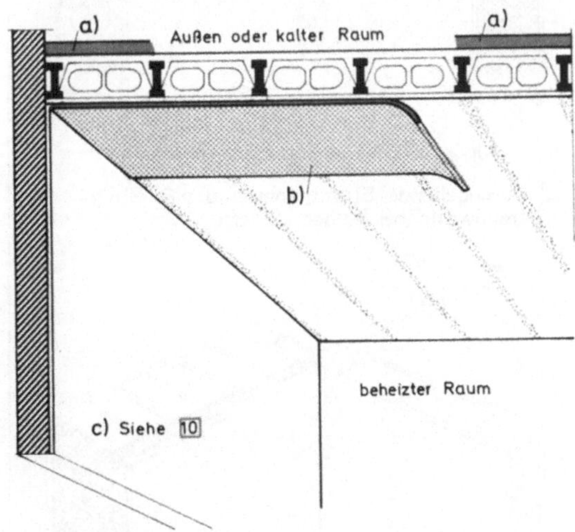

4 Staubstreifen bei Stahlbetonbalkendecken

z.B. bei Geschoßdecken unter einem Dachraum. Im Bereich der
Betonbalken ist die Wärmedämmung ungenügend. Es bildet sich
Tauwasser, das den Schmutz festhält (Staubstreifen).
Sporen- und Schimmelbefall können folgen.

Abhilfe:

a) Dämmung der Deckenoberseite.

b) Untertapete, mindestens 5 mm dick.

c) Abgehängte Decke.

---

72 Wärmebrücken, die als Dunkelstellen (Staubstreifen) in Erscheinung treten

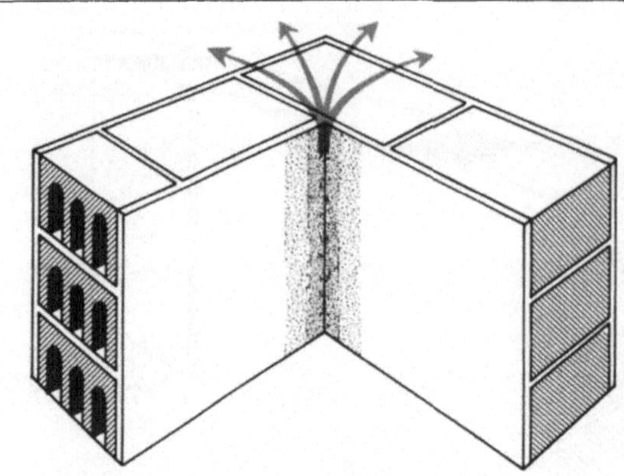

1 Besonders gefährdete Außenecke bei Mauerwerk mit Mindest-Dämmwert.

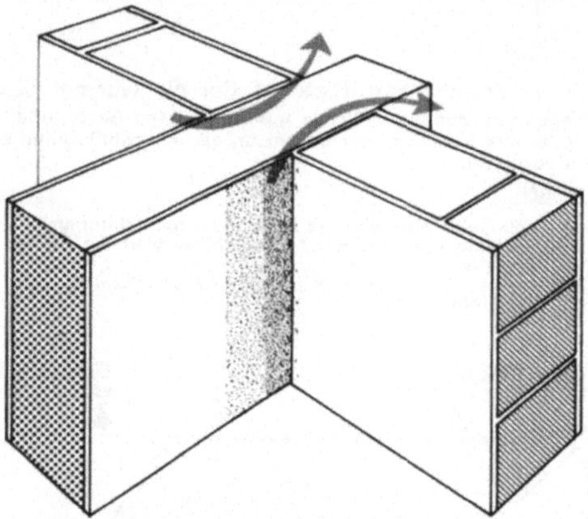

2 Durchgehende Stahlbetonwand z.B. Haustrennwand bei Reihenhäusern.

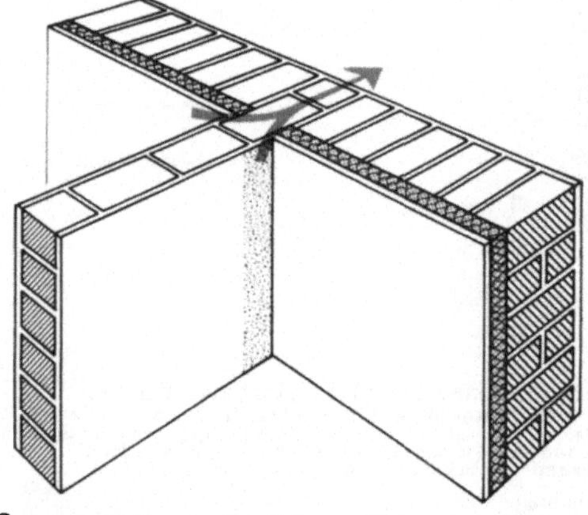

3 In die Außenwand mit Innendämmung einbindende Querwand.

73 Wärmebrücken bei senkr. Raumecken

Abbildung 73/1 Der Raumecke liegen um ein Vielfaches größere Außenflächen gegenüber. Dadurch ergibt sich ein verstärkter Wärmeentzug im Bereich der Ecke. Die Wandtemperatur ist dort gegenüber der normalen geraden Wand um 4 bis 5 °C niedriger. Wenn dann noch Möbel in der Ecke stehen, stagniert die Luft und es kann sehr bald zu Schimmelbildung kommen (siehe auch Abbildung 75/3).

Abbildung 73/2 Die schwere Haustrennwand ist für den Schallschutz sehr günstig. Sobald sie aber nach außen durchgeht — so wie im Bild dargestellt — wirkt sie als enorme Wärmebrücke, um so mehr, je wärmedämmender das anschließende Mauerwerk ist.

Abbildung 73/3 Je geringer der Eigendämmwert der massiven Außenwand ist, um so stärker macht sich diese Wärmebrücke bemerkbar. Sofern sie verdeckt liegt, z.B. hinter Schränken, kann es zu Schimmel- und Pilzbefall kommen. Oft merkt man dies erst am üblen Geruch.

Abbildung 74 Brüstungselemente sind, insgesamt gesehen, meist gut wärmegedämmt. Die durch das dünne Wandelement hindurchgehenden Verstärkungen und Befestigungsmittel sowie die Einfassungsprofile lassen sich kaum vermeiden. Sobald diese Metallteile auf der Außenseite größer sind als die wärmeaufnehmenden Flächen auf der Innenseite, kann dies zu Tauwasserbildung auf der Raumseite führen. Die umschließenden Dämmstoffe unterstützen diesen Vorgang sogar noch, da sie eine Wärmeableitung in die Wand verhindern. Abhilfe schafft hier eine nachträgliche Dämmung der gefährdeten Profile. Dabei sollte gleichzeitig der Wärmedämmwert des Stahlbetonpfeilers auf einen vernünftigen Wert gebracht werden.

Wärmebrücken im Fensterbereich

In der Übersicht Abbildung 55 wird bereits auf etliche Schwachstellen verwiesen.

Bei Einfachverglasungen ist noch zu beachten, daß die Raumluft in Fensternähe besonders stark abgekühlt wird. Dadurch kühlen auch die benachbarten Wände stärker aus als die übrigen Raumwände. Besonders betroffen sind die Fensterleibungen. Diese Abkühlungsverluste kommen zu den bereits genannten erhöhten Wärmeverlusten noch hinzu.

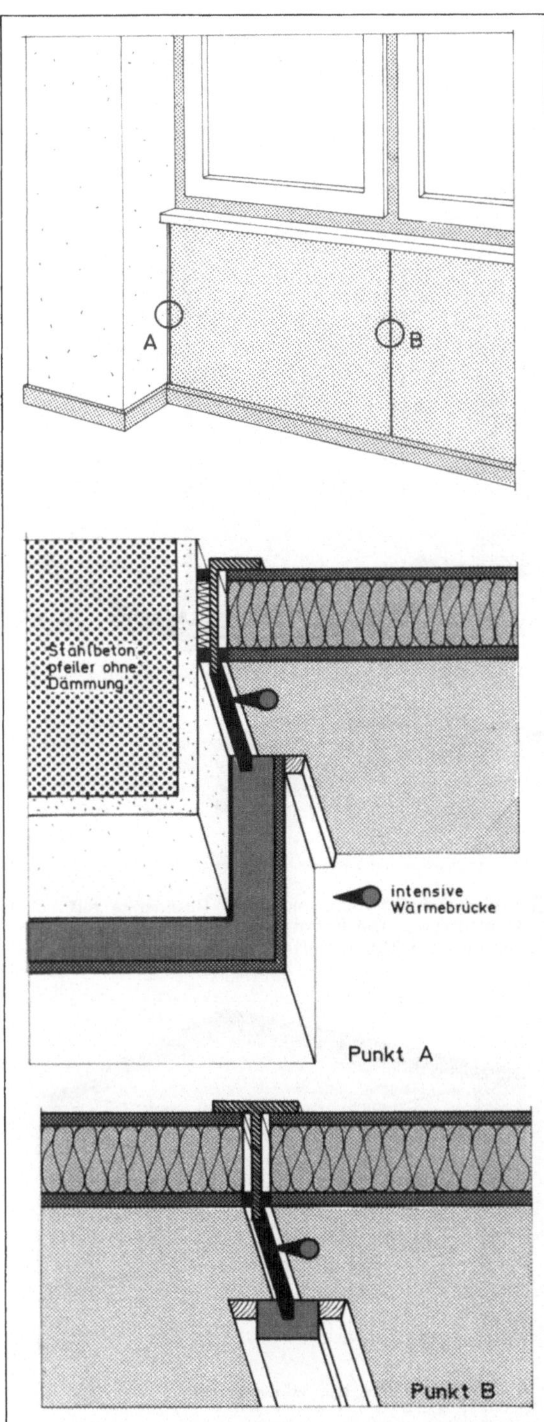

74 Wärmebrücken bei Brüstungselementen

Möbel an der Außenwand

(Abbildung 75 auf der nächsten Seite)

Möbel an der Außenwand ohne ausreichende Umlüftung wirken wie überdimensionierte Innendämmungen. Dabei wird der Taupunkt — wie der Fachmann sagt — aus dem Kern der Außenwand nach innen gezogen, im ungünstigsten Fall sogar in den Schrankraum hineinverlegt. Im Bereich des Möbels ergeben sich stark herabgesetzte Oberflächentemperaturen mit den bekannten Folgen: Kondenswasser und Schimmelbildung. Dabei können sogar die Kleider und die Wäsche im Schrank feucht werden.

Abbildung 75/1 Einbauschränke an der Außenwand brauchen eine gute Umlüftung. Zur Behebung der beschriebenen Schäden sind bei vorhandenen Einbauschränken ringsum die Abschlußleisten zu entfernen; der Schrank ist mindestens 6 cm von der Außenwand abzurücken. Dann sollte man mindestens eine Sommerperiode abwarten, bis die Leisten mit inzwischen eingearbeiteten Durchbrechungen wieder angebracht werden.

Abbildung 75/2 An Außenwänden mit einem minimalen Dämmwert sollte man niemals Betten längs aufstellen. Es ist nicht nur die dabei entstehende Wärmebrücke, auch der Schlafende wird infolge des verstärkten Entzugs von Körperwärme gesundheitlich sehr beeinträchtigt. Sofern der Raum keine andere Möblierung zuläßt, sind solche Betten genügend von der Außenwand abzurücken. Der Schlafende ist durch eine Holzwand — im Bild Wärmeschild genannt — gegen die kalte Außenwand abzuschirmen.

Abbildung 75/3 Diese sehr häufig vorkommende Wärmebrücke wurde bereits bei Abbildung 73/1 besprochen. Sie kommt auch bei Gebäuden vor, deren Außenwände nach gültigen Normen ausgebildet wurden. Dabei handelt es sich um recht heimtückische Erscheinungen. Beim Betreten des Raumes riecht man zunächst den Schimmel- und Modergeruch. Die hinter dem Schrank versteckt liegende Wärmebrücke wird jedoch oft nicht sofort entdeckt. Auf diese Weise können auch die Wandoberflächen hinter aufgezogenen (verkofferten) schweren Fenstervorhängen feucht werden, besonders wenn dieses „Dämmpaket" dicht an der Wand liegt.

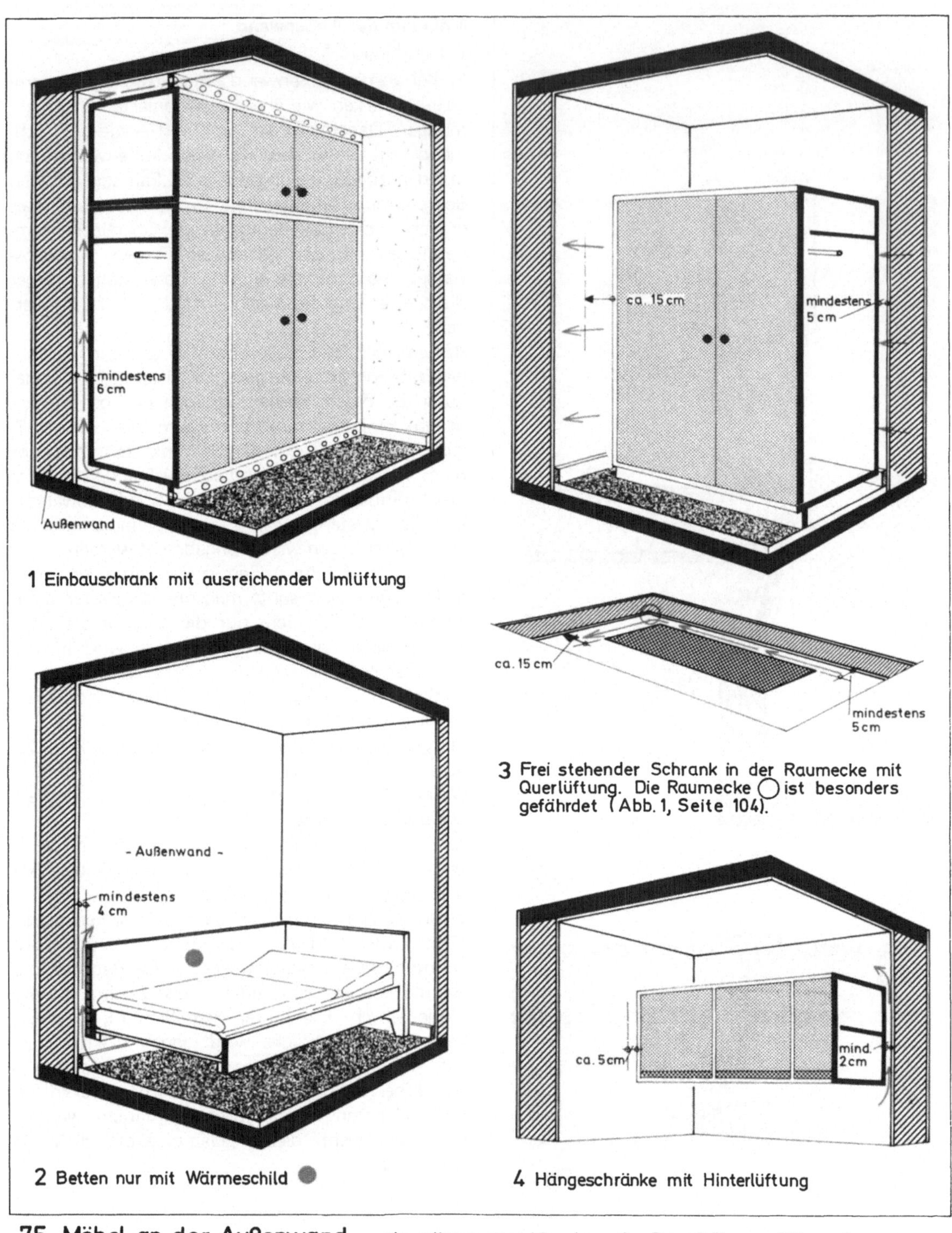

1 Einbauschrank mit ausreichender Umlüftung

2 Betten nur mit Wärmeschild ●

3 Frei stehender Schrank in der Raumecke mit Querlüftung. Die Raumecke ○ ist besonders gefährdet (Abb. 1, Seite 104).

4 Hängeschränke mit Hinterlüftung

75 Möbel an der Außenwand – sie müssen ausreichend von der Raumluft umspült werden

Temperierung von unbeheizten Räumen

Sogenannte gefangene Räume, die man nur über einen anderen Raum betreten kann, werden heute kaum noch geplant. Dagegen sind sie in älteren Wohnungen noch recht häufig anzutreffen (siehe Grundriß Abbildung 92). Am bekanntesten ist der unbeheizte Schlafraum direkt neben der Wohnküche. Aus Sparsamkeitsgründen soll der kalte Schlafraum über die geöffnete Tür etwas Wärme von der Küche beziehen. Die in den Schlafraum mit der warmen Luft einströmende Feuchtigkeit schlägt sich dann auf den kalten Möbeln und Wänden als Kondenswasser nieder. Besonders gefährdet sind Wände hinter den Schränken und die toten Raumecken, die oft auch noch mit Schimmel und Sporen befallen werden (siehe auch Abb. 75/3).

Feuchtigkeit in Schlafräumen

Es gibt viele Menschen, die gern in einem kalten Schlafzimmer schlafen. In kalten Räumen kühlen auch die Wände entsprechend aus. Aus dem übrigen geheizten Wohnbereich strömt warme Luft in das kalte Zimmer — Luft, die mit Wasserdampf „geladen" ist. Diese verdunstet nicht einfach, sondern schlägt sich an den Wänden nieder.

Während der Nacht geben schlafende Menschen noch zusätzlich feuchte Atemluft ab — und das Tag für Tag. Auf diese Weise entstehen die schon mehrfach beschriebenen Feuchteschäden.

Zur Abhilfe gibt es die folgenden Möglichkeiten:

- Keine Warmluft aus dem beheizten Wohnbereich beziehen, sondern den Schlafraum selbst — sei es auch schwach — temperieren.
- Die feuchtwarme Raumluft über regelmäßiges Lüften durch trockene Außenluft austauschen, am besten als Stoßlüftung — kurz aber kräftig.
- Dämmung der Raumwände, um höhere Wandoberflächentemperaturen zu erzielen.

Die Sanierung von Wärmebrücken und ähnlichen Schäden

Die Schäden infolge Tauwasserniederschlag (Schwitzwasser) verhalten sich anders als Durchfeuchtungen durch Wasser (Schlagregen, geplatzte Wasserleitungen). Es treten normal keine starken Wasserflecke auf; es genügt bereits der angelagerte feuchte Staub mit Spuren von Mineralsalzen. Schimmel und Pilze stellen nur geringe Nährstoffansprüche.

Diese Schäden treten auf

- bei Wärmebrücken (wozu es zahlreiche Möglichkeiten gibt);
- zuweilen in Bädern, Küchen und Kochnischen. Das ist abhängig von der baulichen Gestaltung, von den Lüftungsmöglichkeiten sowie von den Benutzergewohnheiten;
- in Räumen mit einem hohen Dampf- und Feuchtigkeitsgehalt bei ungenügender Durchlüftung. Kommen noch dichte (abwaschbare) Wand- und Deckenanstriche hinzu, kann es besonders schlimm werden.

Zur Sanierung dieser Schäden die folgenden Hinweise.

- Die wichtigste Voraussetzung für eine wirkungsvolle Sanierung ist die Beseitigung der Feuchtigkeitsursache. Wärmebrücken erfordern eine Verbesserung des Wärmeschutzes. Ist dies nicht oder nur bedingt möglich, dann hilft nur ausreichendes Heizen bei gleichzeitigem Lüften.
- Die befallenen Stellen abzubürsten und zu überstreichen, ist eine völlig nutzlose Arbeit, eine Schönheitsreparatur, die nur wenige Monate vorhält. Nach der nächsten Kälteperiode ist die Wärmebrücke wieder sichtbar.
- Das Abwaschen mit handelsüblichen Reinigungsmitteln ist ebenso ungeeignet. Dadurch wird nur ein neuer Nährboden für die Schimmelbildung geschaffen.
- Bei Beginn der Sanierung ist zunächst der vorhandene Schimmelbefall gründlich zu beseitigen, bei starkem Befall mit der Drahtbürste und geeigneten Lösungen. Darauf können fungizidwirkende (keimtötende) Anstriche als erste Behandlungsmaßnahme aufgetragen werden. Bei saugfähigen Oberflächen (Putze, Gipskartonplatten, Holz) sollen sie weit genug eindringen. Diese Grundanstriche sind jedoch nicht pilztötend, sondern nur pilzhemmend.
- Für die Gesamtsanierung empfehlen sich Anstrichsysteme mit einheitlichen Grund- bzw. Wirkstoffen. Dabei gibt es Produkte, die auch auf bereits gestrichene Flächen aufgetragen werden können. Voraussetzung ist jedoch immer eine Sanierung des Untergrundes, der für die weitere Behandlung lufttrocken sein muß.

Weitere Hinweise zur Beseitigung von Wärmebrücken werden in den Abbildungen 76 und 77 gegeben.

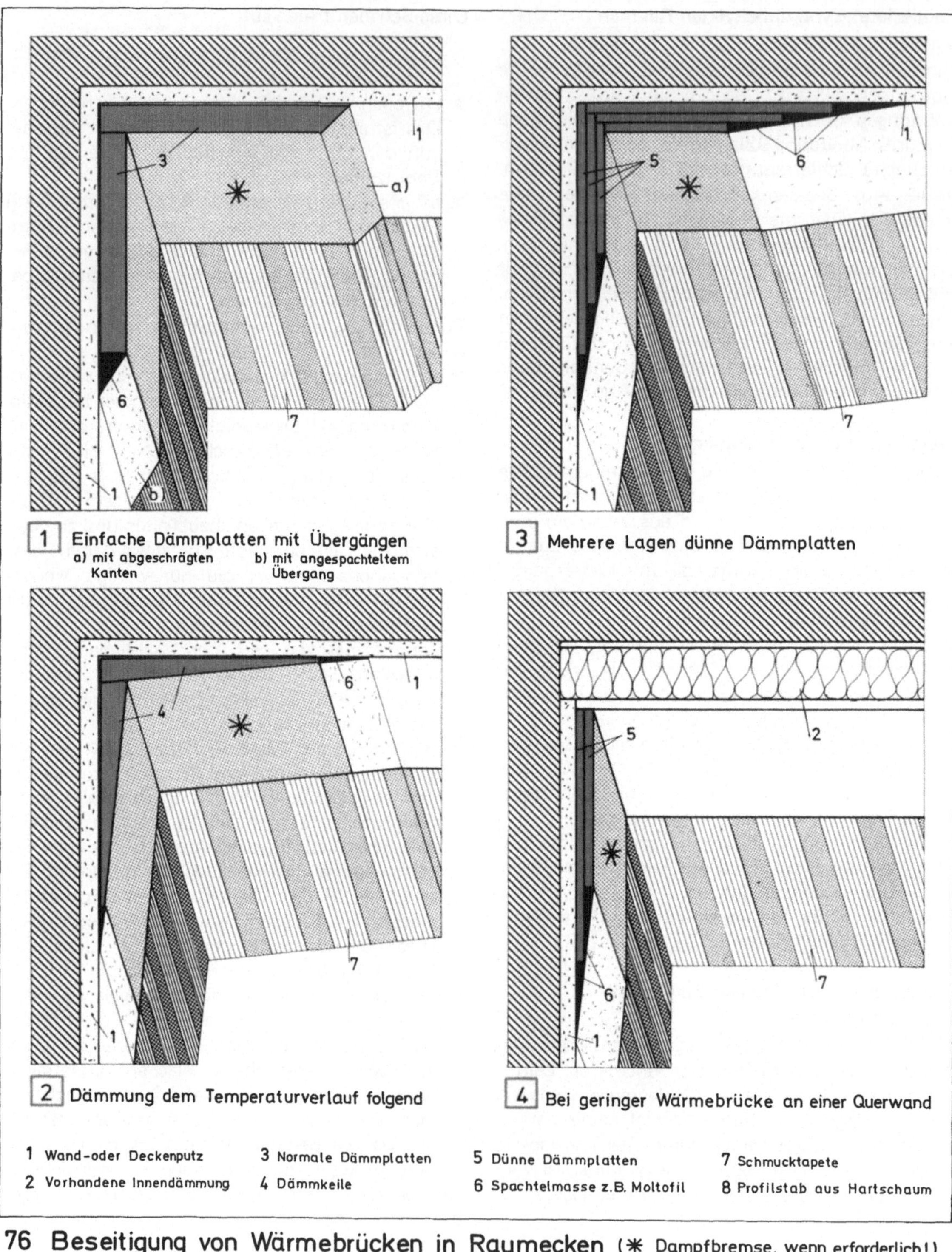

1 Einfache Dämmplatten mit Übergängen
a) mit abgeschrägten Kanten   b) mit angespachteltem Übergang

3 Mehrere Lagen dünne Dämmplatten

2 Dämmung dem Temperaturverlauf folgend

4 Bei geringer Wärmebrücke an einer Querwand

1 Wand-oder Deckenputz	3 Normale Dämmplatten	5 Dünne Dämmplatten	7 Schmucktapete
2 Vorhandene Innendämmung	4 Dämmkeile	6 Spachtelmasse z.B. Moltofil	8 Profilstab aus Hartschaum

76 Beseitigung von Wärmebrücken in Raumecken (✳ Dampfbremse, wenn erforderlich!)

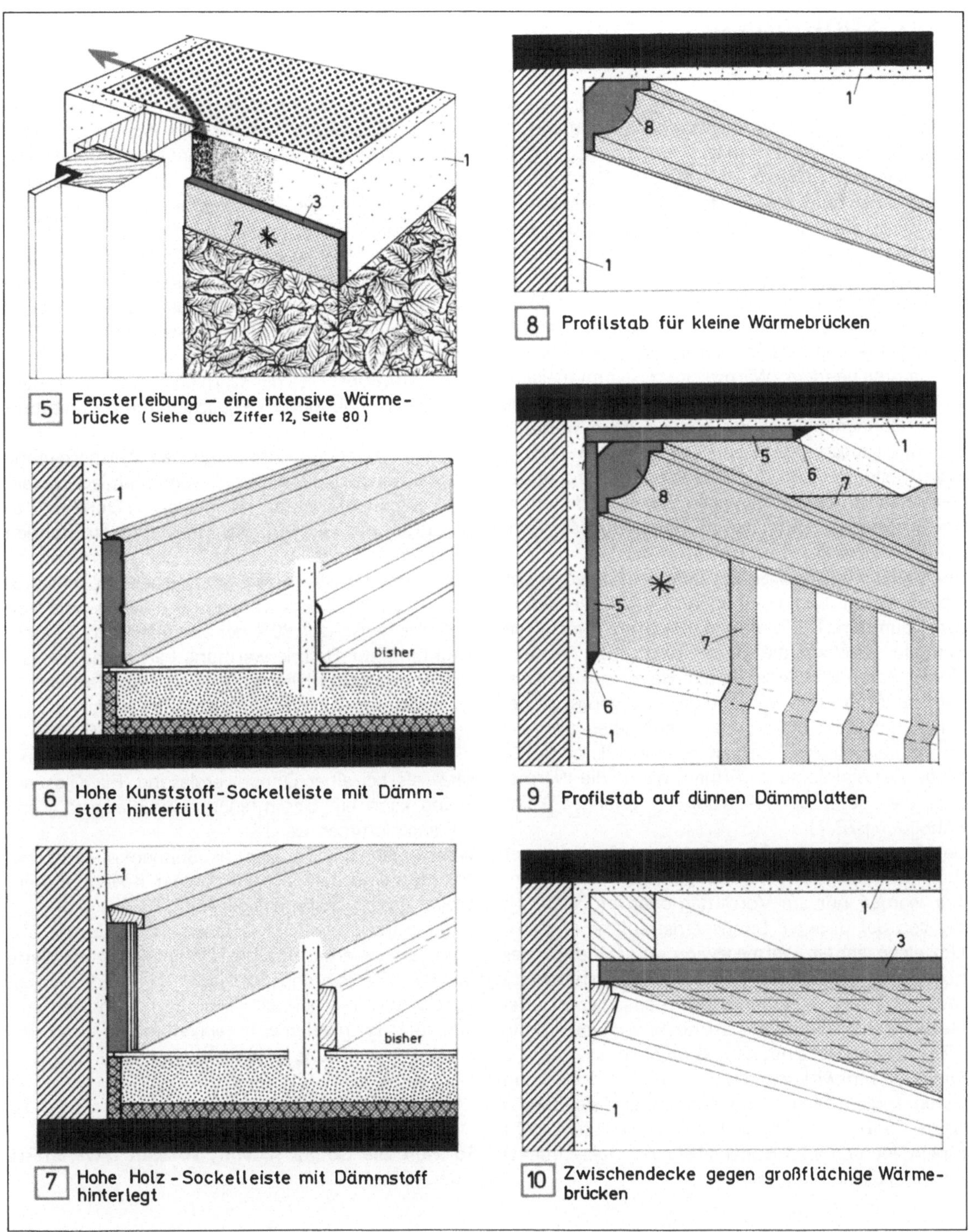

5 | Fensterleibung – eine intensive Wärmebrücke (Siehe auch Ziffer 12, Seite 80)

6 | Hohe Kunststoff-Sockelleiste mit Dämmstoff hinterfüllt

7 | Hohe Holz-Sockelleiste mit Dämmstoff hinterlegt

8 | Profilstab für kleine Wärmebrücken

9 | Profilstab auf dünnen Dämmplatten

10 | Zwischendecke gegen großflächige Wärmebrücken

77 Beseitigung von Wärmebrücken am Fenster, im Sockel-und Deckenbereich

Wärmegewinne durch Fenster

Fenster an der Südseite können bei Sonnenein-strahlung im Winter und in der Übergangszeit in gewissem Maße zur Raumheizung beitragen. Diese Energielieferung ergibt sich aus der Durchlässigkeit des Fensterglases für die Sonnenwärmestrahlen. Es ist also nicht immer notwendig, die Sonnenenergie zur Beheizung von Räumen indirekt über Sonnenkollektoren oder ähnliche Einrichtungen zu gewinnen.

Da aber gleichzeitig ein Wärmeverlust nach außen möglichst gering gehalten werden soll, sind Fenster mit ausreichendem Wärmeschutz — mindestens Doppelverglasung — anzustreben. Wärmegewinne durch Sonneneinstrahlung können dann während der Übergangszeit und auch an sonnigen Wintertagen höher sein als der Wärmeverlust infolge der Temperaturdifferenz zwischen innen und außen. Bei Südfenstern kann bereits schon diffuses Sonnenlicht für diesen Zweck genutzt werden.

Bei Südfenstern dringen die Sonnenstrahlen in der Übergangszeit und noch mehr im Winter tief in den Raum ein. Die raumumschließenden massiven Bauteile speichern die Wärme und geben sie nach einiger Zeit auch wieder an den Raum zurück. Deshalb im Winter und während der Übergangszeit bei den Südfenstern die Vorhänge aufziehen und die Sonne hereinlassen! Oft ist es sinnvoll, auch die Türen der Südräume zu öffnen, damit die Wärmestrahlung tiefer in die Wohnung gelangen kann (Abbildung 78/1).

Bei Fenstern an der Ost- oder Westseite ist dieser mögliche Wärmegewinn viel geringer. Diese Fenster werden nur am Vormittag oder am Nachmittag von der direkten Sonneneinstrahlung erreicht. Um einen echten Wärmegewinn zu erzielen, ist es notwendig, daß die Gebäudeheizung entsprechend rasch auf den Sonnenwärmeeinfall reagiert. Bei Heizkörpern, die mit Thermostatventilen (Seite 120) ausgestattet sind, ist dies möglich.

Die Kollektorwirkung des Fensters ist im Prinzip schon lange bekannt. So kennen wir sie bereits beim Treibhaus. Sonnenstrahlen und Licht geht hinein, werden vom Boden absorbiert (geschluckt) und in Wärme umgewandelt.

Durch die einfachen Scheiben geht bei geringen Außentemperaturen wieder ziemlich viel Wärme nach außen verloren. Infolge der Gesamt-Verglasung von Treibhäusern ergibt sich, insgesamt gesehen, doch eine recht günstige Energiebilanz.

Beim Wohnungsbau bilden die Fenster jedoch nur Teilflächen der Außenwand. Es ist deshalb verständlich, daß man hier mehr tun muß, um die eingestrahlte Wärme daran zu hindern, nach außen zu entweichen. Deshalb sind Fenster mindestens mit Doppelverglasung vorzusehen.

Die Funktionsweise der Wärmegewinne durch Fenster ist in Abbildung 78/2 schematisch dargestellt und erläutert.

Zur Kennzeichnung der möglichen Wärmegewinne durch Fenster dient der Gesamtenergiedurchlaßgrad g. Es ist eine Zahl kleiner als 1. Durch Multiplikation mit der auf das Fenster auftreffenden Strahlungsenergie kann dann der Wärmegewinn durch das Fenster errechnet werden. So hat z.B. eine normale Doppelverglasung einen g-Wert von 0,8; das heißt, daß 80% der auftreffenden Sonnenstrahlung zur Raumerwärmung beitragen. Der Gesamtenergiedurchlaßgrad g einer Dreifachverglasung beträgt 0,7. Dafür ist aber der k-Wert günstiger. Dem Entweichen der im Raum befindlichen Wärme wird deshalb mehr Widerstand entgegengesetzt als bei einer Doppelverglasung. Für Glasbausteine kann ein Gesamtenergiedurchlaßgrad g von 0,6 angenommen werden.

Wenn man das Fenster als Sonnenkollektor betrachtet, sind demnach ein kleiner k-Wert und ein großer g-Wert besonders günstig.

Wie bereits ausgeführt, können in die Fensteröffnung eingestellte flexible Dämmelemente (Seite 89, 92, 93) während der Nacht den Wärmeverlust durch Fenster erheblich vermindern. Tagsüber werden die Dämmelemente abgenommen, und die Sonneneinstrahlung wird nicht beeinträchtigt.

So weit die Sonne scheint, so weit erwärmt sie auch. (Goethe)

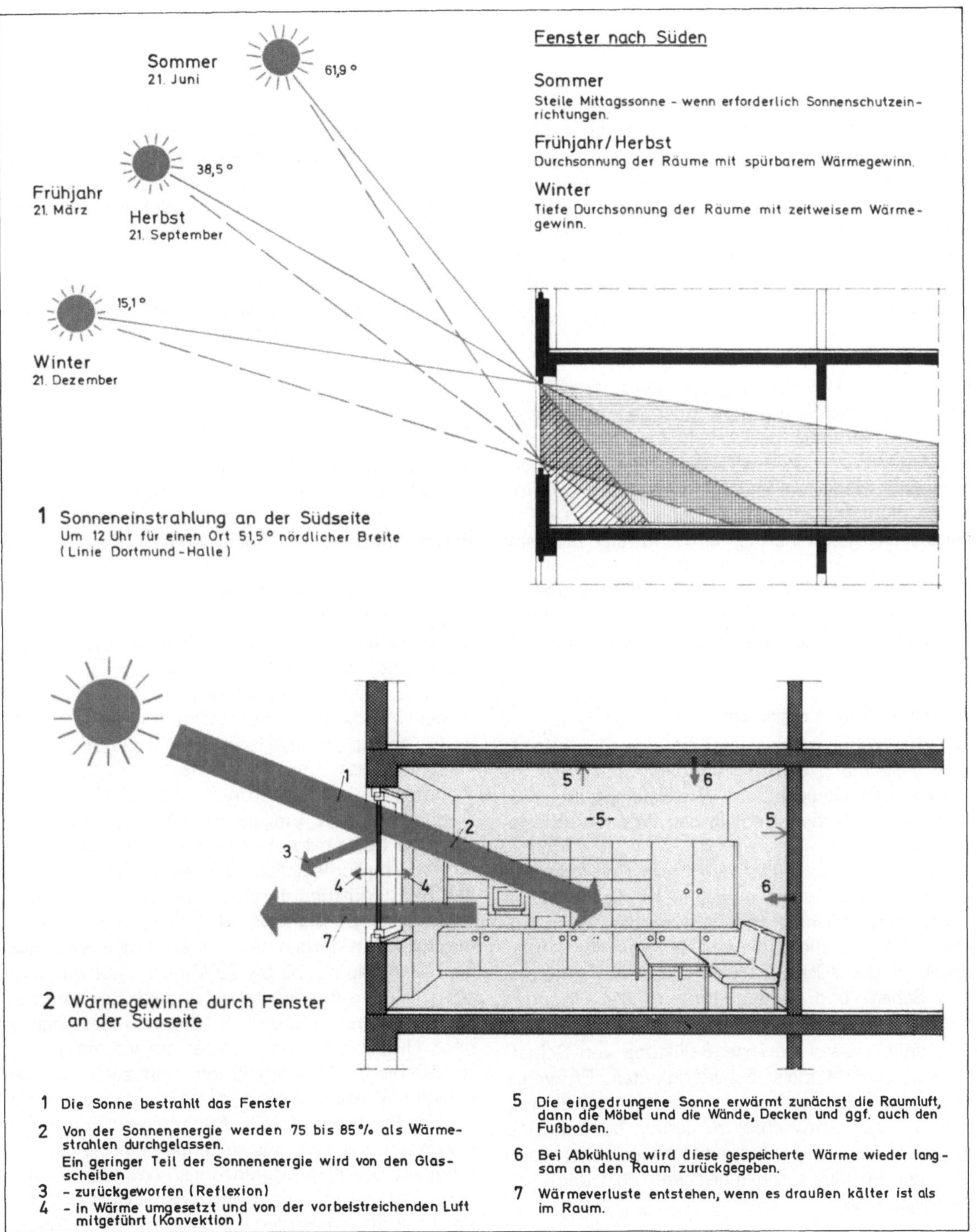

1 Sonneneinstrahlung an der Südseite
Um 12 Uhr für einen Ort 51,5° nördlicher Breite
(Linie Dortmund-Halle)

2 Wärmegewinne durch Fenster an der Südseite

1 Die Sonne bestrahlt das Fenster

2 Von der Sonnenenergie werden 75 bis 85 % als Wärme-
strahlen durchgelassen.
Ein geringer Teil der Sonnenenergie wird von den Glasscheiben

3 - zurückgeworfen (Reflexion)

4 - in Wärme umgesetzt und von der vorbeistreichenden Luft
mitgeführt (Konvektion)

5 Die eingedrungene Sonne erwärmt zunächst die Raumluft,
dann die Möbel und die Wände, Decken und ggf. auch den
Fußboden.

6 Bei Abkühlung wird diese gespeicherte Wärme wieder langsam an den Raum zurückgegeben.

7 Wärmeverluste entstehen, wenn es draußen kälter ist als
im Raum.

78 Fenster an der Südseite als „passive" Sonnenkollektoren

Wohnungslüftung

Die in einem Raum verbrauchte oder durch Gerüche belastete Luft muß ausgetauscht werden. Bei älteren Fenstern mit einfachen Falzen ohne Dichtung erfolgte der notwendige Luftaustausch über die Fensterfugen; bei den heutigen dichten Fenstern ist dies jedoch nicht mehr gegeben. Es ist aber vorteilhafter, wegen eines verbesserten Wärme- und Schallschutzes die Fenster zu dichten und die Lüftungseinrichtungen und -gewohnheiten darauf abzustimmen.

Luftbedarf

Der Sauerstoff in der eingeatmeten Luft hilft die eingenommene Nahrung in Energie umzusetzen. Der nicht verbrauchte Sauerstoff wird zusammen mit Anteilen an Stickstoff, Wasserdampf und Kohlendioxid wieder ausgeatmet. Für diese Funktion ist ein recht geringer stündlicher Luftbedarf erforderlich. Bei gesundheitlich einwandfreier Luft soll das ausgeatmete Kohlendioxid auf maximal 0,1 Volumenprozent verdünnt werden. Hierzu braucht man erheblich höhere stündliche Frischluftraten: in Ruhe sitzend ca. 20 m^3, bei leichter Arbeit ca. 30 m^3.

Wohnungslüftung allgemein

Für die Wohnung insgesamt ist eine Querlüftung sehr vorteilhaft. Selbstverständlich ist darauf zu achten, daß Gerüche und Wasserdampf aus WC, Bädern und Küchen nicht in den Wohnbereich gelangen.

In der Küche kann über dem Herd eine Dunstabzughaube oder — sofern dies nicht möglich ist — ein Geruchvernichter eingebaut werden. Beim Absaugen der Küchenluft wird ein leichter Unterdruck in der Küche erzeugt. Dieser bewirkt, daß sich Schad- und Geruchsstoffe in der Wohnung nicht verbreiten.

Die einigermaßen dosierte Belüftung von Schlafräumen bereitet meist Schwierigkeiten. Entweder bleiben die Fenster zu, z.B. wegen des Lärms, dann ist der Luftwechsel zu gering; oder sie sind die ganze Nacht hindurch geöffnet (gekippt), dann liegt der Luftaustausch meist weit über dem notwendigen Maß.

Man kann auch die Schlafzimmertür einen geringen Spalt offen lassen und die notwendige Frischluft über geöffnete Fenster von Räumen an der ruhigen Seite beziehen. Bei vorhandenen Schachtlüftungen mit Zuluftschächten kann bei Bädern ohne WC von dorther die Frischluft in die Wohnung gelangen. Die Wirkung der Wohnungslüftung ist bei Tag und Nacht unterschiedlich. Während der Nachtzeit ist die Außenluft kühler als tagsüber. An heißen Sommertagen sollte man deshalb die Wohnung stets nachts durchlüften. Dabei wird auch die tagsüber in den Raumumfassungen gespeicherte Wärme abgeführt.

Fensterlüftung

Aus Abbildung 80 kann man entnehmen, daß Fensterlüftungen um so besser funktionieren, je freier die Zu- und die Abluft strömen können. Bei der Fensterlüftung sind noch weitere physikalische Gesetzmäßigkeiten zu beachten:

— Ist es draußen kälter als drinnen, so herrscht im oberen Fensterbereich ein leichter Überdruck, im unteren ein entsprechender Unterdruck, und dies auch bei Windstille.

— Ist es draußen und drinnen gleich warm, finden bei Windstille keine Lüftungsvorgänge statt.

— An heißen Sommertagen kehren sich die Druckverhältnisse um. Dann liegt der Überdruck unten und der Unterdruck oben. Die Luftbewegung verläuft umgekehrt wie im Winter. Die heiße Luft strömt in den Raum. Deshalb die bereits empfohlene Nachtlüftung im Sommer.

Die Fensterlüftung durch Öffnen des Fensters sollte nur als Stoßlüftung, d.h. kurz, aber kräftig, durchgeführt werden. An kalten Tagen also morgens alle Räume 10 bis 20 Minuten gut durchlüften! (In der etwas wärmeren Übergangszeit sind 20 bis 30 Minuten erforderlich.) Während des Tages je nach Nutzung der Räume drei- bis viermal jeweils für 10 bis 15 Minuten lüften, und zwar stets bei vollständig geöffnetem Fenster. Im Winter dringt bei der Stoßlüftung kalte Außentemperatur in den Raum ein. Bei einer ausreichenden Wärmespeicherfähigkeit der Raumbegrenzungen (Wände, Decken) kühlt der Raum jedoch nur unmerklich aus. Mit der Stoßlüftung werden vor allem die in der Raumluft enthaltenen Verunreinigungen durch Gase, Dämpfe und Stäube auf ein hygienisch unbedenkliches Maß verdünnt und beseitigt.

Eine weitere Lüftungsart über das Fenster ist die *Dauerlüftung.* Bei den meisten Fensterarten ist es nicht möglich, mit den vorgegebenen Öffnungsstellungen den Luftaustausch in einem Raum einigermaßen vernünftig zu dosieren. Hier kann ein neuartiger Spaltlüfter (Abb. 79) Abhilfe schaffen. Der über den Baubeschlag-Fachhandel erhältliche Spaltlüfter kann auch vom Mieter angebracht werden, da keinerlei Eingriffe in den vorhandenen Mechanismus des Fensters erforderlich sind.

Schachtlüftungen

Für die Entlüftung innenliegender Sanitärräume durch natürlichen Auftrieb wurden verschiedene Systeme von Schachtlüftungen entwickelt.

— *Berliner Lüftung* Für jeden zu lüftenden Raum ist ein eigener, über Dach führender Schacht notwendig. Bad und WC in einer Wohnung können einen gemeinsamen Schacht haben. Die Zuluft wird dem Wohnungsflur entnommen und gelangt über Schlitze im unteren Bereich der Tür in den Raum.

— *Kölner Lüftung* Für jeden zu lüftenden Raum ist ein eigener Schacht vom Keller bis über Dach auszuführen. Die Schächte sind mit ihren unteren Enden an einen waagerechten, meist unter der Kellerdecke liegenden Zuluftkanal angeschlossen. Die senkrechten Einzelschächte erhalten in dem zu versorgenden Raum eine untere Zuluft- und eine obere Abluftöffnung. Die Strecke zwischen den beiden Schachtöffnungen ist so abzusprerren, daß der Schieber zum Zwecke der Schachtreinigung herausgenommen werden kann. Bei der Kölner Lüftung kann auch Frischluft für den übrigen Wohnbereich bezogen werden.

— *Sammelschachtanlagen* Damit kann eine größere Anzahl innenliegender Räume durch einen über Dach geführten Schacht (Sammelschacht) entlüftet werden. Die einzelnen Räume werden jeweils durch einen Nebenschacht angeschlossen. Die Zuluft wird, wie bei der Berliner-Lüftung, aus dem Wohnungsflur entnommen.

Die Wirkungsweise der Schachtlüftungen ist weitgehend von der Stockwerkslage der einzelnen Wohnungen und der Witterung abhängig. Hohe Schächte, z.B. bei Erdgeschoßwohnungen, haben eine bessere Kaminwirkung als die wesentlich kürzeren Schächte in der obersten Wohnung. Die Zuluftwirkung bei der Kölner Lüftung ist im Winter enorm.

Oft müssen sogar die Gitter abgedeckt werden. Bei steigenden Außentemperaturen nimmt diese Wirkung ab; im Sommer kann sie sogar ganz aussetzen.

Die Schachtlüftungen mit natürlichem Auftrieb werden heute als überholt bezeichnet, bzw. als Lüftungsbehelf angesehen. Gegenwärtig erfolgt eine Umstellung auf Zwangslüftung mittels Ventilatoren. Motorisch angetriebene Lüftungsanlagen lassen sich in ihrer Wirkung berechnen, mehrstufig regeln und sind vor allem von klimatischen Einflüssen unabhängig.

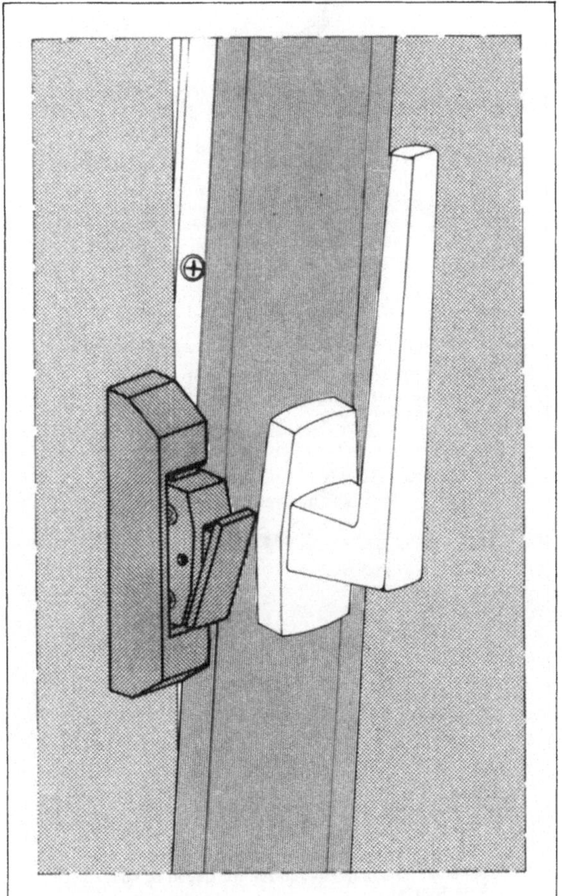

79 Spaltlüfter – für Dreh-und Kippstellung

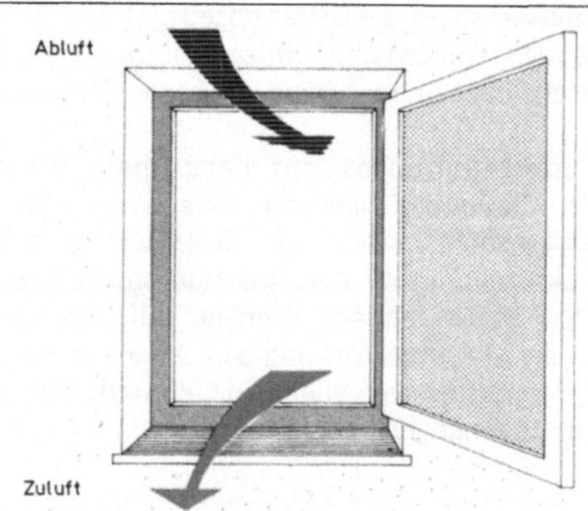

1 Dreh - oder Drehkippflügel ganz offen
Gute Wirkung, besonders als Stoßlüftung.

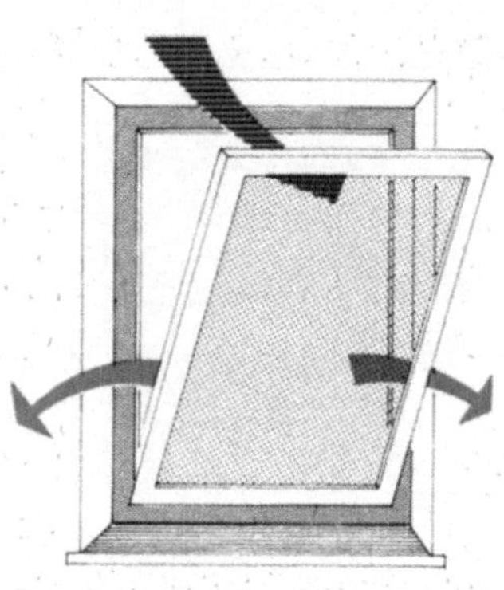

2 Drehkippflügel mit großem Spalt
Je größer der Spalt, desto besser die
Lüftungseinwirkung.

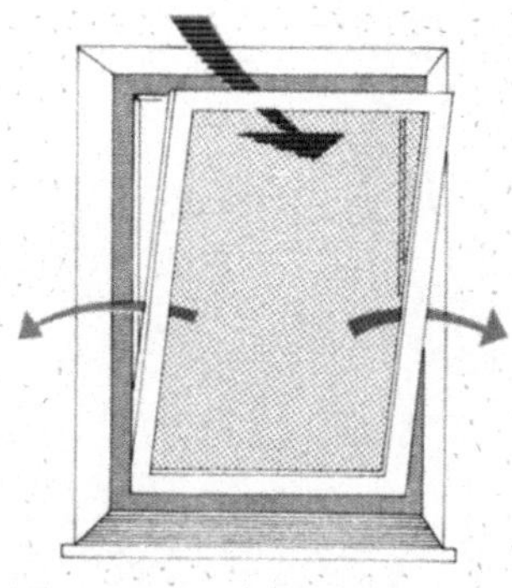

3 Drehkippflügel mit kleinem Spalt
Minimale Lüftung. Zu-und Abluft liegen zu nah
beieinander.

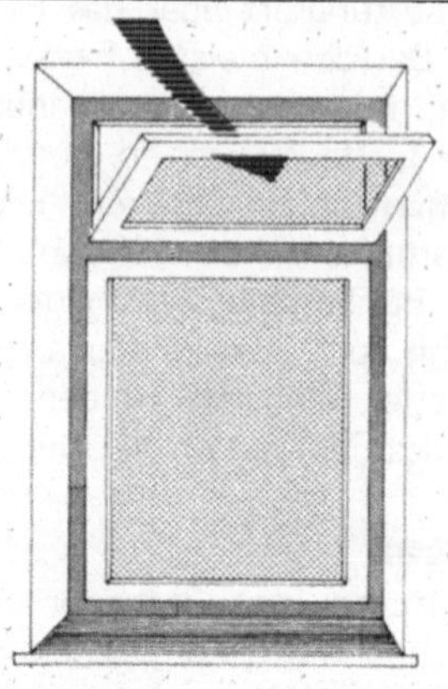

4 Oberlicht- Kippflügel nur für Abluft!
Zuluft durch das geöffnete Fenster, offene Tür oder
besonderen Lufteinlaß.

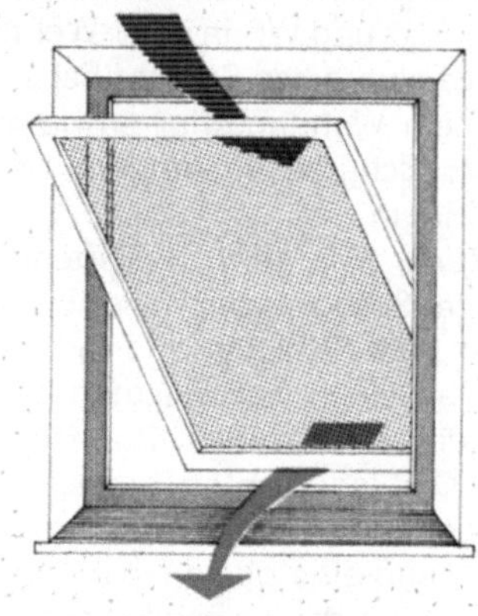

5 Schwingflügel mit Arretierung
Gute, einstellbare Lüftung. Nachteil : Bei hohen Ge-
bäuden kann im Sommer warme Fassadenluft in den
Raum eindringen.

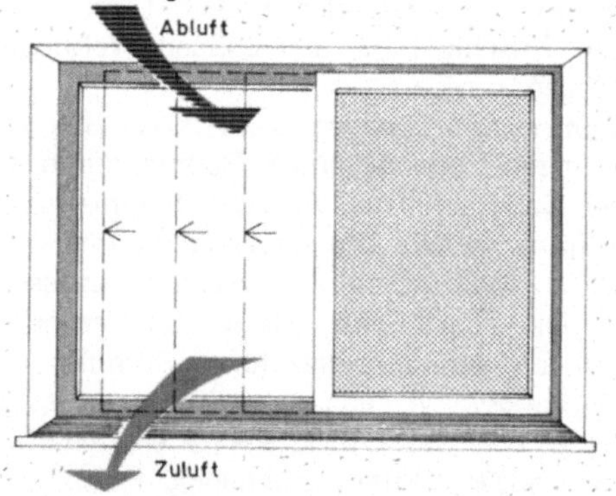

6 Vertikalschiebefenster
Regulierbare Lüftung von ganz offen bis zum kleinen
Spalt.

80 Fensterlüftungen und ihre Wirkung – abhängig von der Öffnungsart

Heizkörper-Reflexionsfolien

Es handelt sich meist um aluminiumbedampfte, dünne Kunststoff-Folien. Sie reflektieren die Wärmestrahlung, die der Heizkörper zur Brüstung oder Wand abgibt. Eine entsprechend dimensionierte Wärmedämmschicht können sie allerdings nicht ersetzen. Ihr Einsatz ist bei allen direkt wärmeabstrahlenden Heizkörpern, die von Luft umgeben sind, sinnvoll. Einige Anwendungen sind in Abb. 81 dargestellt.

Ein ähnlicher Vorgang der Wärmereflexion spielt sich in der bekannten Thermosflasche ab. Die doppelwandig geblasene Glasflasche als Inneneinsatz ist zwischen den beiden sehr dünnen Wandungen verspiegelt und fast luftleer gemacht. Getränke bleiben in dieser Flasche heiß, weil ihre Wärmeabstrahlung beständig und nahezu vollkommen von diesen Wandungen reflektiert wird.

Die Wirkungsweise der Reflexionsfolie läßt sich also mit ihrer günstigen Strahlungszahl erklären. Diese Zahl ist um so günstiger, je niedriger sie ist. Bei den Abstrahlfolien beträgt sie 0,2 bis 0,4. Zum Vergleich: Innenputze und die meisten Baustoffe haben Strahlungszahlen von 4,5 bis 5; Lackfarben gleich welcher Tönung von 4,2 bis 4,7; Anstriche mit Aluminiumbronze von 1 bis 2.

Die bekannten Reflexionsfolien sind mit einer dünnen Schaumstoffschicht hinterlegt. Damit soll vor allem die Kondenswasserbildung verhindert werden. Außerdem ergibt sich eine gewisse Dämmung für die zwischen Heizkörper und Folie emporsteigende Konvektionswärme. Dämmstoffe aus Poystyrol-Hartschaum sind bis etwa 80 °C beständig. Von den heute üblichen Heizkörpertemperaturen werden sie also nicht angegriffen.

Folgt man einer Firmenangabe, so sollen die Heizkosteneinsparungen nach 10 Jahren Erfahrung 10 bis 14 % betragen, und bei dünnen Brüstungen mit geringem Eigendämmwert sollen Einsparungen von 17 % und mehr zu erwarten sein (Nova-Heizkörperfolien).

Vorteilhafter dürfte es sein, die Heizkörperbrüstung zunächst ausreichend zu dämmen und dann erst die Reflexionsfolie anzubringen (Abbildung 23).

Heizkörperverkleidungen

Eine Verkleidung der Heizkörper trägt ohne Zweifel zum besseren Aussehen des Raumes bei. Sie kann jedoch die Wärmeabgabe mehr oder weniger behindern. Im ungünstigsten Falle kann die Leistungsminderung bis zu 20 % betragen. Bei Neuanlagen kann dieser Verlust durch eine Vergrößerung des Heizkörpers ausgeglichen werden. In Energiesparregeln wird empfohlen, während der Heizperiode die Verkleidungen abzunehmen.

Zum Ausgleich der verminderten Wärmeabgabe sollte bei allen Heizkörperverkleidungen die massive Brüstung gut gedämmt und mit einer Reflexionsfolie ausgekleidet sein. Heizkörperverkleidungen ohne oder mit nur minimaler Leistungsminderung werden in Abbildung 82 gezeigt.

Metall-Lamellen zum Aufstecken oder Darüberhängen (Abb. 82/1 + 2) erbringen bei genügenden Abständen zum Fußboden und zur oberen Abdeckung keine Wärmeverluste. Sie vergrößern sogar die Oberfläche des Heizkörpers zur Strahlungsabgabe. Etwas kritischer sind Verkleidungen, deren Material zur Wärmeübertragung keinen Beitrag leisten (Abb. 82/3). Hier muß ganz besonders auf einen ausreichenden Abstand zum Fußboden und zur oberen Abdeckung geachtet werden. Die Abstände sollten mindestens 8 cm betragen, bei besonders tiefen Heizkörpern noch mehr. Viel freier Querschnitt in der Verkleidung selbst ermöglicht einen besseren Wärmedurchgang. Geschlossene Verkleidungen — aber mit ausreichenden oder sogar nach Regeln bemessenen unteren und oberen Abständen — begünstigen die Konvektion.

Bei Verkleidungen mit keramischen Platten (Abb. 82/4) entsteht praktisch kein Energieverlust. Die direkte Wärmeabgabe wird zwar geringfügig beeinträchtigt, was aber durch die Speicherwirkung der Kacheln mehr als wettgemacht wird (Gutachten der Universität Stuttgart). Die Erwärmung des Raumes wird als angenehmer und milder empfunden, ähnlich wie bei einem Kachelofen. Temperaturänderungen am Heizkörper selbst werden dadurch ausgeglichen, und die Wärmeabgabe erfolgt gleichmäßiger. Die Möglichkeit, eine keramische Heizkörperverkleidung mit einer zusätzlichen Elektroheizung auszustatten, ist in Abbildung 83 veranschaulicht.

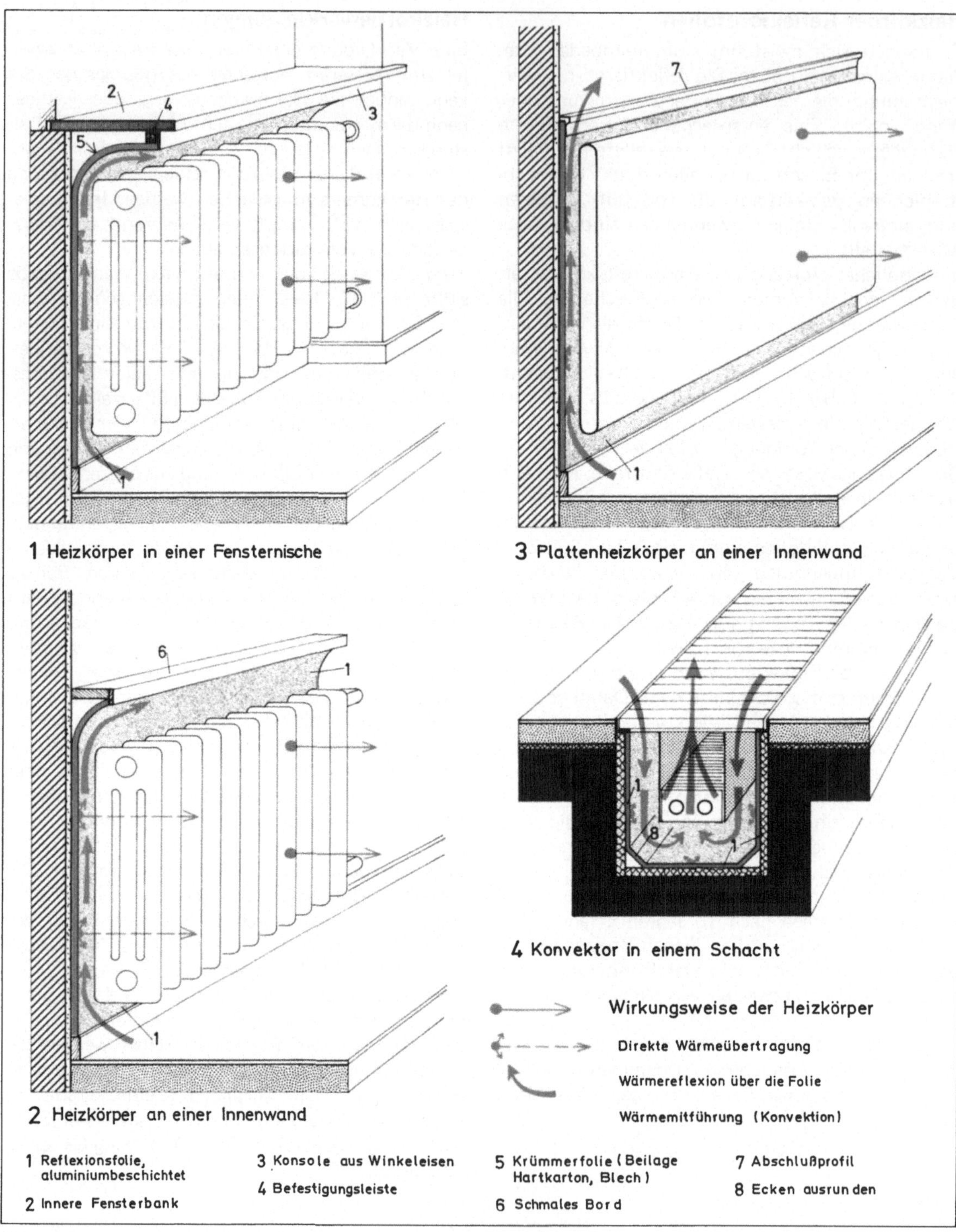

81 Heizkörper – Reflexionsfolie und ihre Anwendung (Fensterbrüstungen als Heizkörpernischen Seite 44)

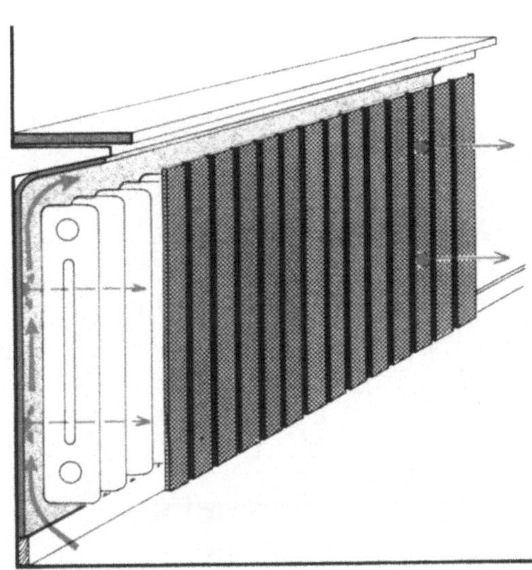

1 Lamellen zum Aufstecken

aus kunststoffbeschichtetem Stahlblech. Auf jedes Heiz-
körperglied wird eine Lamelle mit 2 Klammern aufgesteckt. Auch mit Querschienen am Heizkörper zum Aufstecken ohne besondere Klammern. Zur Abgabe von
Strahlungswärme wird die Oberfläche vergrößert.

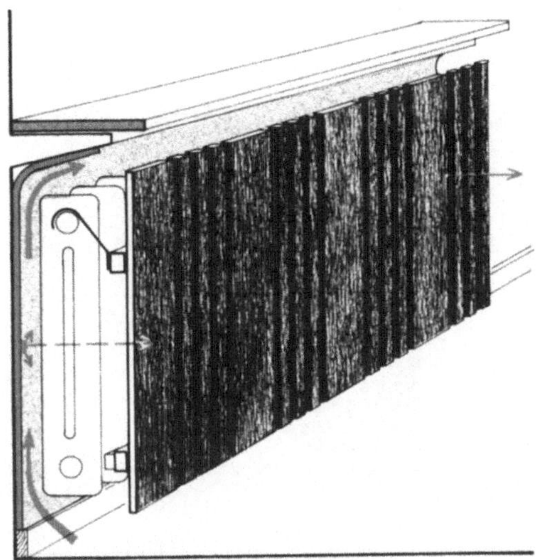

3 Holzverkleidung zum Einhängen

z.B. senkrechte Verkleidungsbretter und Holzleisten abwechselnd. Befestigung auf Querleisten oder Rechteck-
rohren, oben Einhängebügel, unten Distanzklötze.
Auf genügend breite Warmluftdurchlässe ist zu achten.

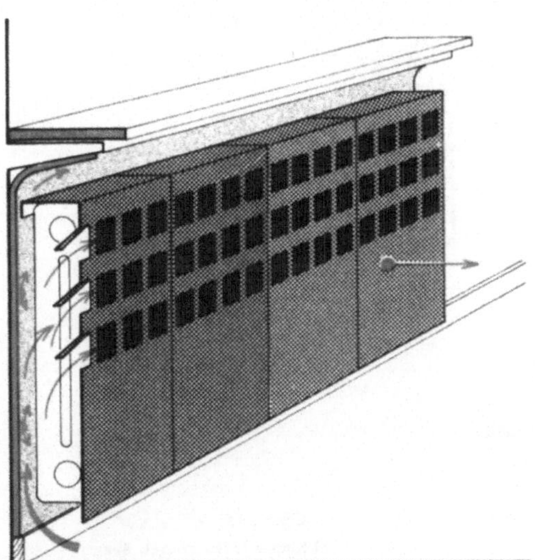

2 Blenden zum Darüberhängen

aus beschichtetem Stahlblech. Gerichtete Warmluft-
führung durch Blechzungen an jeder Luftöffnung.

Bei Heizkörperverkleidungen sollte grundsätzlich die
Brüstung gut wärmegedämmt oder mit einer
Reflexionsfolie verkleidet sein.

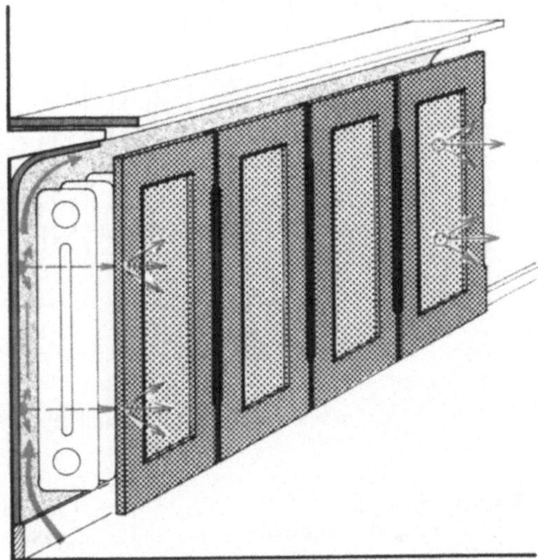

4 Keramikplatten auf Traggestell

Die Kachelplatten in verschiedenen Dekors speichern die
Wärme und geben sie als milde Strahlung weiter -ähnlich
wie beim Kachelofen.
Ein Energieverlust soll dadurch nicht entstehen.

82 Heizkörperverkleidungen – ohne-oder mit nur minimaler -Leistungsminderung (Auswahl)

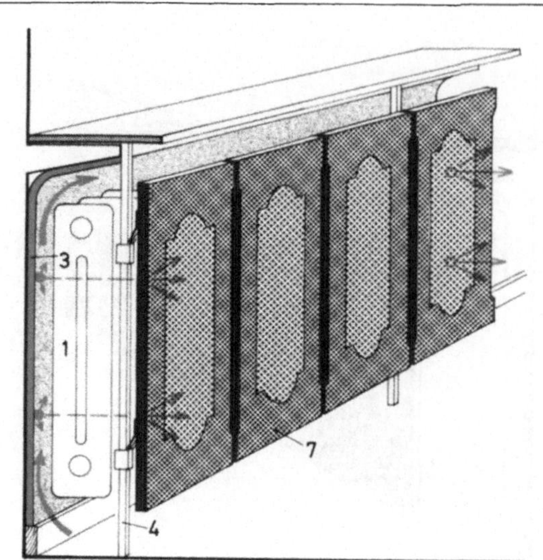

1 Ansicht und Schnitt

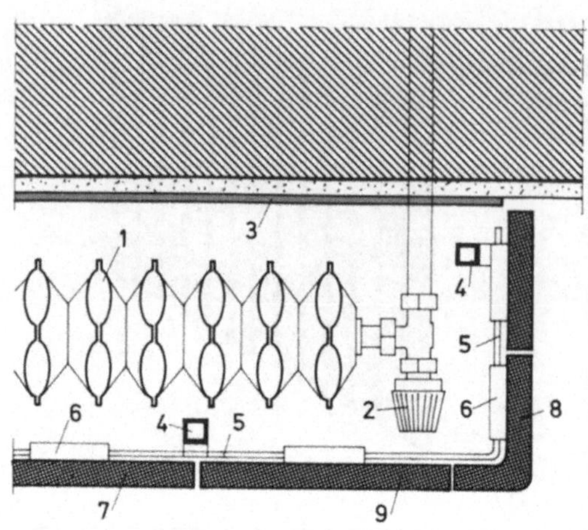

2 Grundriß einer Ecke

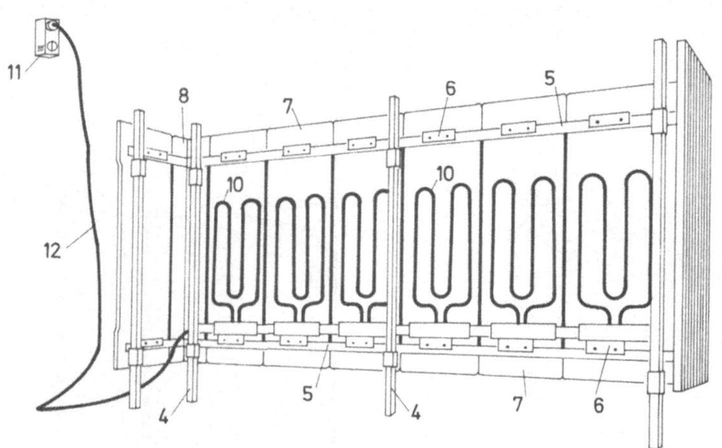

3 Rückansicht der Verkleidung

Zusatzheizung als:
- Ergänzung der Zentral-
  heizung
- Übergangsheizung

Heizung für kleinere Räume

Temperatur am Thermo-
staten einstellbar

1 Heizkörper (Radiator)
2 Ventil
3 Reflexionsfolie
4 Ständer
5 Tragleiste
6 Angenietete Aufhänger
7 Keramische Heizkörper-
  verkleidung

8 Eckplatte
9 Kipp-Platte wegen der
  Ventilbedienung (nicht
  beheizt)
10 Elektrisches Heizelement
   220 oder 330 Watt
11 Steckerthermostat
12 Anschlußkabel

83 Keramische Heizkörperverkleidungen mit Elektroheizung (z.B. Sommerhuber)

Heizungsregelung durch Thermostatventile

Thermostatische Heizkörperventile regeln die Raumtemperatur und halten sie weitgehend konstant.

► Fremdwärme, wie einfallende Sonnenstrahlen, die Wärme von Beleuchtungskörpern und anderen Geräten, die menschliche Körperwärme, Kaminfeuer usw. werden berücksichtigt.

► Eine individuelle Regelung für jeden Raum ist möglich.

Nach Untersuchungen der Stiftung Warentest sollen mit Thermostatventilen — gegenüber der Verwendung normaler Heizkörperventile — Energieeinsparungen bis zu 15% zu erzielen sein. Die Anschaffungskosten hierfür sollen sich in einem Zeitraum von einem bis höchstens vier Jahren amortisieren.

Der Einbau von Thermostatventilen kann für den Mieter praktisch nur in Betracht kommen, wenn der Hauseigentümer von sich aus den Einbau nicht vornimmt aber dem Mieter hierzu seine Zustimmung gibt. Die Regelung der Kosten ist dabei zu klären. Grundsätzlich können alle Warmwasserheizungen mit thermostatischen Ventilen ausgerüstet werden. Den Einbau kann aber nur ein Fachmann vornehmen.

Zur Sicherstellung einer stetigen Wärmezufuhr zu den Heizkörpern sollte in der Heizungsanlage eine Umwälzpumpe eingebaut sein, ebenso eine automatische Vorlauftemperaturregelung. Je besser nämlich eine Heizanlage geregelt ist, desto genauer kann die gewünschte Raumtemperatur eingehalten werden. Es ist vorteilhaft, wenn *alle* Heizkörper ein und derselben Heizanlage (eines Gebäudes) mit Thermostatventilen ausgestattet sind.

Eine wichtige Eigenschaft von Thermostatventilen ist die Berücksichtigung von weiteren Wärmeerzeugern im Raum. Die typischen Fremdwärmequellen geben folgende Wärmemengen ab:

- Person   ca. 90 Watt
- Glühlampe   etwa entsprechend Aufdruck
- Fernsehgerät   ca. 175 Watt
- Sonneneinstrahlung bei
  Südfenstern je m² Fensterfläche   ca. 300 Watt
- Fremdwärme durch Herd, Back-
  ofen, Bügeleinrichtung usw. in
  der Küche   je nach Gerätegröße

Drei Einbauarten von Thermostatventilen sind bekannt:

- normale Thermostatventile, am Heizkörper angebracht und auch dort einzustellen;
- am Heizkörper angebrachte Ventile, die aber über einen Fernfühler reagieren; zum Beispiel verdeckt liegende Ventile, an denen die warme Raumluft nicht vorbeistreichen kann;
- Thermostatventil mit Ferneinstellelement. Es wird in der Nähe des Heizkörpers an der Wand angebracht und bedient. Mit dem Heizkörper ist es durch eine Steuerleitung verbunden.

Bei sogenannten Behördenmodellen kann eine feste Temperatur eingestellt werden, die von den Raumbenutzern nicht verändert werden kann.

Direkt reagierende Thermostatventile sollten nie (durch Gardinen, Heizkörperverkleidungen, Möbel etc.) verdeckt sein. Es bilden sich dann Wärmestaus, und das Ventil erfaßt die Raumtemperatur nicht mehr. Thermostatventile sollten aber auch nicht direktem Sonnenlicht oder Zugluft ausgesetzt sein. Zu kalte oder überhitzte Räume wären die Folge.

Selbst bei minimaler Einstellung sollte sich ein Heizkörperthermostat bei einer Raumtemperatur unter 10 bis 12 °C öffnen. Die Wohnung wird so vor Frost- und Feuchtigkeitsschäden geschützt, dem Wärmediebstahl wird vorgebeugt. Dazu muß natürlich die Heizung in Betrieb sein. Diese Vorkehrung kann von Bedeutung sein, wenn die Wohnung oder das Haus einmal für längere Zeit unbewohnt ist, z.B. während eines Winterurlaubs.

Wichtig ist auch ein vernünftiges Lüften. Wenn man zu lange lüftet, kühlt der Thermostat sehr aus. Das Ventil öffnet zu weit und führt dem Raum zu viel Wärme zu. Deshalb nur kurz aber kräftig lüften (Stoßlüftung)!

Eine automatische Nachtabsenkung der Raumtemperatur ist mit Thermostatventilen nicht möglich. Man kann sie aber für die Nachtzeit entsprechend niedriger einstellen. Meist genügt die geringste Einstellung.

Die Wirkungsweise von Thermostatventilen

Vgl. nebenstehenden Schemaschnitt Abb. 84/1.
Die gewünschte Heizkörper-Abgabetemperatur
wird durch Betätigung des Einstellgriffes (1) eingestellt. Die Zahlen auf dem Einstellgriff geben Tem-
peraturbereiche an.

Der Temperaturfühler (2) mit Gegenhaltungsfeder
(3) reagiert auf die steigende oder fallende Temperatur im Raum. Das Dehnstoffelement (4) dehnt
sich bei einer Erhöhung der Raumtemperatur, bei
Absinken zieht es sich zusammen. Die Raumluft
(5) muß deshalb ständig am Thermostatkopf vorbeistreichen können.

Durch die temperaturabhängige Volumenänderung
bedingt, wird der Übertragungsstift (6) bewegt.

Der Ventilteller (7) mit Dichtkegel (8) wird gegen
die Ventilöffnung (9) geschoben, wenn der Durchfluß des Heizwassers (10) gedrosselt werden soll.
Die Heizkörpertemperatur sinkt ab. Beim Öffnen
des Ventils wird die Durchflußmenge erhöht. Die
Heizkörpertemperatur steigt an.

Die Ausbildung des Ventilgehäuses (11) richtet
sich nach der Einbaumöglichkeit (z.B. Durchgangs-
ventil Abb. 84/2 oder Eckventil Abb. 84/3).

Heizkörperthermostatventile sparen mit Verstand.

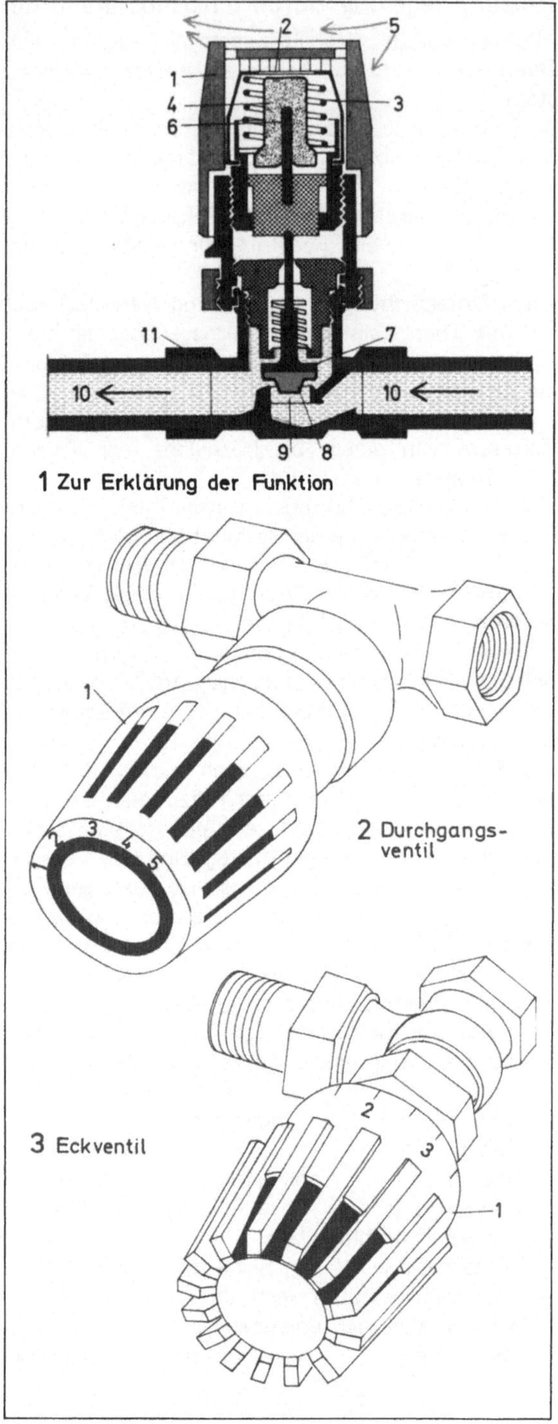

1 Zur Erklärung der Funktion

2 Durchgangs-
ventil

3 Eckventil

84 Thermostatventile (Schema)

Heizgewohnheiten

Das Bundesbauministerium hat ermittelt, daß in der besonders kalten Heizperiode 1978/1979 im Durchschnitt pro Quadratmeter Wohnfläche etwa 30 l Heizöl verbraucht worden sind. Dieser statistische Mittelwert ergibt sich aus den Einzelwerten einiger tausend Wohnungen in Mehrfamilienhäusern.

Im Einzelfall kann es jedoch erhebliche Abweichungen geben:

▶ Ein Mehrverbrauch bei Gebäuden mit Mindestwärmeschutz, einfach verglasten Fenstern, witterungsexponierter Lage usw.

▶ Ein geringerer Verbrauch bei Gebäuden mit erhöhtem Wärmeschutz, Fenster mindestens mit Doppelverglasung, geschützte Lage usw.

▶ Ein noch geringerer Verbrauch bei Gebäuden mit optimalem Wärmeschutz, Fenster mit Dreifachverglasung, geschützte Lage usw.

Auf diese Unterschiede im Energiebedarf ist die Übersicht Abbildung 86 abgestimmt.

Unter Annahme des statistischen Mittelwertes mit 30 l Heizöl pro m² Wohnfläche sowie eines angenommenen Heizölpreises von DM 0,75 pro Liter ergeben sich für die unterschiedlichen Wohnungsgrößen die in der Tabelle Abb. 85 aufgeführten Belastungen.

Zur Heizungsanlage

Die Heizungsanlage einschließlich der Verteilungsnetze und der Heizkörper sind Teil des Gebäudes. Zuständig hierfür ist der Hauseigentümer. Der Mieter hat kaum die Möglichkeit, hier einzugreifen. Trotzdem einige Hinweise:

▶ Bei einer gut geregelten Heizungsanlage sollte die Heizwassertemperatur auf die Außentemperatur abgestimmt sein.

▶ Nach der Durchführung von Wärmeschutz-Verbesserungsarbeiten (neue Fenster, zusätzliche Dämmschichten) kann es eventuell erforderlich werden, die einzelnen Heizkörper nachzuregulieren. Das ist selbstverständlich Aufgabe des Fachmannes.

▶ Sollte dies nicht möglich oder sinnvoll sein, kann man davon ausgehen, daß die nunmehr zu groß gewordenen Heizkörper mit einer geringeren Heizwassertemperatur betrieben werden können, um die gleiche Raumwärme zu erzeugen.

▶ Luft im Heizkörper verschlechtert die Wärmeabgabe. Mit einem Entlüftungsschlüssel kann so lange Luft abgelassen werden, bis Heizwasser austritt. Dann heizt der entsprechende Heizkörper wieder einwandfrei.

▶ Bei einer zentralen Nachtabsenkung für das gesamte Haus erübrigt sich diese energiesparende Maßnahme für den einzelnen Mieter.

Größe der Wohnung (Wohnfläche) m²	Verbrauch an Heizöl Liter	Heizkosten bei DM –.75/Liter	
		im Jahr DM	im Monat DM
50	1 500	1 125.–	93,75
60	1 800	1 350.–	112,50
70	2 100	1 575.–	131,25
80	2 400	1 800.–	150.–
100	3 000	2 250.–	187,50
120	3 600	2 700.–	225.–
150	4 500	3 375.–	281,50

85
Heizölverbrauch bei Wohnungen unterschiedlicher Größe
(Statistische Mittelwerte)

Heizkosten bei DM–.75 pro Liter leichtes Heizöl für 1 Jahr = 12 Monate

Gleichmäßige Beheizung des Gebäudes

Alle Wohnungen eines Hauses sollten minimal durchgeheizt werden. Bei Heizkörpern mit Thermostatventilen ist dies im allgemeinen sichergestellt. Heizkörper mit normalen Ventilen sollten so reguliert sein, daß selbst bei vollständiger Abstellung immer noch eine geringe Menge an warmem Wasser durchfließt. Bei dieser Feineinstellung sollten auch die den Wärmeverbrauch beeinflussenden Gebäudeeigenschaften berücksichtigt werden, wie z.B.

▶ geringerer Durchfluß bei Räumen am warmen Schornstein;

▶ normaler Durchfluß für alle Räume mit geringen Außenflächen;

▶ größerer Durchfluß bei Räumen mit sehr großen oder mehreren Außenflächen.

In Gebäuden mit Mindestwärmeschutz kann sich das völlige Abstellen der Heizung sehr nachteilig auswirken. Werden dann derartige Räume kurzfristig aufgeheizt, so erwärmt sich im allgemeinen nur die Raumluft, nicht aber das Mauerwerk. Der Wasserdampf in der nur stundenweise übertemperierten Raumluft schlägt sich am kalten Mauerwerk nieder. Die Wand wird feucht, und es gelangt mehr Raumwärme nach außen. Kalte Wände oder Decken sind auch Kühlflächen für die beheizten Nachbarräume. Von dort fließt Wärme in den eigenen kalten Raum — ein typischer Fall von Wärmediebstahl. Bei einer gesicherten Minimalbeheizung aller Räume in einem Gebäude kann dieser Wärmediebstahl auf ein erträgliches Maß herabgesetzt werden.

An die Wohnungsnutzung angepaßte Heizgewohnheiten

Eine Senkung des Heizwärmeverbrauchs kann auch dadurch erreicht werden, daß man die Räume nur dann vollständig erwärmt, wenn sie auch genutzt werden. Voraussetzung hierzu ist eine Minimalbeheizung für alle Wohnungen und Räume in einem Gebäude. Neben der Heizleistung der Heizgeräte spielt hierbei vor allem die Wärmespeicherfähigkeit der den Raum umschließenden Bauteile eine Rolle.

Die allgemein bekannte Nachtabsenkung wird zweckmäßig für das ganze Gebäude von der Heizzentrale aus geregelt. Darüber hinaus bleibt es dem Mieter selbstverständlich überlassen, den einen oder anderen Heizkörper schon früher zu drosseln.

Eine weitere Reduzierung des Heizwärmeverbrauches ergibt sich bei einer Mehrfachabsenkung, wie z.B. während der Nacht von 22 bis 6 Uhr; während des Tages, z.B. von 8 bis 15 Uhr, wenn Kinder in der Schule sind und Eltern einem Beruf nachgehen.

Einige Regeln für energiebewußtes Heizen

Hier handelt es sich durchweg um Maßnahmen, die auch Mieter verwirklichen können.

▶ Die Heizung niemals ganz abschalten. Das Heizkörperventil nur dann ganz zudrehen, wenn ein Minimaldurchfluß von Heizwasser sichergestellt ist. Es kostet sehr viel Energie, kalte Räume wieder aufzuheizen.

▶ Bei Häusern mit einem erhöhten Wärmeschutz kann während der Nacht die Heizung auf Minimaltemperaturen zurückgedreht werden. Bei einem optimalen Wärmeschutz kann man sie ohne Bedenken ganz abstellen. Am Morgen ist dann nur eine beschränkte Aufheizzeit erforderlich.

▶ Die Heizung abends rechtzeitig zurückdrehen oder abstellen, also nicht erst unmittelbar vor dem Schlafengehen, etwa eine Stunde vor Beginn der Nachtruhe, denn die Temperatur sinkt langsam, und zwar umso geringer, je besser die Wärmespeicherfähigkeit der Raumumschließungsflächen ist.

▶ Bei einem guten baulichen Wärmeschutz auch während des Tages die Heizung absenken. Damit wird vor allem die Wärmespeicherfähigkeit der Raumumschließungen sinnvoll genutzt.

▶ Bei längerer Sonneneinstrahlung die Heizung zurückdrehen oder auf Minimaltemperaturen stellen.

▶ Die Heizkörper nicht mit Vorhängen abdecken oder mit Möbeln zustellen.

▶ Bei eintretender Dunkelheit die Rolläden schließen. Falls vorhanden, mobile Dämmelemente in die Fensternischen einstellen.

▶ Dauerlüftungen möglichst vermeiden. Auch an kalten Tagen kurz aber kräftig lüften. Sauerstoffreiche Luft erwärmt sich schneller als verbrauchte.

▶ Die Heizkörper regelmäßig abstauben. Dies ist vor allem eine hygienische Maßnahme. Erwärmter Staub wird mit dem Luftstrom in den Raum getragen und dort herumgewirbelt.

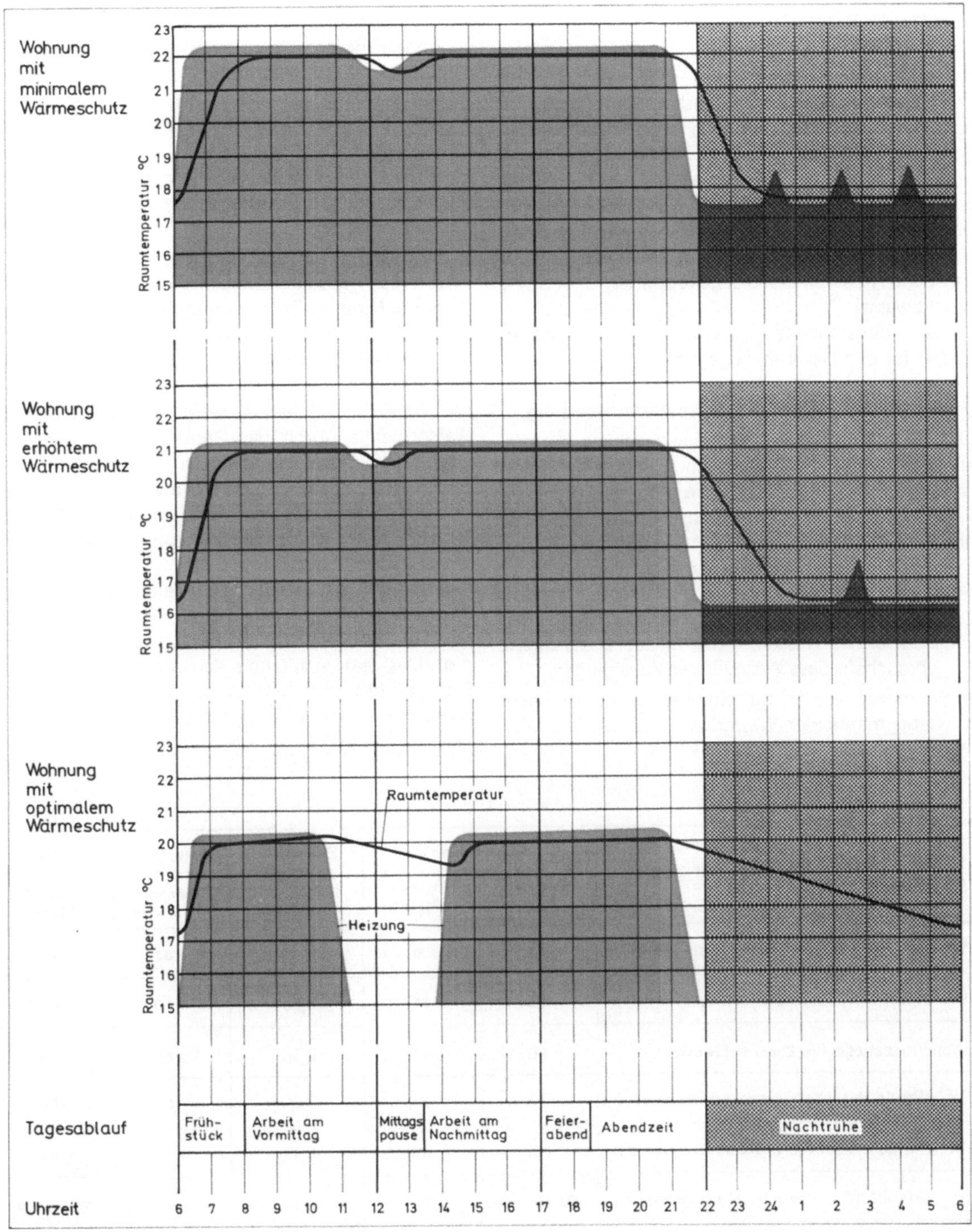

86 Tagesverlauf der Heizung und der Raumtemperatur in 3 Wohnungen mit unterschiedlichem baulichen Wärmeschutz

123

Warmwasserbereitung

Grob gerechnet ist die Warmwasserbereitung mit ca. 15% am Jahresenergieaufwand beteiligt. Der Warmwasserverbrauch im Haushalt hat ständig zugenommen und wird sich auch noch weiterhin steigern. Der Energiebedarf hierfür betrug pro Person und Tag im Jahre 1950 weniger als 1 kW, 1980 etwa 2 kW. Bei einer sparsamen Warmwasserverwendung ergibt sich nicht nur eine Einsparung an Energie, sondern auch eine Ersparnis an Wasser und der mit dem Wasserpreis meist gekoppelten Gebühr für das Abwasser.

In der untenstehenden Tabelle ist der Warmwasserbedarf für den Haushalt angegeben.

Energieeinsparung bei der Warmwasserbereitung

Die Möglichkeiten zur Energieeinsparung auf diesem Sektor sind begrenzt. Im Einzelfalle sind es meist nur Pfennigbeträge, die sich allerdings im Laufe eines Jahres zu recht ansehnlichen Summen addieren können.

Für die Energieeinsparung werden folgende Empfehlungen gegeben:

► Heißes und kaltes Wasser mischen, so daß man handwarmes Wasser erhält, ist teurer als direkt gebrauchsfertiges Warmwasser zu erzeugen.

► Monatlich verliert nur ein einziger schwach aber stetig tropfender Wasserhahn bis zu 200 l Wasser.

► Kalkablagerungen im Warmwasserbereiter verringern deren Lebensdauer und erfordern einen höheren Energieverbrauch. Deshalb die Entkalkung bei hartem Wasser möglichst jedes Jahr, bei mittelhartem Wasser alle 2 bis 3 Jahre und bei weichem Wasser alle 5 Jahre durchführen lassen. Um Kalkablagerungen gering zu halten, sollte die Warmwassertemperatur 50 °C nicht überschreiten.

► Das Leerlaufen der Warmwasserleitung bei hydraulisch gesteuerten Durchlauferhitzern ist eine wirksame Energiesparmaßnahme. Nachstehend Einzelheiten hierzu.

Ein hydraulisch gesteuerter Durchlauferhitzer besitzt einen Strömungsschalter, der die Heizleistung des Gerätes einschaltet, wenn eine ausreichende Wassermenge durch das Gerät fließt. Er schaltet wieder aus, wenn die Mindestdurchflußmenge unterschritten wird. In der Warmwasserleitung und im Gerät bleibt dann mehr oder weniger Warmwasser zurück. Es ist deshalb sinnvoll, das warme Wasser aus der Leitung leerlaufen und kaltes Wasser nachfließen zu lassen. Wie weit man dabei das Warmwasser-Ventil aufdrehen darf, ohne daß der Durchlauferhitzer anspringt, ist auszuprobieren. Das hat zusätzlich den Vorteil, daß es im Durchlauferhitzer und in der Warmwasserleitung weniger Kalkablagerungen gibt.

Sanitäre Einrichtung Bedarfsfall	Warmwasser-		Energie-verbrauch	Energiekosten in DM	
	Bedarf Liter	Nutztemperatur °C	kWh	Strompreis — 15/kWh	Strompreis —.20/kWh
Wasser für Heißgetränke (je 6 Tassen)	1	100	0,12	—.02	—.03
Geschirrspülen (je Beckenfüllung)	15	55	0,85	—.13	—.17
Wohnungspflege (je Eimer Putzwasser)	10	50	0,50	—.08	—.10
1x Hände waschen (stark verschmutzt)	12	37	0,40	—.06	—.08
1x Hände waschen (normal verschmutzt)	5	37	0,17	—.03	—.04
1x Duschbad (je nach Duschgewohnheit)	30 bis 50	37	1 bis 1,65	—.15 bis —.25	—.20 bis —.33
1x Wannen-Vollbad (je nach Wannengröße und Füllung)	150 bis 180	37	5 bis 6	—.75 bis —.90	1.— bis 1,20

87 Warmwasserbedarf im Haushalt (Richtwerte)   Energiekosten auf volle Dpf. aufgerundet

Zusatzheizungen

Auch in einer Wohnung mit Zentralheizung kann es vorkommen, daß auf eine andere Beheizungsart ausgewichen werden muß, oder eine Zusatzheizung gebraucht wird, sei es auch nur vorübergehend. Beispiele:
— wenn die Zentralheizung einige Tage ausfällt;
— während der Übergangszeit oder an kühlen Sommertagen, wenn die Zentralheizung noch nicht in Betrieb ist;
— für die Beheizung nur gelegentlich benutzter Räume, die nicht an die Zentralheizung angeschlossen sind;
— als Notheizung in Krisenzeiten, dann mit festen Brennstoffen.

Es wäre deshalb von Vorteil, wenn in jeder Wohnung ein Notschornstein vorhanden wäre. Anzutreffen bei Altbauwohnungen, die von Einzelöfen auf eine Zentralheizung umgestellt worden sind. Auch sollte man den einen oder anderen Einzelofen gut aufbewahren, damit er in einem solchen Notfall zur Verfügung steht. Hierfür dürften Einzelöfen für feste Brennstoffe besonders geeignet sein.

Bei Neuanschaffungen empfehlen sich Einzelöfen, die auch mit Holz beheizt werden können, wie z.B.

— *transportable Kachelöfen* mit den Vorteilen der bekannten fest eingebauten Kachelöfen. Sie vereinigen die Schönheit der Kachelfläche mit den Vorzügen neuzeitlicher Heiztechnik. Als Dauerbrandöfen werden sie mit einer Heizleistung von 5 bis 9 kW hergestellt. Bei den speziell für den Abbrand von Holz und Braunkohlenbriketts eingerichteten Öfen können Holzscheite bis zu 40 cm Länge eingelegt werden. Ein Dauerbrand bis zu 16 Stunden ist möglich (Abbildung 88/1).

— *Spezielle Holzöfen* mit einem emaillierten Außenmantel. Eine besondere Verbrennungsluftregelung sorgt für eine wirtschaftliche Verbrennung der bis etwa 45 cm langen Holzscheite (Abbildung 88/2).

— *Holz-Kaminöfen* besitzen hochschiebbare Sichtfenster (Kamineffekt). In diesem Falle ist, wie bei allen offenen Kaminen, ein separater Schornstein vorgeschrieben.

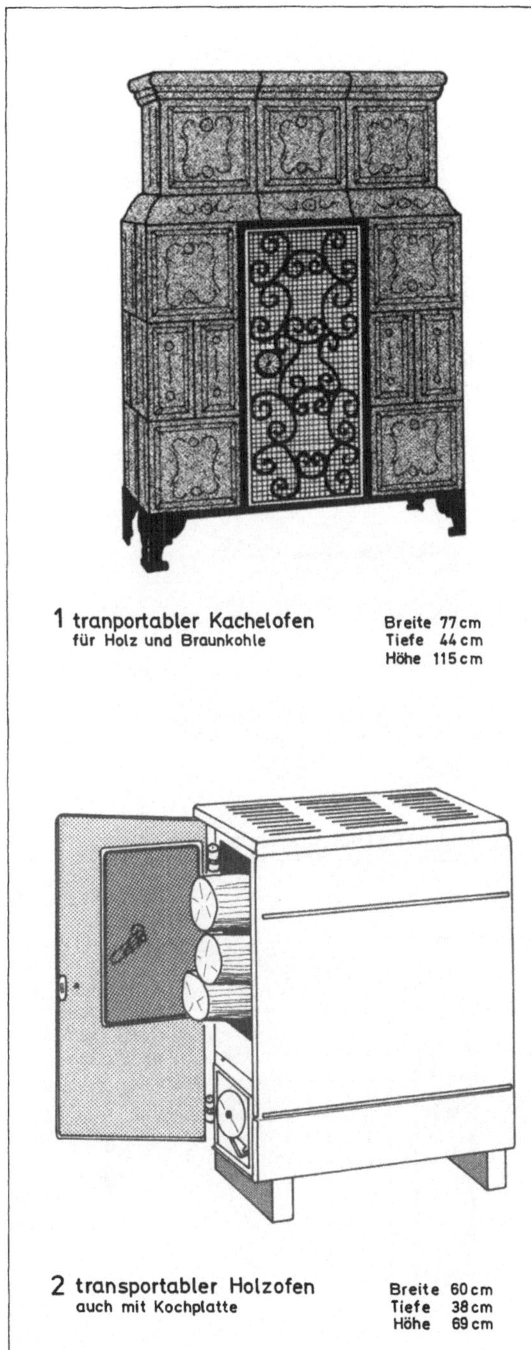

1 tranportabler Kachelofen
für Holz und Braunkohle

Breite 77 cm
Tiefe 44 cm
Höhe 115 cm

2 transportabler Holzofen
auch mit Kochplatte

Breite 60 cm
Tiefe 38 cm
Höhe 69 cm

88 Transportable Öfen für Festbrennstoffe

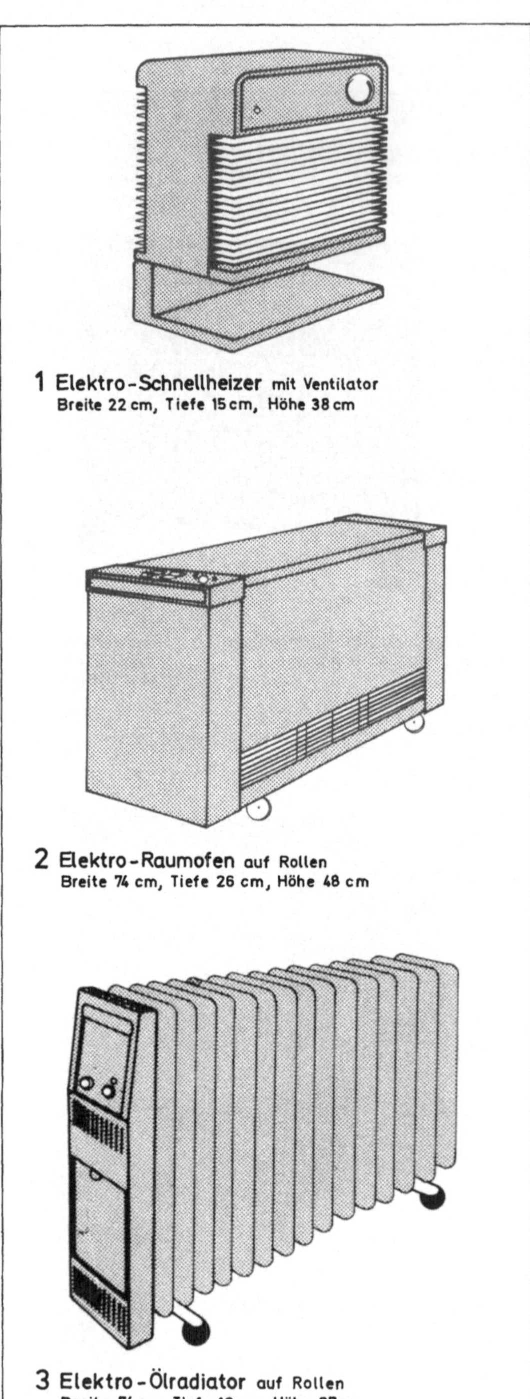

1 **Elektro-Schnellheizer** mit Ventilator
Breite 22 cm, Tiefe 15 cm, Höhe 38 cm

2 **Elektro-Raumofen** auf Rollen
Breite 74 cm, Tiefe 26 cm, Höhe 48 cm

3 **Elektro-Ölradiator** auf Rollen
Breite 74 cm, Tiefe 16 cm, Höhe 67 cm

89 Bewegliche Elektro-Heizgeräte

Elektro-Direktheizgeräte

Sie sind durchweg für den Tagstrombetrieb eingerichtet und werden im allgemeinen nur für die Übergangszeit und als Zusatzheizung verwendet. Damit sie an jede normale Steckdose angeschlossen werden können, soll ihre Anschlußleistung nicht mehr als 2000 Watt betragen. Das „Heizen aus der Steckdose" ist für längere Dauer jedoch eine recht teure Angelegenheit. Die wichtigsten Geräte werden nachstehend kurz beschrieben.

— *Ventilatorheizer,* an der Wand angebracht oder als transportables Gerät. Anschlußleistung 2000 Watt (Abb. 89/1).

— *Elektro-Raumöfen* auf Laufrollen. Ein Filter in der Rückwand sorgt für die Reinigung der angesaugten Luft. Eingebautes Tangentialgebläse mit ruhigem Lauf. Anschlußleistung 2000 Watt (Abb. 89/2).

— *Elektro-Ölradiatoren* auf Laufrollen. 3-Stufen-Schalter oder stufenlos regulierbar. Anschlußleistung 2000 Watt (Abb. 89/3).

— *Konvektoren* für natürliche oder erzwungene Konvektion (Abb. 90/4). Wandkonvektoren mit 1500 und 2000 Watt Leistung (Abb. 90/2). Badezimmerkonvektor mit einem Handtuchhalter, Anschlußleistung 2000 Watt. 3 Heizleistungen sind einstellbar. Für unbeheizte Bäder oder als Zusatzheizung (Abb. 90/1). Konvektorleisten mit Anschlußleistungen von 350 bis 2000 Watt (Abb. 90/3).

— *Elektro-Strahlungsheizgeräte* arbeiten ohne Luftumwälzung. Eingebauter Thermostat für die Temperaturregelung. Anschlußwerte von 600 bis 2000 Watt (Abb. 90/5).

— *Keramikplatten* mit elektrischer Beheizung. Direktstrahlung von der Kachelfläche. Warmluftströmung an der Kachel-Rückseite (Abb. 90/6). Ähnlich arbeitet die keramische Heizkörperverkleidung, Abb. 83.

— *Frostwächter* zur Frostfreihaltung von Wasseranschlüssen in unbeheizten Räumen. Auch für Flure, Toiletten oder Kleinsträume. Anschlußwert 500 Watt.

— *Infrarot-Strahler* mit Reflektor und Quarzheizstab. Für die Platzbeheizung oder den Einsatz im Freien.

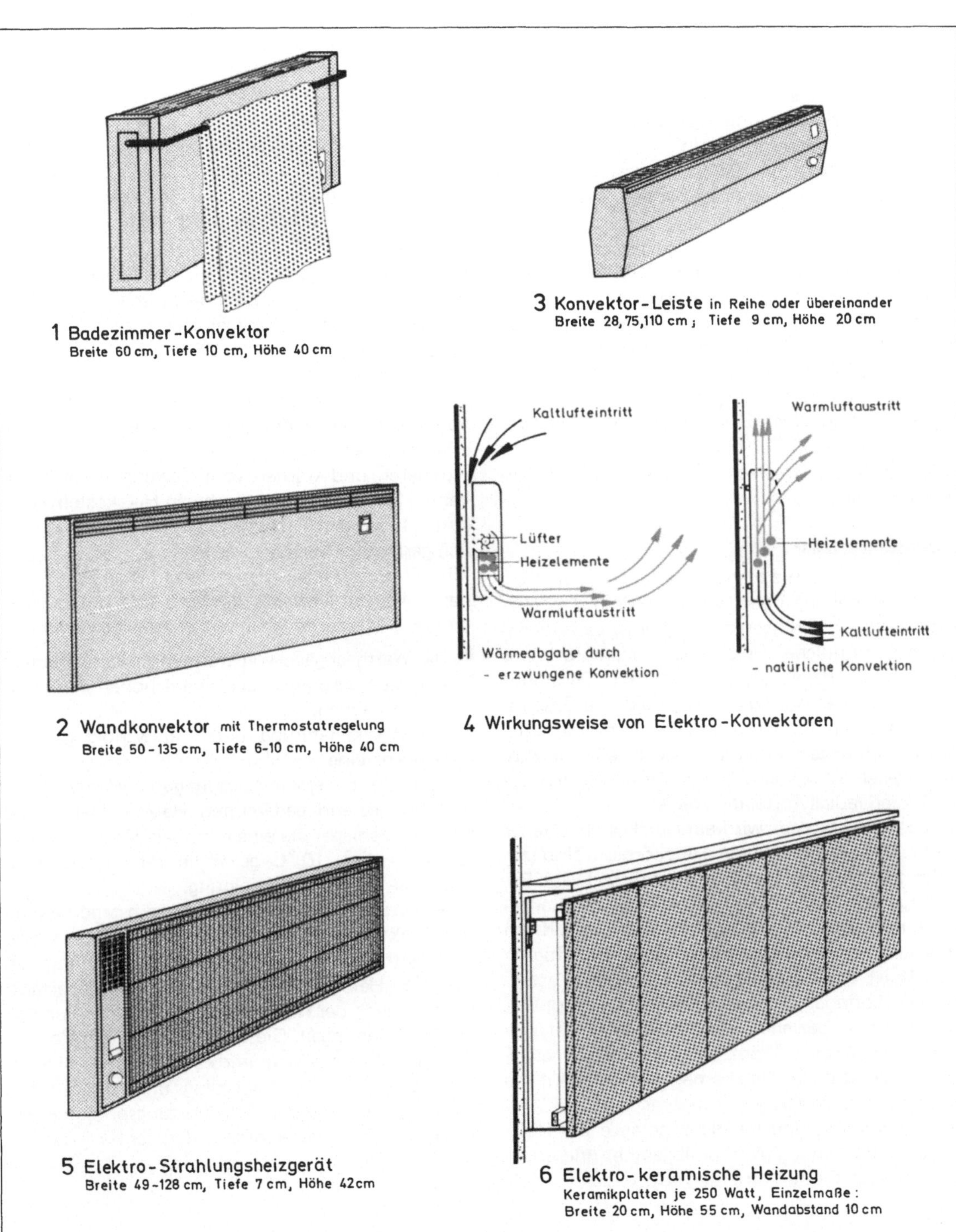

90 Fest angebrachte Elektro-Direktheizgeräte (Auswahl)

Heizkostenerfassung und -abrechnung

Im Bereich des Sozialen Wohnungsbaus ist seit dem 1.7.1979 die verbrauchsabhängige Abrechnung für Heizkosten und Warmwasser gesetzlich vorgeschrieben. Danach müssen
- alle **nach** dem 1.1.1980 fertiggestellten Wohnungsbauten mit entsprechenden Meßgeräten ausgerüstet sein;
- alle **bis** zum 1.1.1980 fertiggestellten Wohnungen spätestens zur Heizperiode 1982/1983 ebenfalls mit Meßgeräten ausgestattet sein.

Zur Einführung der Heizkosten-Abrechnung nach Verbrauch für sämtliche Wohnbauten hat der Bundestag am 23.4.1980 ein Gesetz zur Änderung und Ergänzung des Energieeinsparungsgesetzes einstimmig beschlossen. Nach Zustimmung des Bundesrates erfolgte am 23.5.1980 die endgültige Verabschiedung dieses Gesetzes. Es ist am 1.10.1980 in Kraft getreten.

Heizkostenverteiler

Von den unterschiedlichen Verfahren zur Verbrauchsabrechnung haben sich praktisch die Heizkostenverteiler durchgesetzt. Dabei ist es notwendig, daß sämtliche Heizkörper innerhalb eines Heiz-Systems damit ausgestattet sind. Denn nur die Summe aller Anzeigenwerte ergibt die Gesamt-Heizungskosten. Sie werden dann auf die verschiedenen Wohnungen anteilmäßig aufgeteilt. Heizkostenverteiler messen also keine Wärmekalorien, sie registrieren lediglich Relativ-Werte.

An jedem Heizkörper wird ein Heizkostenverteiler angebracht; an übergroßen Heizkörpern sind zuweilen zwei solcher Geräte erforderlich. Diese Registriergeräte bestehen aus einem Ganzmetallgehäuse mit guter Wärmeleitfähigkeit. Kennziffern schließen Verwechslungen aus. Gegen unbefugten Eingriff ist das Gerät verplombt. Im Heizkostenverteiler befindet sich ein Röhrchen (Ampulle), das mit einer speziellen Flüssigkeit gefüllt ist. Sobald der Heizkörper Wärme abgibt, wird die jeweilige Temperatur der Heizkörperoberfläche auf die Meßflüssigkeit übertragen. Entsprechend der Wärmeeinwirkung verdunstet diese, solange der Heizkörper in Betrieb ist. Wird er abgedreht und erkaltet, hört auch die Registrierung auf.

Nach dem Ende einer Heiz- bzw. Abrechnungsperiode wird die Menge der insgesamt verdunsteten Flüssigkeit in Stricheinheiten von der Skala des jeweiligen Heizkostenverteilers abgelesen. Auf diese Weise erhält man für die Heizkörper Strichwerte. Ihre Summe pro Wohnung ist der Maßstab für die Berechnung der anteiligen Heizkosten. Für die kommende Heizperiode wird dann eine neue Ampulle eingesetzt.

Bei der Abrechnung wird auch der sogenannte c-Wert berücksichtigt. Diese technische Kennziffer berücksichtigt den jeweiligen Heizkörpertyp, insbesondere die Intensität der Wärmeübertragung zum Heizkostenverteiler.

Es hat keinen Sinn, Heizkostenverteiler zu manipulieren, um eigene Vorteile bei der Abrechnung zu erlangen. Beschädigungen jeder Art sind kaum zu reparieren und werden vom Fachmann sofort erkannt. Manipulationsversuche an Heizkostenverteilern erfüllen den Tatbestand des Betruges und können gerichtlich verfolgt werden.

Mit Hilfe der Heizkostenverteiler lassen sich bei einem Mehrfamilienhaus bauliche und nutzungsbedingte Besonderheiten nicht ausgleichen, wie z.B.

► die Wärmeabgabe von warmen in kalte Räume;
► der Mehrverbrauch bei einem hohen Anteil an Außenflächen;
► die Wärmelieferung durch einwandig gebaute Schornsteine.

Bei Bauten mit einem ringsum guten Wärmeschutz und ausreichend gedämmten Heizkaminen sowie einer Heizanlage, die eine minimale Raumtemperatur von etwa 10 °C gewährleistet, treten diese Nachteile kaum in Erscheinung.

Eine weitere Möglichkeit der Heizkostenerfassung sind elektronische Heizkosten-Verteilungssysteme mit zentraler Anzeige. Dabei wird nicht nur die von den Heizkörpern abgegebene Wärme erfaßt, sondern auch der Wärmeübergang zwischen benachbarten Wohnungen. Dieses System hat den Vorteil, daß der Mieter seinen Verbrauch laufend ablesen kann. Die Geräte sind allerdings um ein Vielfaches teurer als die nach dem Verdunstungsprinzip arbeitenden Geräte und erfordern darüber hinaus bauliche Eingriffe.

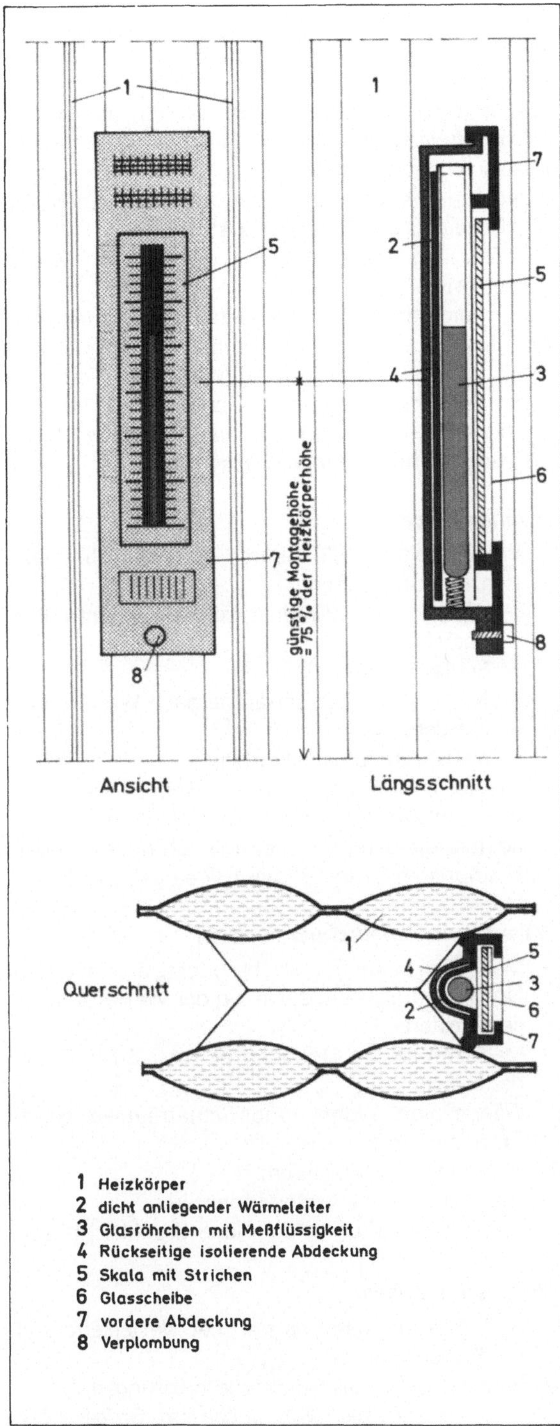

1 Heizkörper
2 dicht anliegender Wärmeleiter
3 Glasröhrchen mit Meßflüssigkeit
4 Rückseitige isolierende Abdeckung
5 Skala mit Strichen
6 Glasscheibe
7 vordere Abdeckung
8 Verplombung

91 Heizkostenverteiler (Schema)

Heizkostenabrechnung

Bei der lange Zeit gebräuchlichen *Warmmiete* waren die Heizungskosten in dem vertraglich festgelegten Mietzins enthalten. Bei steigenden Energiekosten ist es dem Hauseigentümer nur sehr schwer möglich, die Mehrkosten über eine Erhöhung des Mietzinses weiterzugeben.

Bei der *pauschalen Umlage* werden die Heizkosten nach der Fläche oder dem Rauminhalt der beheizten Räume bzw. der Oberfläche der Heizkörper weitergegeben. Wohnungen in ungünstiger Lage sind bei einer Abrechnung nach der Größe der Heizkörper benachteiligt. Die Mieter haben auch keine Möglichkeit, die Höhe der Heizkosten zu beeinflussen. Energiesparen zahlt sich hier nicht aus. Erst mit Einführung der *verbrauchsabhängigen Abrechnung* wird sparsames und überlegtes Heizen belohnt.

Der alljährlich wiederkehrende Verlauf einer Heizkostenabrechnung läßt sich wie folgt darstellen:

— Der Lieferant bzw. Betreuer der Heizkostenverteiler bereitet die Formulare für die Eintragung der Betriebskosten und eine Liste der Heizwärme-Abnehmer (Eigentümer, Mieter) vor und übergibt sie dem Hauseigentümer bzw. der Hausverwaltung.

— Dort werden die angefallenen Betriebskosten und die während der Abrechnungsperiode geleisteten Abschlagszahlungen eingetragen. Auch Mieterwechsel müssen entsprechend vermerkt werden. Die Originale gehen an die zuständige Vertretung der Heizkostenverteiler-Firma. Die Kopien verbleiben bei der Hausverwaltung.

— Der zuständige Kundendienst liest die Heizkostenverteiler ab und tauscht die Meßröhrchen aus.

— In einem Rechenzentrum wird die Heizkostenabrechnung für jeden Mieter erstellt, dazu eine Heizkostenverteilungsliste für die Hausverwaltung.

— Die Hausverwaltung gibt die Heizkostenabrechnung an die Mieter weiter. Die Verteilungsliste behält sie für die eigenen Unterlagen.

Umgelegte Heizungskosten

Für den mit öffentlichen Mitteln geförderten (Sozialen) Wohnungsbau gibt es mit der „Neubaumietenverordnung 1970" eine klare gesetzliche Regelung. In Wohnungen, die dieser Verordnung 1970 unterliegen, müssen mindestens 50% der jeweiligen Teilbeträge als Grundkosten nach verbrauchsunabhängigem Maßstab umgelegt werden.

Die nachstehend aufgeführten umlegbaren Kosten können auch dann erhoben werden, wenn der Mietvertrag dazu keine besondere Vereinbarung enthält:
— die Kosten für Brennstoffe und ihre Lieferung;
— die Kosten des Betriebsstromes, z.B. für die Umwälzpumpe und den Ölbrenner;
— die Kosten der Bedienung, Überwachung und Pflege der Heizungsanlage;
— die Kosten für die Reinigung der Heizungsanlage und des Betriebsraumes;
— die Kosten des Wärmemeßdienstes;
— die Kosten für die Messung von Emissionen.
Nicht auf die Mieter abgewälzt werden können
— Reparaturen und Ersatzbeschaffungen;
— Kosten für das Trockenheizen von Neubauten.
Bei Bezug von Fernwärme fallen auch noch aufteilbare Grundgebühren an.
Im nicht preisgebundenen, frei finanzierten Wohnungsbau und bei Altbauwohnungen richtet sich die Umlegbarkeit der Kosten nach den jeweiligen vertraglichen Vereinbarungen.

Heizkostenabrechnung bei Wohnungswechsel

Bei einem Wohnungswechsel während der Heizperiode muß eine Zwischenablesung an den Heizkostenverteilern vorgenommen werden. Die endgültigen Heizungskosten können in diesem Fall erst nach Beendigung der Heizperiode errechnet werden. Der Hauseigentümer kann vom ausziehenden Wohnungsinhaber eine angemessene Abschlagszahlung verlangen.

Nach der Heizperiode präsentiert der Winter seine Rechnung.

Beurteilung der Wohnung

Eine Wohnung muß man nehmen wie sie ist und nicht, wie sie im Idealfall sein sollte. Umso mehr gilt es dann, die eigene Wohnung auf alle möglichen Schwachstellen zu untersuchen. Dabei ist zu unterscheiden zwischen
▶ echten Baufehlern, für die im allgemeinen der Hauseigentümer zuständig ist, und
▶ sinnvollen Verbesserungen, die eher den Mieter betreffen.
Zur Erleichterung der Kompetenzabgrenzung wird eine Liste über häufig vorkommende Schwachstellen bzw. die für zweckmäßig gehaltenen Verbesserungsmaßnahmen angefügt — auch eine Hilfe, den baulichen Zustand der eigenen Wohnung besser und umfassender kennenzulernen.

Wohnungslage
— Wenn möglich, die Räume nach der Himmelsrichtung orientieren:
  — Wohn- und Eßräume sowie Kinderzimmer nach Süden;
  — Schlafräume nach Osten;
  — Küchen und Sanitärräume nach Westen oder Norden;
  — Nebenräume nach Norden.
— In welchen Räumen ist ein Sonnen-Wärmegewinn im Winter zu erzielen? Dabei auf Bauteile achten, die den Sonneneinfall behindern (in den Grundrissen Seite 132 bis 137 eingetragen).

Wärme- und Schallschutz zugleich
— Maßnahmen am Fenster, besonders an der kalten Nord- und Ostseite sowie an der Wetterseite gegen Westen;
— Maßnahmen am Rolladen einschließlich Rolladenkasten;
— Wände von Wohn- und Schlafräumen gegen Treppenräume;
— Wohnungsabschlußtüren;
— Gegebenenfalls einzelne Innentüren;
— Vorhang im Flur in der Nähe des Abschlusses.

Wärmeschutz allein
— Außenwände, besonders an der Wetterseite und bei großen Flächen;
— Fensternischen als Heizkörperbrüstungen;
— Kellerdecken bei Wohnungen im Erdgeschoß;

— Decken unter nicht ausgebautem Dach bei Woh-
  nungen im letzten Geschoß;
— Fußböden bei Wohn- und Schlafräumen über
  Durchfahrten und kalten Garagen;
— Wohn- und Schlafräume im Dachgeschoß, besonders wegen des Sommerwärmeschutzes;
— Innenwände und Innentüren gegen kalte Räume
— Gibt es Loggien, die für Winterfenster geeignet
  sind?
— Gefangene Zimmer und kalte Schlafräume;
— Beseitigung von Wärmebrücken, wie z.B.
   — in Raumecken bei Außenwänden;
   — hinter Möbeln und aufgezogenen schweren
     Vorhängen an der Außenwand;
   — an Fensterstürzen, meist hinter dem Vorhang;
   — an oberen Raumecken bei auskragenden Bal-
     konen.

Schallschutz allein

— Ungenügende Wohnungstrennwände, besonders
  wenn laute Wohnräume angrenzen;
— Muß eventuell der eigene laute Wohnraum beru-
  higt werden?
— Wände gegen ein lärmerfülltes Treppenhaus;
— Räume neben Aufzügen;
— Stört der Trittschall von oben?
— Wohnungstrennwände gegen Sanitärräume, be-
  sonders kritisch bei Schlafräumen;
— Installations- und -Leitungsgeräusche aller Art.

Heizen und Lüften

— Entspricht die Regelung der Gebäudeheizung
  dem heutigen Stand der Technik?
— Besitzen die Heizkörper Thermostatventile?
— Ist von Nachbarwohnungen aus ein Wärmedieb-
  stahl möglich?
— Wie weit sind die Zapfstellen von Einzel-Warm-
  wasserbereitern entfernt?
— Sind Notkamine vorhanden?
— Besitzen Sie ein Heizgerät für Notzeiten?
— Ist eine Wohnungs-Querlüftung möglich?
— Gibt es Fenster (auch von Nebenräumen), die
  für die Nachtlüftung geeignet sind?
— Sind Schachtlüftungen vorhanden, die auch für
  die Wohnungslüftung eingesetzt werden kön-
  nen?
— Bei Neubauwohnungen sind die darauf abge-
  stimmten Heiz- und Lüftungsgewohnheiten zu
  beachten (Neubaufeuchte, dichte Fenster).

Kurzbeschreibung der 6 Gebäude-Grundrisse

◐ = günstig ● = ungünstig ○ = nachprüfen

Mehrfamilienhaus Abb. 92

◐ Haupträume an der dem Verkehr abgewandten Ost-
  seite
◐ Gute Wärmespeicherung infolge der zahlreichen Innen-
  wände
◐ Wirkungsvolle Querlüftung
◐ Schornsteine für Einzelheizgeräte in Notzeiten
● Gefangenes Schlafzimmer neben der Wohnküche
● Einzelschlafzimmer an der Westseite wegen des Lärms
  aus dem Bad mit WC und dem Treppenraum
○ Dämmwert der Außenbauteile, besonders wenn diese
  nach der alten DIN 4108 ausgeführt sind
○ Fensterbrüstungen, besonders wenn nachträglich eine
  Zentralheizung eingebaut wurde

Mehrfamilienhaus Abb. 93

◐ Schlafräume nach Osten
◐ Wohnräume erhalten durch das breite Fenster Nach-
  mittagssonne.
◐ Zweischalige Gebäudetrennwand
◐ Kochküche zur Abschirmung des Treppenhauslärmes
◐ Gute Querlüftung
● Lage der Bäder mit WC zwischen Schlafräumen

Mehrfamilienhaus Abb. 94

◐ Wohnräume und Eßplatz nach Süden
◐ Zusammenfassung der lauten Räume und für beide
  Wohnungen nebeneinanderliegend
◐ Zweischalige Haustrennwand
◐ Nachtlüftung über die Bäder ohne WC
● Einzelzimmer direkt neben dem Treppenraum

Mehrfamilienhaus Abb. 95

◐ Wohnräume und Kinderzimmer nach Süden
◐ Elternschlafzimmer nach Osten oder Westen
◐ Kochküche und Bad mit WC neben dem Treppenraum
◐ Schornsteingruppen für die Innenentlüftung bzw. den
  Anschluß einer Notheizung

Wohnhochhaus Abb. 96

◐ Sanitärräume, von den Wohn- und Schlafräumen abge-
  setzt
◐ Innenentlüftung über die Wohnungsflure
◐ Wohn- und Schlafräume nach Osten, Süden oder Westen
● Behinderung des Sonneneinfalls durch die vorstehen-
  den seitlichen Wandzungen der Loggien

Wohnhochhaus Abb. 97

◐ Sämtliche großen Wohnräume nach Süden
◐ Elternschlafzimmer nach Süden bzw. Osten oder We-
  sten
◐ Innenentlüftung für die Wohnungen 2, 3 und 4
◐ Diagonalentlüftung für die Wohnungen 1 und 5
○ Schalldämmung der Trennwände bei den Wohnräumen
  2, 3 und 4

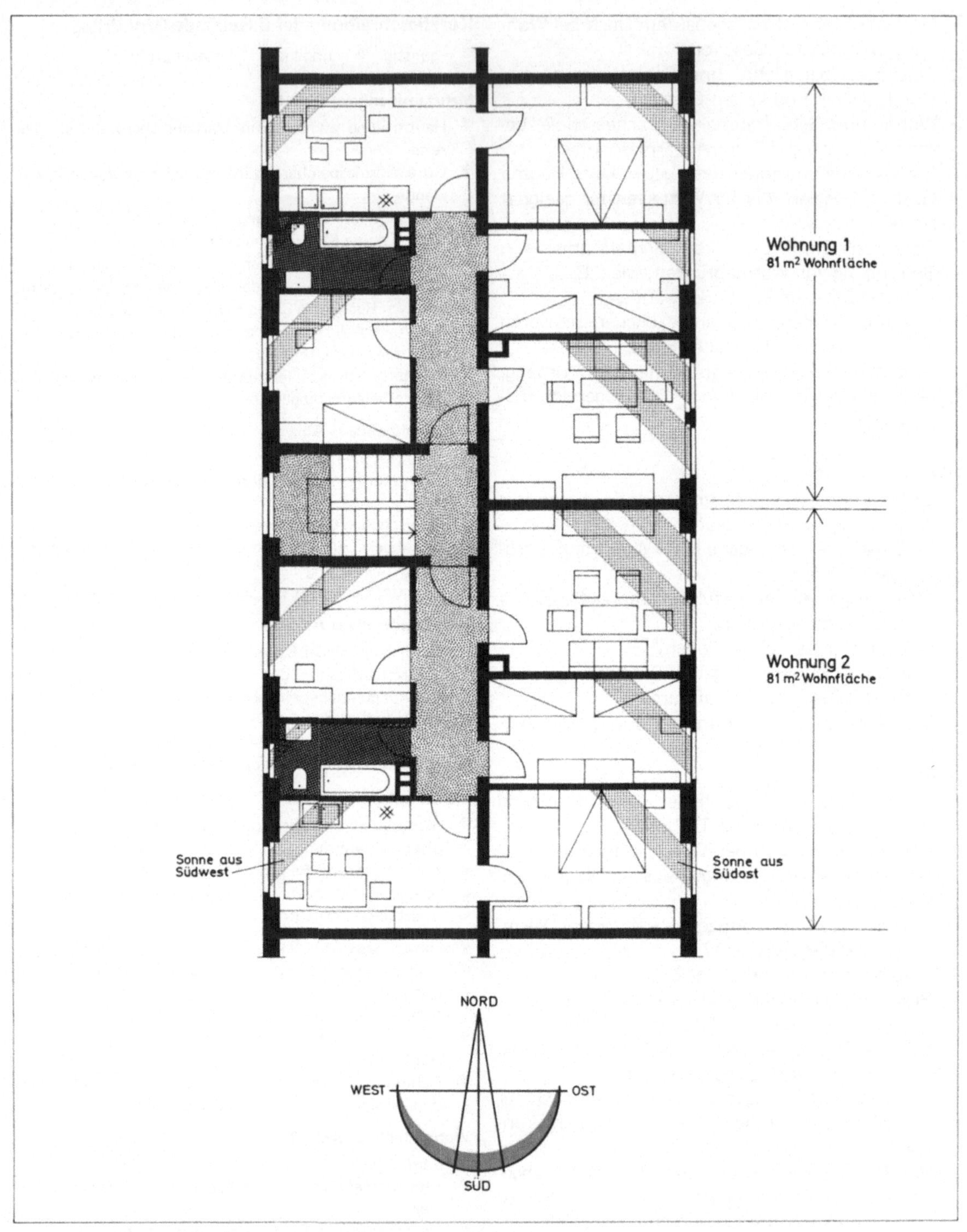

92 Mehrfamilienhaus (bis 5 Geschosse) Zweispänner - gefangenes Zimmer -

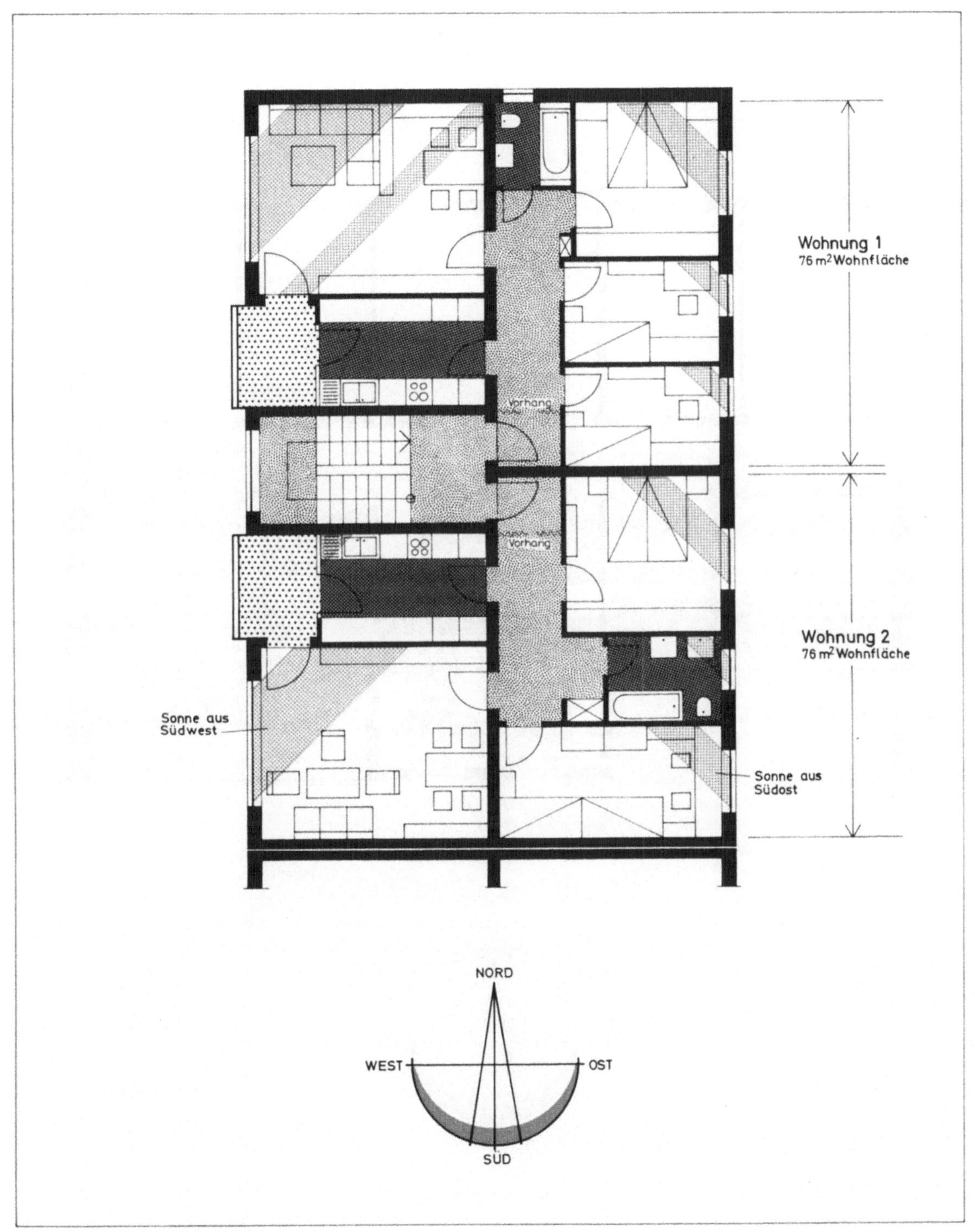

93 Mehrfamilienhaus (bis 5 Geschosse) Zweispänner - ungünstige Lage der Bäder -

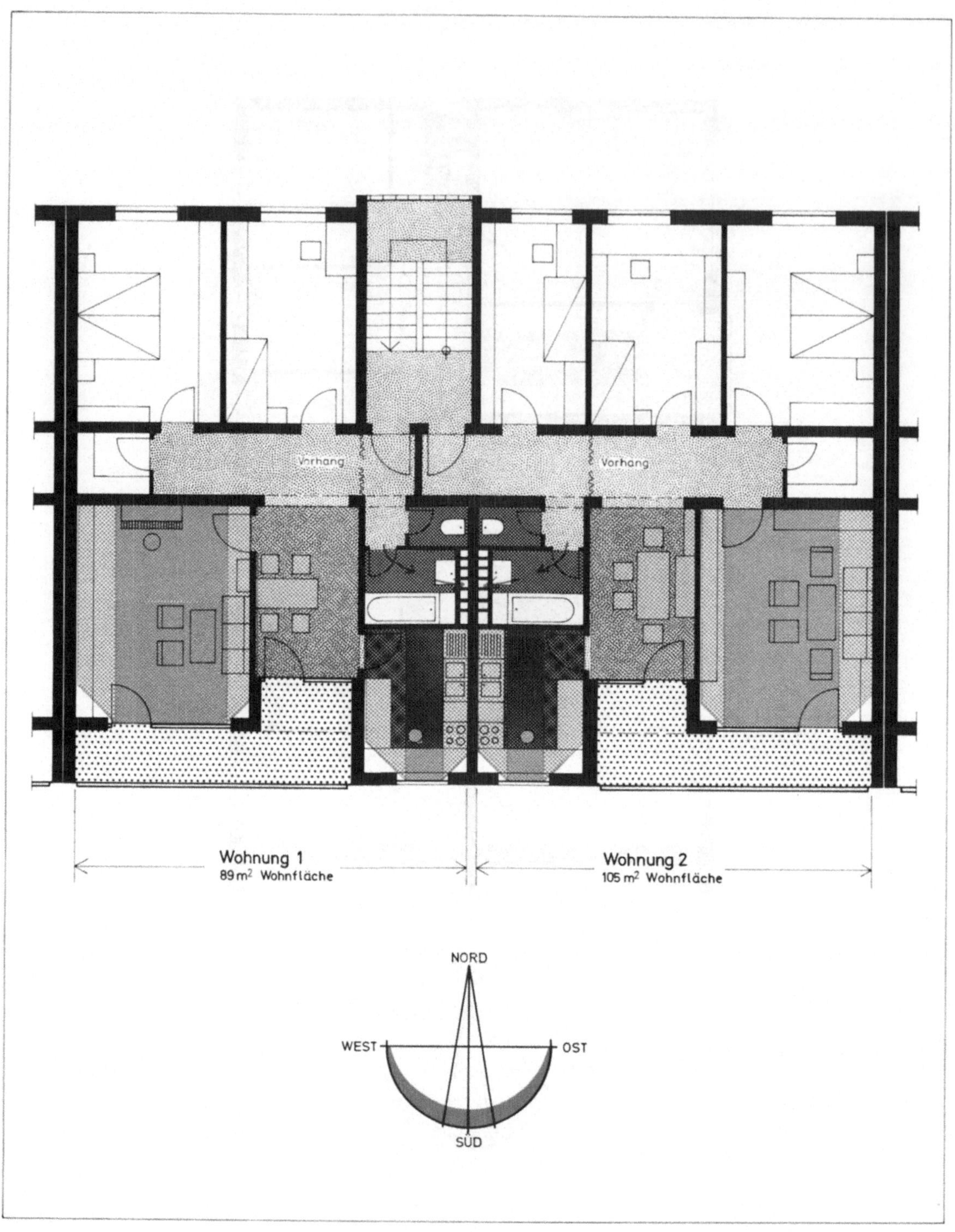

94 Mehrfamilienhaus (3 bis 4 Geschosse) Zweispänner – sehr günstige Lage der Sanitärräume–

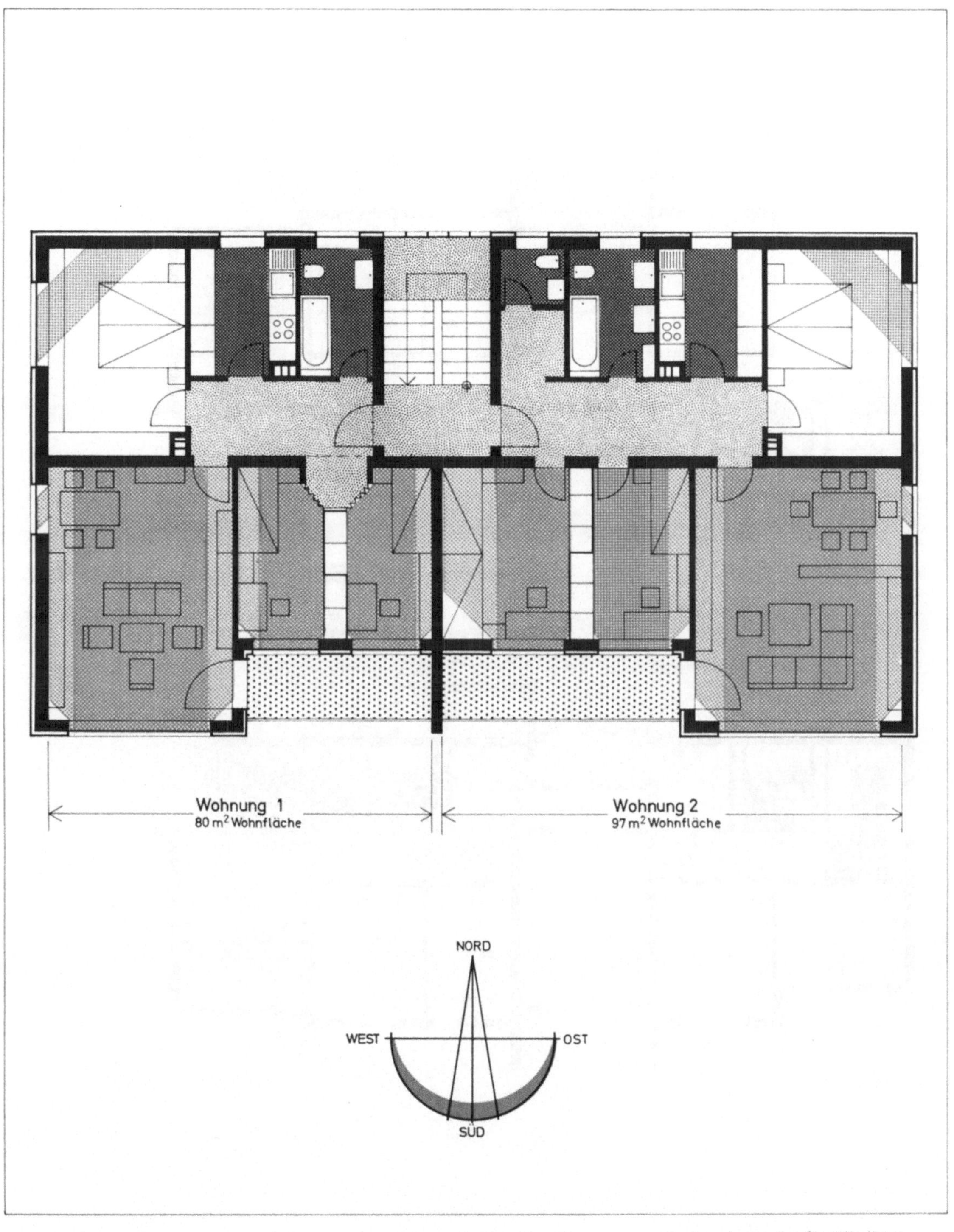

95 **Mehrfamilienhaus (3 bis 4 Geschosse) Zweispänner** – günstige Lage der Sanitärräume, gute Südorientierung –

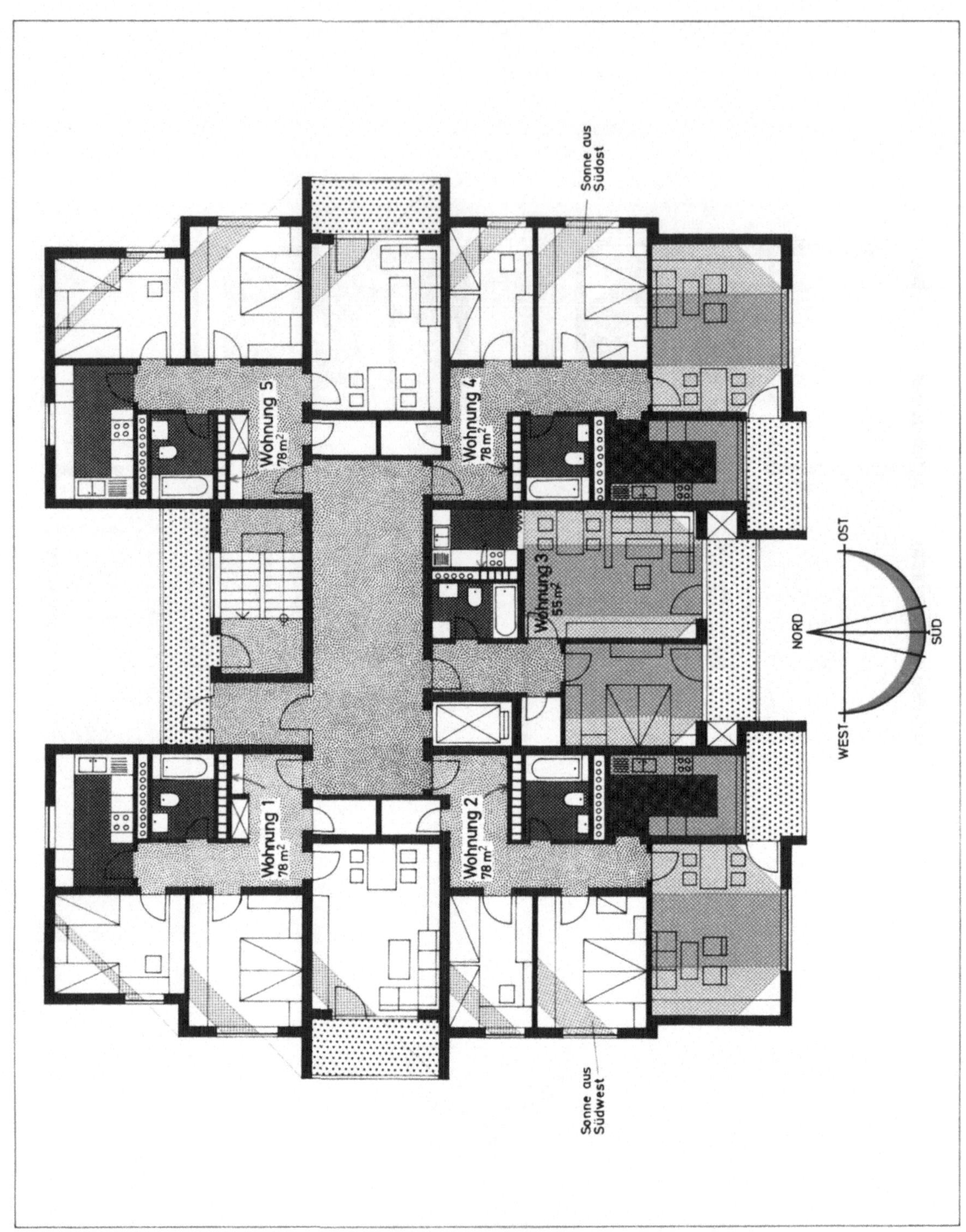

96 Wohnhochhaus (über 8 Geschosse) 5-Spänner -üblicher Grundriß-

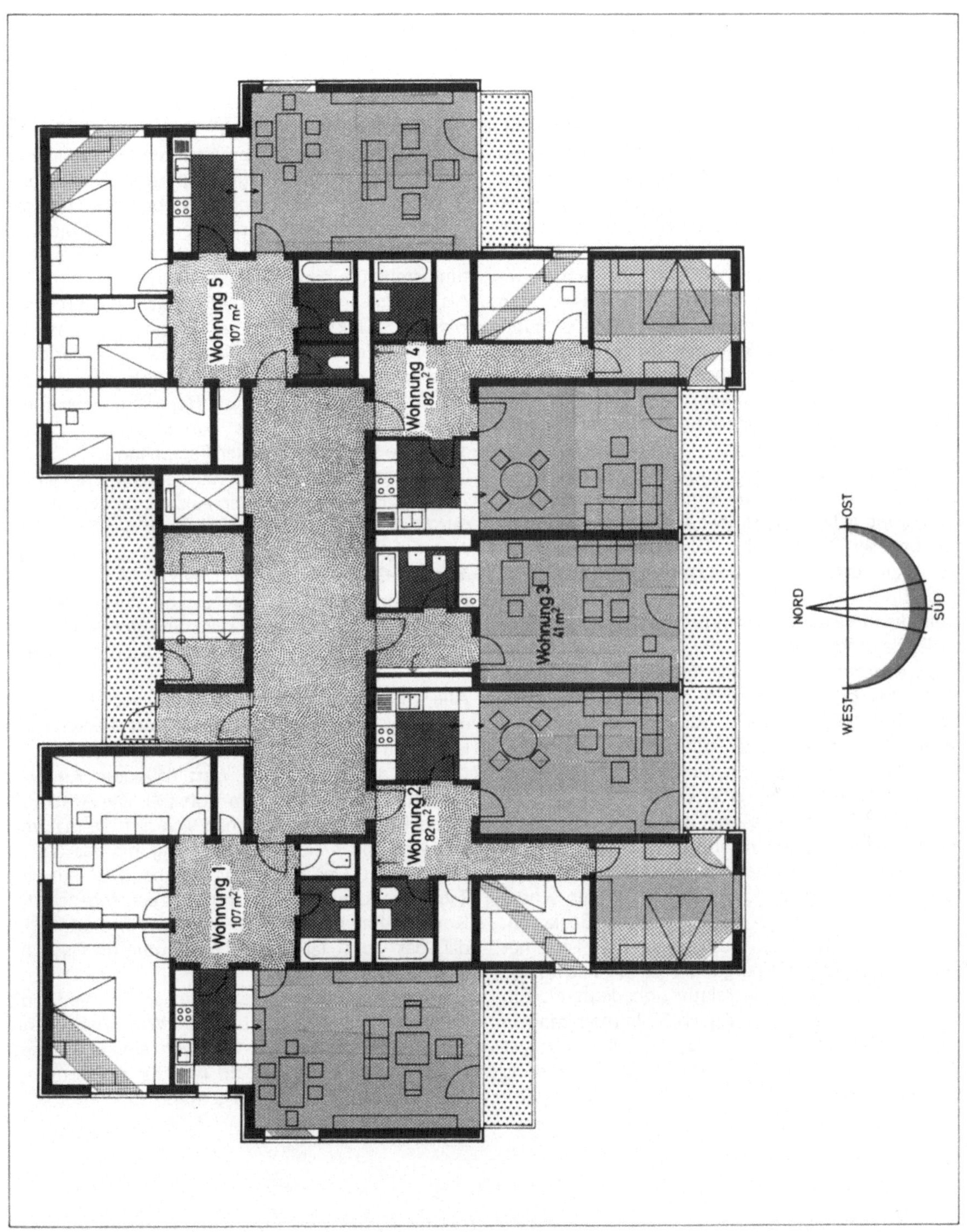

97 Wohnhochhaus (über 8 Geschosse) 5-Spänner - gute Südorientierung der Haupträume -

Energiesparen im Haushalt

Die im Haushalt zu erzielenden Einsparungen sind, einzeln gesehen, bei weitem nicht so bedeutend wie z.B. Wärmeschutzmaßnahmen. In ihrer Vielzahl und häufigen Anwendung summieren sich aber die Ersparnisse über das Jahr doch zu einem spürbaren Betrag.

Für einen 4-Personenhaushalt (einschließlich Warmwasserbereitung) können bei normaler Ausstattung ca. 4 500 Kilowattstunden (kWh) und bei guter Ausstattung ca. 6 500 kWh pro Jahr angenommen werden. Dies ergibt jährliche Kosten von DM 900,— bzw. DM 1 300,— bei einem Preis von DM 0,20/kWh. Nach der Zeitschrift „DM" beträgt der Durchschnittspreis Mitte 1980 (einschließlich Grundgebühr) pro Kilowattstunde 21 Pfennige.

Dieses Büchlein kann nur Anregungen zur Energieeinsparung geben, nicht aber Anweisungen zur Benutzung der Geräte selbst. Diese Anregungen sollten aber auch bei der Beschaffung neuer Geräte und Einrichtungen beachtet werden. Ganz allgemein kann festgestellt werden, daß sich die einschlägige Industrie auf die Energiespartendenz eingestellt hat. So brauchen die heutigen Farbfernseher etwa 60% weniger Energie als die Geräte aus den Jahren 1967 bis 1969. Bei vielen Geräten wird neben dem schon immer angegebenen Anschlußwert auch noch der Energieverbrauch genannt. (Außerdem sollte man selbstverständlich nur Geräte kaufen, die ein Gütesiegel und vor allem das Sicherheitskennzeichen tragen.)

Beim Kauf von Geräten für den Haushalt sollte man besondere Beachtung solchen Geräten schenken, die verbrauchsintensiv sind: Herd, Backofen, Geschirrspülmaschine, Waschmaschine, Trockner etc. Dagegen ist der Energieverbrauch eines Mixers oder einer Kaffeemühle relativ unbedeutend. Ein Elektrorasierer z.B., der täglich 5 Minuten benutzt wird, verbraucht in einem ganzen Jahr weniger Strom als ein Wäschetrockner für die Trocknung von 500 g Wäsche.

Die Bundesregierung fördert seit März 1978 die unabhängige Beratung privater Verbraucher über Möglichkeiten der Energieeinsparung. Diese Energieberatung wird in Zusammenarbeit zwischen der Arbeitsgemeinschaft der Verbraucher sowie den Verbraucherzentralen der Länder und deren Beratungsstellen durchgeführt.

Als Energieart im Haushaltsbereich kommt überwiegend Elektrizität zum Einsatz, welche die sauberste Form der Energie ist. Es muß aber dringend davor gewarnt werden, das Verlegen von elektrischen Leitungen und das Reparieren von Elektrogeräten in Eigenhilfe durchzuführen. Es sei denn, Sie sind ausgebildeter Fachmann.

Der Strombedarf eines Haushaltes ist abhängig von der Personenzahl, der Anzahl der Elektrogeräte, den Lebensgewohnheiten und der Größe der Wohnung. Die im Haushalt am häufigsten vorkommenden Geräte sind in der Übersicht auf Seite 143 zusammengestellt. Ein preislicher Vorteil bei der Gerätebenutzung ergibt sich für Wohnungen, in denen der günstige Nachtstrom genutzt werden kann.

Alle mit elektrischem Strom betriebene Geräte einschließlich der Glühlampen und Leuchtstofflampen tragen ein Schild oder eine Aufschrift mit Angabe der Leistung in Watt (W) oder Kilowatt (kW) und der Spannung in Volt (V). Die Anschlußwerte (W oder kW) beziehen sich auf die maximal erforderliche elektrische Leistung für das betreffende Gerät. Geräte mit der Angabe „KB" auf dem Typenschild eignen sich nur für den sogenannten Kurzzeit-Betrieb. „KB 15 Minuten" bedeutet z.B., daß das Gerät längstens 15 Minuten im Dauerbetrieb laufen darf.

Für den Verbrauch an elektrischer Energie ist die Bezeichnung Kilowattstunde (kWh) maßgebend, d.h. die elektrische Leistung von einem Kilowatt (kW) wird eine Stunde (h) lang für das Betreiben eines Gerätes in Anspruch genommen.

Kühlschränke und Gefriergeräte

Zur Energieeinsparung werden folgende Hinweise gegeben:

▶ Kühlschränke und Gefriergeräte nie in der Nähe der Heizung oder neben dem Herd aufstellen, auch nicht der Einwirkung von Sonnenstrahlen aussetzen!

▶ Den Gefrierraum niemals lückenlos mit Lebensmitteln füllen. Die Kälte muß auch zwischen dem Gefriergut zirkulieren können. Einzelportionen bis 1 kg Gewicht vorsehen.

▶ Die Tür des Kühlschrankes oder Gefriergerätes nicht länger als unbedingt nötig offenhalten. Die eindringende warme Luft enthält Feuchtigkeit, die sich im Gefrierraum als Reif niederschlägt und den Wirkungsgrad verschlechtert.

▶ Bei Eisbildung im Kühlschrank oder im Gefriergerät wird mehr Strom verbraucht. Deshalb regelmäßig abtauen — Kühlschränke bei einer Reifschicht vom mehr als 3 mm, Gefriergeräte bei mehr als 5 mm. Nach dem Abtauen ist der Innenraum gründlich auszuwaschen und zu trocknen. Auswischen mit Glyzerin verzögert den Reifansatz.

▶ Für Haushalte, in denen bereits ein Gefriergerät vorhanden ist, empfehlen sich einfache Kühlschränke mit Rückwandverdampfer. Der Nutzraum im Kühlschrank ist auch größer, weil das Verdampferfach entfällt. Gegenüber Kühlschränken mit eingebautem Gefrierfach kann bis zu 50 % Strom gespart werden.

▶ Die Größe des Kühlschrankes ist auf den tatsächlichen Bedarf abzustimmen. Auch Leerraum kostet Geld, nicht nur in der Anschaffung. So erfordern z.B. 100 l nicht genutzter Gefrierraum im Jahr etwa DM 32,— Stromkosten.

▶ Warme Speisen immer erst nach dem Abkühlen auf Zimmertemperatur in den Kühlschrank stellen. Das ist billiger als die volle Abkühlung im Kühlschrank bei höchstem Energieverbrauch.

▶ Behälter mit Flüssigkeiten sind immer abzudecken, um eine verstärkte Reifbildung infolge erhöhter Feuchtigkeitseinwirkung zu vermeiden.

▶ Die Temperatur im Kühlschrank nur so tief einstellen, wie es das Kühlgut erfordert. Wer z.B. statt auf 5 °C nur auf 7 °C abkühlt, der spart damit ungefähr 15 % Strom.

Waschen, Trocknen und Bügeln

Für die Wäschepflege wird eine Menge Strom gebraucht. Waschmaschinen von heute erfordern aber etwa 50 % weniger Energie als die Geräte aus dem Zeitraum 1955 bis 1978. Bei einer richtigen Nutzung der Maschine kann noch mehr Strom gespart werden.

Sparregeln für Waschmaschine, Wäschetrockner und Bügelgeräte:

▶ Der Energieverbrauch ist bei einer gut gefüllten oder kaum gefüllten Maschine nahezu gleich. Deshalb den Waschtag so einrichten, daß die jeweilige Wäschemenge ausreicht, um mit voller Waschmaschine waschen zu können.

▶ Waschmaschinen mit Sparprogrammen bieten den Vorteil, daß sie sowohl für leicht verschmutzte Wäsche als auch für halbe Trommelfüllungen energiesparend genutzt werden können.

▶ Bei der Programmwahl den Verschmutzungsgrad der Wäsche berücksichtigen. Nur leicht verschmutzte Kochwäsche wird auch im 60-Grad-Waschprogramm sauber. Bei schwacher Verschmutzung kann, bei der Qualität der heutigen Waschmittel, auf das Vorwaschen verzichtet werden.

▶ Die Umdrehungszahl im Schleudergang sollte mindestens 800 pro Minute betragen, eher mehr. Dadurch bleibt eine geringere Restfeuchte zurück. Die Trocknungsdauer wird wesentlich verkürzt.

▶ Nur gut geschleuderte Wäsche maschinell trocknen. Deshalb soll die Waschmaschine eine Schleuderleistung von 800 oder mehr Umdrehungen pro Minute besitzen. Beim Wäschetrockner wird dann für 1 kg Wäsche mit 65 bis 75 % Restfeuchte ca. 0,8 kWh für bügelfeucht und ca. 1,0 kWh für schranktrocken gebraucht.

▶ Beim Bügeln mit Temperaturregelung mit Synthetiks beginnen und mit Leinen- oder Baumwollgewebe aufhören.

▶ Den Thermostaten rechtzeitig ausschalten und die noch vorhandene Wärme zum Glätten kleiner Teile ausnutzen.

▶ Bügelgeräte in jeder Bügelpause abschalten; am besten den Stecker aus der Steckdose ziehen. Für eine größtmögliche Energieeinsparung genügt es nicht, das Gerät lediglich auf die kleinste Stellung zurückzuschalten.

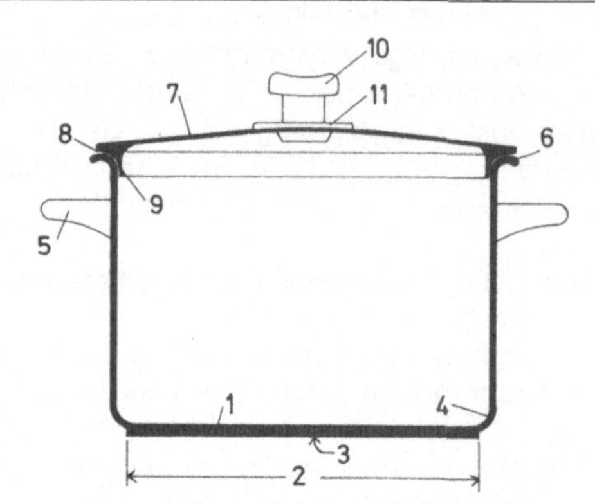

1 Merkmale eines hochwertigen Kochtopfes

1 Boden möglichst dick – dann gute Wärmeverteilung

2 Bodendurchmesser den Kochplatten entsprechend

3 Töpfe für Elektroherde: Boden mit schwacher Wölbung nach innen – etwa 1 mm

4 Gute Ausrundung, leichtes rühren und reinigen

5 Griffe gut handlich, wärmebeständig – aber nicht wärmeleitend

6 Ausgieß- und Schüttrand

7 Deckel möglichst schwer.

8 Deckel gut passend – sonst Dampfverlust

9 Deckel mit Innenrand (Zarge) – das Kondensat läuft in den Topf zurück

10 Deckelknopf gut handlich

11 Fingerschutzplatte aus Kunststoff

2 Doppelwandiger Kochtopf mit Dämmschicht
Energieersparnis – Die Speisen halten länger warm.

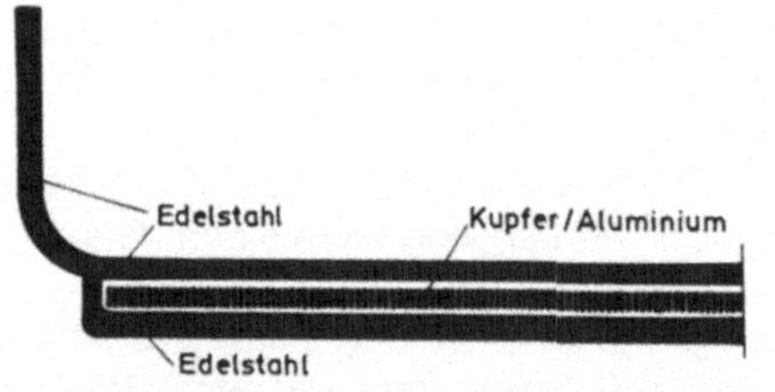

3 Schemaschnitt durch einen Mehrschichtboden
(Kompensboden) Gute Übertragung und Verteilung der Kochplattenhitze.

98 Energiesparen mit dem richtigen Kochtopf

Herde

Der häusliche Herd — meist ein Elektro- oder Gasherd — dürfte auch heute noch das wichtigste und am meisten gebrauchte Gerät einer jeden Küche sein. Bei modernen Anbauküchen kennt man auch die sogenannten Kochmulden, die in die durchgehende Arbeitsfläche eingelassen sind. Beim Elektroherd gibt es 3 Größen von Kochplatten mit Leistungen von 1 000, 1 500 und 2 000 Watt. Sogenannte Blitz- und Automatik-Kochplatten haben einen höheren Strombedarf.

Backöfen mit herkömmlicher Heizung geben Strahlungswärme ab. Bei den neueren Umluftbacköfen erfolgt die Wärmeübertragung durch erzwungene Luftbewegung. Dadurch werden ca. 25% weniger Energie verbraucht. Infolge der besseren Wärmeverteilung kann der Umluftbackofen bei niedrigeren Temperaturen voll genutzt werden.

Sparregeln bei Elektroherd und -backofen:

► Koch- und Backgeräte rechtzeitig auf niedrigere Stufen umschalten. Frühzeitig genug abschalten und die Nachwärme der Kochplatten und des Backofens ausnutzen. Bei Automatikkochplatten entfällt das Umschalten.

► Zum Aufwärmen von Speisen genügt das Erhitzen auf etwa 60 °C. Die Energieeinsparung gegenüber einem Erhitzen auf 100 °C beträgt etwa 20%.

► Den Backofen nicht unnötig lange vorheizen. Nach Erreichen der eingestellten Temperatur Backgut sofort einschieben.

► Die Backofentür während des Backvorganges nicht öfter als unbedingt nötig öffnen. Bei jedem Öffnen geht Wärme verloren.

► Während der Heizperiode nach der Benutzung dagegen die Backofentür öffnen und die Restwärme für den Raum nutzen.

Mikrowellengeräte dienen dem schnelleren Auftauen, Erwärmen und Garen von Speisen. Sie erhitzen vorbereitete kalte Mahlzeiten in Sekunden. Bei einer problemlosen Bedienung wird Zeit und Strom gespart. Beim Kauf eines solchen Gerätes ist unbedingt auf das Sicherheitsprüfzeichen sowie auf das Funkschutzzeichen zu achten. Wegen der vergleichsweise geringen Erfahrung mit diesen Geräten ist die Gebrauchsanweisung besonders sorgsam zu studieren.

Kochgeschirre

Die Stiftung Warentest hat festgestellt, daß für die
Energieeinsparung Kochtöpfe mit wärmeleitfähi-
gen Böden und gut schließenden Deckeln besonders wichtig sind.

Sparregeln beim Kochen und Braten (hierzu die
Abbildungen 98 und 99):

▶ Bei Kochtöpfen aus Edelstahl mit einem etwa
6 mm starken Mehrschichtboden verteilt sich
die Wärme gleichmäßig auf das Bratgut. Nach
dem Ankochen kann meist auf die kleinste Stu-
fe zurückgestellt oder häufig sogar ganz abgestellt werden.

▶ Zu jedem Topf gehört ein passender Deckel. Er
soll fest aufliegen und die Wärme im Topf halten.

▶ Der Durchmesser des Topf- oder Pfannenbo-
dens sollte mindestens so groß sein wie der der
Kochplatte. Beispiel: Bei einem Topf mit 15 cm
Durchmesser auf einer Kochplatte von 18 cm
Durchmesser werden rd. 30% Energie vergeudet.

▶ Elektrokochplatten erwärmen sich schnell. Zuerst die außen trockenen Töpfe auf die saubere
Kochplatte aufsetzen und dann einschalten.

▶ Jeweils das kleinstmögliche Kochgefäß und eine
minimale Wassermenge verwenden. Gegenüber
einem großen Topf mit voller Wasserfüllung
wird bis zu 40% Energie eingespart. Außerdem
erhält man weitgehend die in den Speisen enthaltenen Vitamine. Beispiel: Bei einem Eier-
kocher werden nur ein paar Löffel Wasser er-
hitzt.

▶ Kalkbeläge in Töpfen und Wasserkesseln hem-
men den Wärmeübergang und verlängern die
Kochzeit.

▶ Mit dem Dampfkochtopf kann viel Zeit und
Energie gespart werden. Es können auch verschiedene Speisen in einem Kochgang gegart
werden. Bei Gerichten mit längerer Garzeit beträgt die Einsparung bis zu 50% gegenüber dem
normalen Kochvorgang auf dem Herd. Die natürlichen Nährwerte, Vitamine und Geschmack-
stoffe bleiben im Dampfkochtopf erhalten.

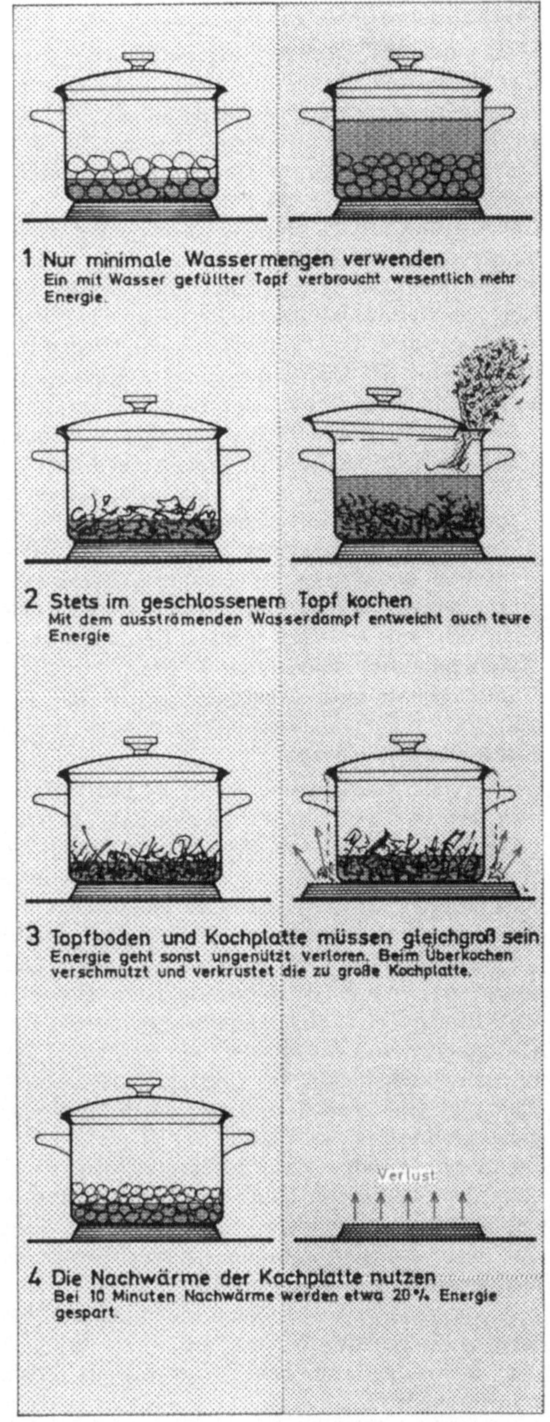

99 Der richtige Kochtopf im Gebrauch

Geschirrspülmaschinen

Diese modernen Haushaltshilfen verbrauchen ziemlich Wasser und Energie. Bei einem DM-Test ergab sich ein Wasserverbrauch zwischen 40 und 75 l und ein Stromverbrauch zwischen 1,7 und 2,7 kWh je Spülvorgang. Bei neueren Geräten ist die Wassermenge um etwa ein Drittel herabgesetzt.

Der Anschluß des Geschirrspülers an die Warmwasserversorgung durch Öl oder Gas bringt keinen Vorteil, eher einen noch höheren Energieverbrauch. Denn bei Warmwasseranschluß erfolgen alle 5 Spülvorgänge warm. Bei Kaltwasseranschluß wird nur das Wasser in 2 Spülgängen aufgeheizt. Sparregel:

▶ Die Geschirrspülmaschine arbeitet sauber, schonend und wirtschaftlich, wenn sie voll beladen ist. Deshalb das Geschirr erst in der Maschine sammeln und dann spülen lassen; es sei denn, die Maschine ist mit einem Sparprogramm ausgestattet. Das gewohnte Vorspülen unter fließendem Warmwasser ist überflüssig. Etwas stärker angeschmutzte und schwere Geschirrteile in den unteren Korb stellen. Besonders stark verschmutzte (angebrannte) Geschirre sollte man dagegen separat reinigen.

Elektrische Beleuchtung

Bei der Energieeinsparung wird z.B. Licht gegenüber dem Verbrauch an Wärme meist viel zu hoch bewertet. Der Anteil der Beleuchtung beträgt bei einem 4-Personenhaushalt ca. 8% am Gesamt-Strombedarf. Zur weiteren Veranschaulichung: Wenn der Warmwasserhahn 3 Minuten aufgedreht ist, dann verbraucht der Boiler etwa 1 kWh. Dieselbe Strommenge wird benötigt, um eine 40-Watt-Lampe 25 Stunden brennen zu lassen. Das ständige An- und Ausschalten von Beleuchtungen bringt deshalb nichts. Im Gegenteil, die Lebensdauer der Glühlampen wird bei jedem Schaltvorgang herabgesetzt, was sogar teurer ist.

Elektrische Energie kann gespart werden, wenn statt der Glühlampen Leuchtstofflampen verwendet werden — besonders vorteilhaft, wenn Licht über einen längeren Zeitraum gebraucht wird. Im Vergleich zur Glühlampe ergeben Leuchtstofflampen eine etwa fünffach höhere Lichtausbeute. Bei längerer Einschaltdauer verbrauchen sie bei gleicher Lichtleistung rd. zwei Drittel weniger Strom als Glühlampen.

Neuartige Leuchtstofflampen mit einem Durchmesser von 26 mm sind noch sparsamer. Es ergibt sich dabei eine Einsparung von ca. 10% gegenüber bisherigen Ausführungen.

Ziemlich neu sind auch Lampen für allgemeine Beleuchtungszwecke, die stark von den herkömmlichen Glühlampen abweichen. Sie sind jedoch wesentlich teurer in der Anschaffung. Die bedeutend höheren Anschaffungskosten werden aber durch die geringeren Stromverbrauchskosten und die längere Lebensdauer mehr als kompensiert. Die neuen Lampen passen problemlos in Glühlampenfassungen. Sie haben einen um 75% geringeren Stromverbrauch und halten fünfmal solange wie übliche Glühlampen. Es handelt sich praktisch um eine kleine Leuchtstofflampe. Im Vergleich mit einer gleich starken 75 Watt-Glühlampe werden bei der neuen Lampe nur 18 Watt gebraucht. Bei voller Ausnutzung der 5 000 Stunden Lampen-Lebensdauer ergibt sich gegenüber 75-Watt-Glühlampen, die nur 1 000 Stunden halten, eine Ersparnis von etwa 30%.

Zur Beleuchtung einige Sparregeln:

▶ Licht nur dort erzeugen, wo es gebraucht wird. Anstatt einen ganzen Raum zu beleuchten, genügt oft eine kleine Lichtquelle, z.B. zum Lesen.

▶ Licht wird beim Auftreffen auf Oberflächen teilweise absorbiert (geschluckt); der Rest wird reflektiert (zurückgeworfen). Helle Wände, Decken sowie helle Lampenschirme verbessern die Reflexion und damit die Beleuchtungsverhältnisse.

▶ Beleuchtungen mit Glühlampen erst bei einer Abwesenheit von mehr als 10 Minuten ausschalten.

▶ Leuchtstofflampen erst abschalten, wenn sie mindestens 15 Minuten nicht gebraucht werden. Jede Schaltung verkürzt die Lebensdauer um etwa 3 Stunden (bei etwa 10 000 Stunden Gesamt-Lebensdauer).

▶ Ausgebrannte Glühlampen durch Lampen mit geringerem Stromverbrauch, aber höherer Lichtausbeute ersetzen, auch wenn sie etwas teurer sind. Die Preisdifferenz macht sich bald bezahlt.

Anwendungs-bereich	Gerätebezeichnung Anwendung	Anschluß-wert in Watt (W)	Benutzung in einem 4-Personen-Haushalt (Annahme)	Jahresver-brauch in kWh
Speisen vorbereiten Kochen Backen	Elektroherd mit Backofen	6 000 bis 11 000	1x Essen kochen pro Tag 1x Backen pro Woche	900
	Grillgerät	800 bis 2000	2 Stunden pro Woche	130
	Toaster	800 bis 1000	0,5 Stunden pro Woche	22
	Eierkocher	400	2x pro Woche	4
	Kaffeemaschine	700 bis 1000	8 Tassen pro Tag	60
	Allesschneider	100 bis 140	normale Benutzung	1
	Küchenmaschine, Standgerät	300 bis 500	1 Stunde pro Woche	15
	Küchenmaschine, Handgerät	100 bis 130	10 Minuten pro Tag	3
	Dunstabzugshaube	140 bis 250	2 Stunden pro Tag	120
Geschirr spülen	Geschirrspüler	3 000 bis 4000	1 Füllung pro Tag	800
	Heißwassergerät, nur für Küche	2 000	25 Liter pro Tag	550
Vorrats-haltung	Kühlschrank	100 bis 200	Jahresbetrieb	400
	Gefriergerät (Schrank, Truhe)	120 bis 250	Jahresbetrieb	500
Wäschepflege	Waschmaschine	3 000 bis 3500	60 kg Wäsche pro Monat	650
	Wäschetrockner (mit Trommel)	2 200 bis 3300	45 kg Wäsche pro Monat	600
	Bügelmaschine	2 000 bis 3000	20 kg Wäsche pro Monat	60
	Dampfbügler	1 000	20 kg Wäsche pro Monat	30
Wohnungspflege	Staubsauger (Handgerät)	600 bis 1000	2x Wohnungspflege pro Woche	20
Körperpflege	Warmwasserbereitung	Einzelangaben in Tabelle Abb. 87	pro Person: täglich waschen, wöchentlich 1x Vollbad, 2x Duschbad	1700
	Rasierer (elektrisch)	10	5 Minuten pro Tag	0,5
	Zahnbürste (elektrisch)	3	8 x 2 Minuten pro Tag	0,5
Unterhaltung	Radio	30 bis 80	5 Stunden pro Tag	80
	Fernseher (farbig)	80 bis 200	3,5 Stunden pro Tag	140
	Stereoanlage	40 bis 100	2 Stunden pro Tag	40
Beleuchtung	4 Zimmer - Wohnung ca. 100 m² Wohnfläche	installiert: 1000 Licht an: 500	4 Stunden pro Tag	720

▨ Großverbraucher	☐ mittlere Verbraucher	☐ Kleinverbraucher

100 Energieverbrauch im Haushalt (Beispiele) Elektro-Geräteliste + Anschlußwerte Jahresverbrauch für einen 4-Personen-Haushalt

Zusammenfassung

Energiesparen ist unsere beste Energiequelle. Denn ohne Energie geht nichts, weder in Haushalt und Wohnung noch im Verkehr. Im privaten Bereich wird aber gerade hier die meiste Energie verbraucht.

Nach Durchsicht dieses Büchleins wird man feststellen, daß es im Haushalt und im Wohnbereich zahlreiche Möglichkeiten für eine sinnvolle Energieeinsparung gibt. Der Energieverbrauch auf diesem Sektor verteilt sich auf viele Einzelanwendungen, vom Großverbraucher Raumheizung über die energiefressenden Großgeräte im Haushalt bis zur Beleuchtung. Dies bedeutet, daß die Energieeinsparung nur in vielen Einzelschritten verwirklicht werden kann. Erst die Summe dieser Maßnahmen erbringt ein spürbares Ergebnis.

Schließlich müssen wir mit der Gewißheit leben, daß alle Energien immer noch teurer werden. Für viele dürfte deshalb die Einsparung von Energie die einzige Möglichkeit sein, die zum Leben und Wohnen notwendige Versorgung überhaupt noch bezahlen zu können.

Wer hier mitmacht, sollte die möglichen baulichen Maßnahmen zur Energieeinsparung bereits während der Sommermonate durchführen. Dann ist man rechtzeitig für den nächsten Winter gerüstet — denn mit dem nächsten Winter kommt unvermeidlich die Energiepreiserhöhung.

In diesem Büchlein wurde auch immer wieder gezeigt, welche Maßnahmen vom Wohnungsinhaber ausgeführt werden können, Möglichkeiten, mit denen sich auch ein Mieter vor steigenden Energiepreisen schützen kann. Es empfiehlt sich, für jede Wohnung einen Energiesparplan aufzustellen und die zweckmäßige Reihenfolge für die Ausführung der Maßnahmen festzulegen.

Für den eiligen Leser zum Abschluß noch eine Zusammenfassung der Verbesserungsmaßnahmen, die besonders rentabel sind:

In Ihrer Wohnung gibt es viel zu tun —
packen Sie es an.

Maßnahmen, die sich innerhalb einer Heizperiode amortisieren

▶ Verbesserung der Wärmedämmung bei Außenwänden der Dämmgruppen 1 und 2 mit Ausführungen in einfacher und mittlerer Qualität.

▶ Zusätzlicher Wärmeschutz hinter Heizkörpern, besonders wenn sie in Fensternischen stehen.

▶ Wärmeschutzmaßnahmen bei Innenwänden der Dämmgruppen 13 in einfacher Qualität.

▶ Verbesserung der Wärmedämmung bei Kellerdecken mit völlig ungenügendem Wärmeschutz.

▶ Zusätzliche Wärmedämmung bei Decken unter nicht ausgebautem Dachgeschoß, besonders soweit es die Dämmgruppen 24 und 25 betrifft.

▶ Abdichtungen und Folienverkleidungen bei Fenstern mit einfacher Verglasung.

Maßnahmen, die sich in 2 bis 3 Jahren amortisieren

▶ Zusätzliche Wärmedämmung bei Außenwänden der Dämmgruppen 3 bis 7. Hierzu gehören z.B. auch die zahlreichen Wohnbauten, bei denen lediglich die bisher verlangten Mindestwerte eingehalten wurden (Dämmgruppe 6).

▶ Zusätzliche Dämmschichten bei Heizkörpernischen, auch wenn diese bereits einen brauchbaren Dämmwert aufweisen.

▶ Einfache Dämmungen bei Innenwänden gegen kalte Räume bis einschließlich Dämmgruppe 16, also praktisch dem überwiegenden Teil derartiger Innenwände.

▶ Dämmung der Kellerdecken, die nur einen Mindestwärmeschutz aufweisen.

▶ Dämmung sämtlicher Decken unter nicht ausgebauten Dachgeschossen.

▶ Verwendung von flexiblen Dämmelementen während der Dunkelheit bei Fenstern mit einfacher Verglasung.

▶ Folienbespannung bei Fenstern mit zweifacher Verglasung.